钛基复合材料多尺度力学

孙　瑜　杨丹卉　杨来浩　著

西北工业大学出版社

西　安

【内容简介】 多尺度力学是复合材料领域经久不衰的热点。本书结合作者多年来从事多尺度力学的研究基础与学术成果，以钛基复合材料多尺度力学为中心，针对其微观基体、微观-细观界面、细观-宏观损伤展开系统论述。全书共分为9章，内容包括绪论、金属基体微观尺度建模方法、钛金属纳米孪晶拉伸变形机制、钛金属纳米孪晶裂纹扩展模型、钛金属多晶结构裂纹扩展行为、复合材料常温循环弹塑性细观力学模型、复合材料高温循环黏塑性细观力学模型、复合材料微-细观多尺度界面循环累积损伤模型、复合材料带孔层合板细-宏观跨尺度循环累积损伤分析等。

本书可为高等院校本科生与研究生提供相关的基础知识，也可为科研工作者和技术工程师提供关键技术参考。

图书在版编目(CIP)数据

钛基复合材料多尺度力学 / 孙瑜，杨丹卉，杨来浩著. -- 西安 ：西北工业大学出版社，2024. 7. -- ISBN 978 - 7 - 5612 - 9377 - 5

Ⅰ. TG146.23；TB331

中国国家版本馆 CIP 数据核字第 20249HQ568 号

TAIJI FUHE CAILIAO DUOCHIDU LIXUE

钛基复合材料多尺度力学

孙瑜 杨丹卉 杨来浩 著

责任编辑：曹 江　　**策划编辑**：黄 佩

责任校对：胡莉巾　　**装帧设计**：高永斌 李 飞

出版发行：西北工业大学出版社

通信地址：西安市友谊西路127号　　邮编：710072

电　　话：(029)88491757，88493844

网　　址：www.nwpup.com

印 刷 者：西安五星印刷有限公司

开　　本：787 mm×1 092 mm　　1/16

印　　张：12.25　　彩插：8

字　　数：306 千字

版　　次：2024年7月第1版　　2024年7月第1次印刷

书　　号：ISBN 978 - 7 - 5612 - 9377 - 5

定　　价：78.00 元

前　言

钛基复合材料是以钛为基体，以高分子、纤维、无机非金属等为增强相形成的复合材料，具有优异的比强度、比模量、耐高温性能和抗蠕变性能。根据增强相可区分为连续纤维增强钛基复合材料和非连续颗粒增强钛基复合材料，其中，典型的如连续 SiC 纤维增强钛基复合材料，其具有显著的高强轻质、各向异性的特点，极其适合用作航空航天领域装备的特定方向增强承载部件，已在飞机尾翼、航空发动机叶环、涡轮轴等构件中得到应用。此类复合材料结构件在服役过程中长期承受循环载荷、温度变化以及应力腐蚀等作用，其多相、非均匀的材料结构特点，相较于传统金属均质材料，力学响应与失效模式更为复杂多样，具有典型的多尺度特性：从微观上看，钛金属基体中原子尺度微观缺陷演化，产生微裂纹扩展至界面，易引发界面微观损伤，同时，钛金属基体与纤维发生化学反应，可形成脆性的弱界面层；从微-细观上看，微观界面应力场会导致纤维与基体之间局部应力重新分布，使得界面附近区域达到强度极限，发生细观塑性变形与细观损伤；从细-宏观上看，细观塑性与损伤累积使得宏观材料局部性能退化，进而引发宏观裂纹萌生与扩展，最终导致复合材料结构件整体失效。

从微观尺度原子断键，到细观尺度界面损伤，再到宏观尺度构件失效，最终将造成人员伤亡或产生巨大经济损失。若无法探究复合材料微-细-宏观多尺度演化规律与力学响应，则无法实现精准的损伤建模与失效模式预测，更加无法开展大型结构装备的制造与设计迭代。高效、精确的复合材料多尺度力学计算方法是开展复合材料装备设计、制造、服役、运维全流程研究与应用的基石。

20 世纪 80 年代起，美国发起高性能涡轮发动机技术计划、钛基复合材料涡轮发动机联合研究发展计划等多个专项计划，联合通用等公司成功实现了连续纤维增强钛基复合材料的研制、装机与试飞。同时期，德国、日本、印度等国家也相继启动相关研究，将连续纤维增强钛基复合材料列为航空航天等国防应用需求的重要材料之一。在这样的军事背景下，发达国家从材料设计到制造技术均对我国实行严格的技术封锁。大力推动我国钛基复合材料自主研发与取得自主知识产权，迫在眉睫。

本书是笔者在近十年研究的基础上，以钛基复合材料多尺度力学为中心，对研究成果从微观基体，到微-细观界面，到细-宏观损伤展开的论述。全书共分为 9 章。第 1 章介绍多尺度力学的研究背景、意义，以及金属基体、界面、多尺度模型的发展现状；第 2

章介绍金属基体微观尺度的分子动力学建模方法；第 3～5 章论述金属基体微观力学性能与裂纹扩展机制；第 6、7 章论述复合材料常温和高温循环下的弹塑性、黏塑性细观模型；第 8、9 章论述微-细-宏观界面循环累积损伤模型。

本书撰写分工如下：孙瑜撰写了第 1～5 章、第 8 章、第 9 章；杨丹卉撰写了第 1 章、第 6～9 章；杨来浩撰写了第 1、2 章。

本书也节选了笔者近年来在研究生培养过程中产生的一些成果，在此向硕士生王昊、唐鑫致谢。在本书撰写过程中，笔者参考了相关文献资料，在此对其作者一并表示感谢。同时，本书的出版得到了国家自然科学基金项目（项目编号：52375125、52105117）的资助与支持。

本书所论述的方法与理论可拓展至其他复合材料体系，为复合材料多尺度建模提供一定的参考，从而为从事复合材料构件的设计、制备、运维多环节相关研究人员或技术人员提供些许支撑。本书也可用作高等院校与研究院所相关专业的研究生教材或参考书籍。

由于水平所限，书中难免存在不足之处，敬请各位读者批评指正。

著　者

2024 年 2 月

本书主要符号

对本书的符号作如下约定：

斜体：代表变量，如 E，G。

黑体：代表向量与矩阵，如 $\boldsymbol{C}$，$\boldsymbol{\Gamma}$。

向量或矩阵转置用上标 T 表示，向量与矩阵均用[]定义。

本书常用符号含义如下：

符号	含义
$\boldsymbol{A}$	应变集中矩阵
$\boldsymbol{C}$	弹性矩阵
$\boldsymbol{C}^*$	均匀化刚度矩阵
$\boldsymbol{D}_{\mathrm{c}}$	界面损伤矩阵
$\boldsymbol{D}_{\mathrm{cep}}$	热-循环弹塑性矩阵
$\boldsymbol{D}_{\mathrm{cvp}}$	循环黏塑性矩阵
d_{ij}	六自由度损伤变量
E	弹性常数
G	剪切模量
$\boldsymbol{G}_{\mathrm{cep}}$	整体循环弹塑性矩阵
$\boldsymbol{G}_{\mathrm{cvp}}$	整体循环黏塑性矩阵
H_{p}	线性硬化参数
$\hat{\boldsymbol{J}}$	体积平均雅可比矩阵
$\boldsymbol{K}_{\mathrm{cep}}$	循环弹塑性刚度矩阵
$\boldsymbol{K}_{\mathrm{cvp}}$	循环黏塑性刚度矩阵
$\boldsymbol{K}_{\mathrm{global}}$	总体刚度矩阵
Q_0	初始各向同性硬化参数
Q_{sa}	稳定各向同性硬化参数
$\boldsymbol{T}_1$，$\boldsymbol{T}_2$	坐标变换矩阵
ΔT	温度改变量
$W_{i(\cdots)}$	位移微变量
$\hat{t}_i$	子胞表面平均力
n_i	子胞表面法向量分量
u_i	位移
u_i'	扰动位移

$\hat{u}_i'$	子胞表面平均扰动位移
ν	泊松比
V	单胞体积
v	子胞体积
$\boldsymbol{Z}_{\mathrm{cep}}$	循环弹塑性力矢量
$\boldsymbol{Z}_{\mathrm{cvp}}$	循环黏塑性力矢量
$\boldsymbol{\Gamma}$	热效应矩阵
α_{ij}	热膨胀系数
α	剪切非线性系数
ε_{ij}	应变
$\bar{\varepsilon}_{ij}$	宏观应变
ε_{ij}'	扰动应变
$\hat{\varepsilon}_{ij}$	子胞表面平均应变
θ	偏轴角度
μ	循环塑性放大系数
$\varepsilon_{ij}^{\mathrm{o}}$	初始损伤应变
$\varepsilon_{ij}^{\mathrm{f}}$	最终破坏应变
$\delta_{\sum}$	损伤累积速度参数
σ_f	疲劳阈值
σ_y	屈服强度
σ_{ij}	应力
$\hat{\sigma}_{ij}$	子胞表面平均应力
$\zeta^{(i)}, r^{(i)}$	随动硬化参数

本书主要缩略词

CEP-FVDAM：Cyclic Elasto-plasticity FVDAM　循环弹塑性 FVDAM
CVP-FVDAM：Cyclic Visco-plasticity FVDAM　循环黏塑性 FVDAM
FEM：Finite Element Method　有限元理论
FVDAM：Finite Volume Direct Averaging Micromechanics　有限体积直接平均细观力学理论
MD：Molecular Dynamics　分子动力学
UMAP：Uniform Manifold Approximation and Projection　统一流形近似和投影算法
XFEM：Extended Finite Element Method　扩展有限元法

目　录

第1章　绪　论

1.1　复合材料多尺度力学的研究背景与意义

复合材料是指由两种或两种以上物理、化学性能各异的单一材料，经过物理或化学方法组合而成的一种新型材料，具有刚度大、强度高、质量轻的优点。作为新材料产业的重要分支，复合材料是战略性、基础性产业，也是高新技术竞争的关键领域[1]。

近年来，国家高度重视复合材料相关领域研究，将其列入《中国制造 2025》十大重点领域、《中华人民共和国国民经济和社会发展第十四个五年规划和 2035 年远景目标纲要》，同时配套制定了多项规划政策[1-3]。随着复合材料性能的提高，近年来，复合材料广泛应用于航空航天、军事、建筑等诸多领域。特别是航空航天领域，所谓"一代飞机、一代材料"，材料与飞机相辅相成。法国空客公司的 A350 飞机复合材料用量高达 52%(见图 1-1)。从图 1-2中可以看出，自 1975 年以来，复合材料在军用和民用飞机中的比例随年份增加呈现显著上升趋势。先进复合材料在航空航天领域最初应用于军用飞机，以满足超声速巡航、高机动性、隐身等要求。近年来因结构轻量化需求，复合材料在民用飞机中的比例呈增长趋势。1990 年，波音 777 飞机的机体结构中，复合材料主要用于尾翼和操纵面等飞机辅件，比例仅为 11%；到 2009 年波音 787 首飞，复合材料比例已达 50%。在国产大飞机 C919 的机体结构中，复合材料比例为 12%，而中国商飞与俄罗斯联合航空制造集团携手研制的 CR929 飞机，复合材料比例将提升至 50%以上[4]。随着复合材料用量的提升，由复合材料损伤失效引起的事故屡见不鲜。2005 年，法国航空公司一架 A330-200 坠毁，致使 228 人死亡，事故是复合材料制成的尾翼断裂所致。2012 年初，新加坡航空公司和澳洲航空公司先后发现 A380 机身外壳复合材料脱层问题。2013 年 7 月 12 日，一架波音 787 客机在伦敦希斯罗机场突然起火[5]，事故很可能与碳纤维复合材料机身结构有关[6]。这些事故引发了业界对航空复合材料的力学行为与损伤模式的广泛关注[7]。

随着技术的不断进步，航空复合材料的应用范围已经从单纯的替代机身和机翼铝蒙皮的非承力构件，发展到飞机发动机外涵道、垂尾、调节板等次承力构件，甚至直升机旋翼框架等主承力构件。此类复合材料结构件在服役过程中，长期承受循环载荷作用，极易诱发疲劳损伤；但是相较于传统金属匀质材料，复合材料作为多相非均匀材料，其力学响应与失效模式更为复杂多样，且具有典型的多尺度性，细观结构对复合材料构件的宏观疲劳损伤行为具有显著影响。图 1-3 展示了复合材料典型的细观局部损伤模式，虽然细微的局部损伤不会立刻带来严重后果，但已构成潜在威胁，特别是在周围环境状况突变和循环载荷作用下，若不能及时发现和处理，则可能引发结构性破坏，造成人员伤亡或者巨大直接经济损失。因此，复合材料在循环载荷下的多尺度力学响应与损伤分析，是复合材料力学领域研究的热点和难点。

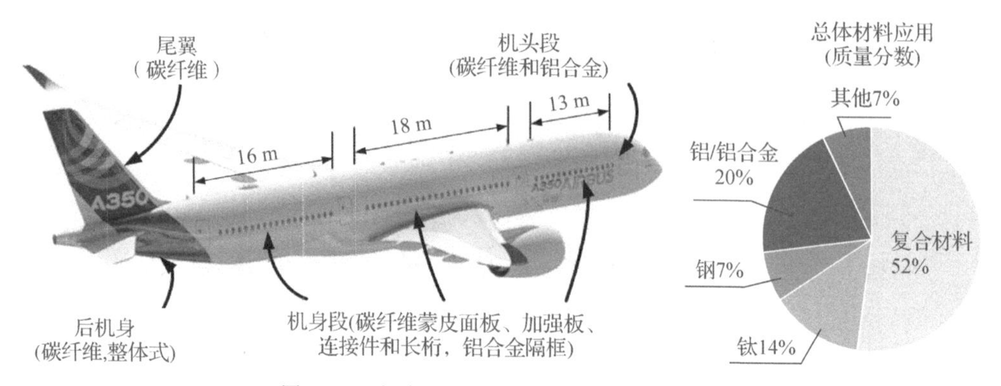

图 1-1 复合材料在 A350 飞机上的应用[8]

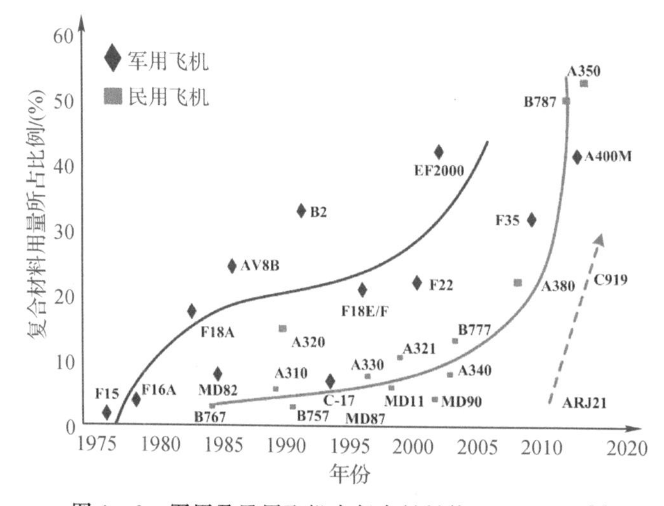

图 1-2 军用及民用飞机中复合材料使用量的比例[9]

国内外著名研究机构均将复合材料循环载荷下的多尺度响应与损伤行为列入重要研究范畴。2018 年，美国航空航天局(NASA)发布了为期 20 年的 Vision 2040 规划，将复合材料结构的多尺度建模与循环载荷下的疲劳寿命预测列为重要研究内容[10]。在国际复合材料大会(ICCM)、欧洲复合材料会议(ECCM)以及美国材料与过程工程促进会(SAMPE)每两年一次的会议上，专门设有复合材料多尺度分析与疲劳损伤相关分会，吸引了波音、空客等航空企业的参与。美国兰利研究中心复合材料研究报告中更是将复合材料多尺度建模列为“重大挑战”方向[11]。2020 年，我国复合材料领域著名学者杜善义院士在有关复合材料发展态势与展望的讲座中指出，“复合材料多尺度分析在飞机设计方面具有重要的研究意义”。西北工业大学张立同院士在中航西飞成立 50 年举办的飞机制造技术论坛中指出，研究复合材料损伤演化机理是突破飞机复合材料重要结构件耐久性能和制造瓶颈的重要问题。NASA复合材料部资深科学家达雷尔博士在NASA飞行器机体结构报告中,将复合材料尺度建模列为"高性能复合材料及其结构面临的重大挑战"[11]。

(a) (b) (c) (d)

图1-3 复合材料典型的细观局部损伤模式

(a)纤维断裂;(b)纤维脱黏;(c)基体断裂;(d)分层损伤

复合材料的细观不均匀性使其在循环载荷下的损伤破坏模式复杂多样,同时损伤过程贯通微观到宏观多个尺度。一方面,细观结构不均匀易产生应力集中,导致微小缺陷和损伤;另一方面,以循环载荷为主的服役工况又易造成复合材料细观缺陷与损伤的加速扩展,进而诱发宏观失效。因此,为了实现复合材料结构循环载荷下的损伤分析与寿命预测,优化大型复合材料装备设计,亟须发展一套高效、精确的复合材料多尺度力学计算方法。

1.2 金属基体及界面性能微观模型

作为继钢、铝、镁金属之后的新型结构材料,钛(Ti)金属及其合金因熔点高、硬度大、抗拉强度高、可塑性强、密度小、比强度高和抗腐蚀能力强等诸多优点,被广泛应用于航空航天领域[12]。为适应航空航天领域日益复杂的服役环境,钛基复合材料凭借更加优异的比强度、比模量、耐高温性能,呈现出更加广阔的应用前景[13]。然而,在极端服役工况,如交变载荷、温度变化以及应力腐蚀等因素的耦合作用下,钛金属基体中的位错、孪晶、层错、晶界以及微观裂纹相互作用、不断演化,将影响复合材料界面性能,同时,钛金属基体与纤维(如碳纤维)发生化学反应,可形成脆性的弱界面层,两方面的微观尺度作用均会导致材料宏观性能的退化甚至失效。因此,开展金属基体及界面性能微观尺度研究,是揭示钛基复合材料宏观性能演化物理本质的重要基础。

1.2.1 钛金属纳米孪晶结构的分子动力学模拟

随着纳米材料技术的不断发展，人们开始通过调整纳米材料中微观组织的形状、组成、尺寸和分布来提高材料的力学性能，逐渐发展出诸多新型纳米材料。其中，纳米孪晶（Nano - Twin，NT）是指在纳米晶粒中引入一系列平行孪晶片层的材料，其打破了金属材料普遍存在的强度、塑性倒置关系，具有强度高且塑性好的优异力学性能[14-16]。2004 年，卢柯院士等[17]在纳米尺度铜晶粒中插入了孪晶片层组织，首次实现了纳米孪晶多晶材料的制备。如图 1－4 所示，通过扫描电镜（Scanning Electron Microscope，SEM）可以观察到纳米孪晶铜中孪晶界面之间彼此平行，并伴随位错等晶体缺陷的生成。事实上，纳米孪晶金属材料兼具强度、塑韧性的优异综合力学性能，这主要来源于其引入的孪晶界面。第一，孪晶界面相较于晶粒内部，其势能较高，能够阻碍位错等晶体缺陷进一步向其他晶粒传递。第二，作为一种特殊晶界，孪晶界面为位错的交叉滑动提供了路径。这两方面因素分别提高了材料的强度和延展性[18]。除了优异的综合力学性能，处于高温环境时，能量较高的孪晶界面能够提高纳米晶体材料的热稳定性[19]。目前，关于纳米孪晶金属材料力学性能的研究主要集中在镍（Ni）、铜（Cu）、铁（Fe）等材料，而对于钛金属材料，公开报道的微观组织设计与力学性能优化相关研究十分有限。

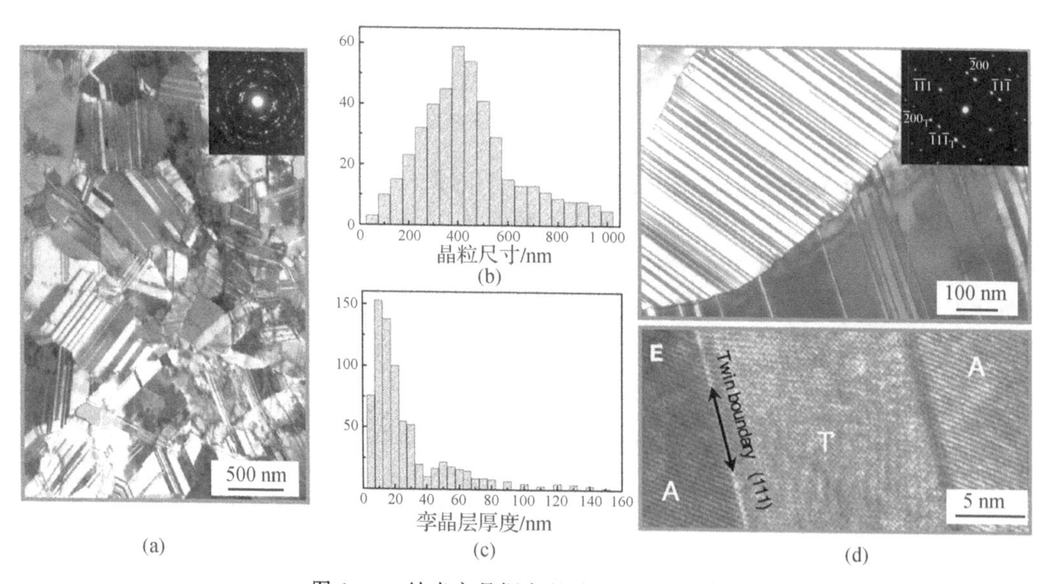

图 1－4　纳米孪晶铜孪晶片层电镜形貌[17]

纳米孪晶金属材料主要通过磁控溅射、电解沉积、激光冲击以及其他物理化学过程等方式获得[20]。然而，通过实验手段制备稳定的纳米孪晶钛金属成本高昂、工艺繁杂，尤其针对裂纹扩展开展研究时，初始裂纹的长度、宽度、位置和形状等因素难以控制。分子动力学仿真模拟方法依靠牛顿第二定律等经典力学方程，通过迭代计算皮秒或飞秒时间尺度下原子体系的运动状态可以统计分析出材料的宏观性质。分子动力学方法的优势主要有四点：第一，可以轻易地获得全致密、无污染、完全弛豫态、大尺寸块状纳米材料样品和理想的实验环境；第二，能够模拟纳米至微米尺度下材料中各类微观组织的变形过程和动力学特性；第三，可以提供任意原子体系的经典热力学特性；第四，允许对比、解释实验现象。综上所述，分子动力学模拟方法拥有传统实验和理论分析无法比拟的优势，因此被广泛应用于纳米尺度晶体材料领域。

针对纳米孪晶材料，大量分子动力学模拟表明：纳米孪晶材料的宏观性能是由位错-孪晶界面的交互作用决定的[21-24]，例如纳米孪晶材料中孪晶界面上的位错形核、增殖及相互作用可以促进 Lomer - Cottrell 锁定的生成，进而提高屈服强度[25-27]；同时在材料变形过程中，孪晶界作为位错的发射源，能够不断地生成位错，使得纳米孪晶材料具有更好的延展性[28-30]。

关于纳米孪晶金属强韧化机制的研究，目前多集中在晶格结构相对简单的立方系金属方面。Li 等[31]利用分子动力学模拟方法研究了孪晶片层厚度和晶粒尺寸对纳米孪晶铜强度的影响，如图 1 - 5 所示。研究表明，随着孪晶片层厚度的减小，晶界-孪晶界的交汇处增多，导致位错源增多，进而促进了大量位错等晶体缺陷形核增殖。当孪晶片层厚度小于临界值时，随着其进一步减小，位错成核机制成为拉伸变形的主导机制，材料发生软化。从应力-应变曲线中可以看出，随着晶粒尺寸的减小，材料的临界孪晶片层厚度减小。

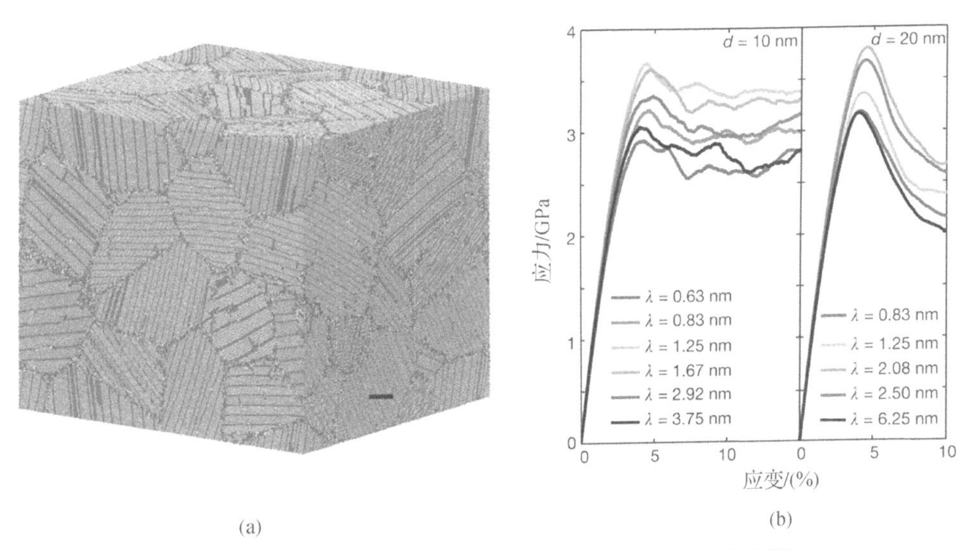

图 1 - 5 基于分子动力学仿真的纳米孪晶铜单轴拉伸变形[31]

(a)纳米孪晶铜原子结构模型；(b) 拉伸应力-应变曲线

You 等[32]通过实验测试、晶体塑性有限元和分子动力学模拟研究了纳米孪晶铜的各向异性塑性变形。其中，他通过分子动力学分析总结了压缩变形时纳米孪晶铜的三种变形机制，包括位错堆积和滑移、位错穿透孪晶、位错诱导孪晶迁移，如图 1 - 6 所示。三种变形机制在纳米孪晶变形过程中存在交互作用，导致屈服强度对加载方向存在显著的依赖性。

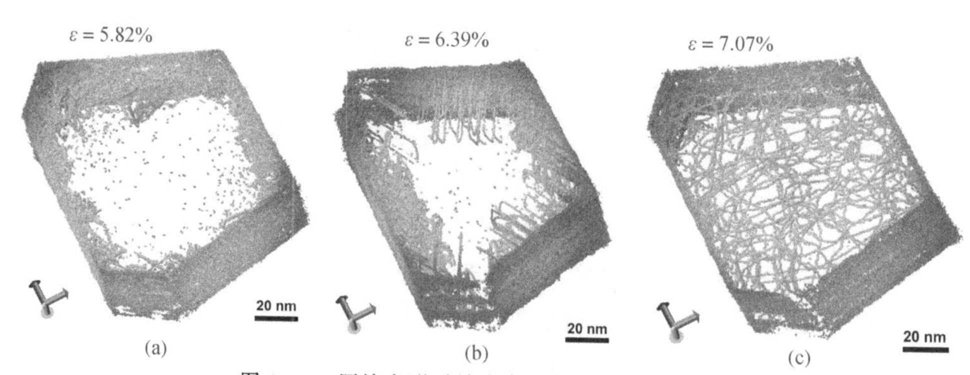

图 1-6　压缩变形时纳米孪晶铜中的位错运动[32]

(a)位错堆积和滑移；(b) 位错穿透孪晶；(c) 位错诱导孪晶迁移

Zhang 等[33]进一步证实位错成核机制主导了纳米孪晶铜屈服强度的变化。如图 1-7 所示，在较大的孪晶片层厚度下[见图 1-7(a_1)～(a_6)]，位错的交叉滑移和解离会产生位错锁，进而限制和阻止位错运动，从而提高强度。然而，在低于临界值的孪晶片层厚度下[见图 1-7(b_1)～(b_6)]，位错不会发生交叉滑移。孪晶界迁移形成台阶，同时孪晶界台阶处可以作为位错源发射位错。

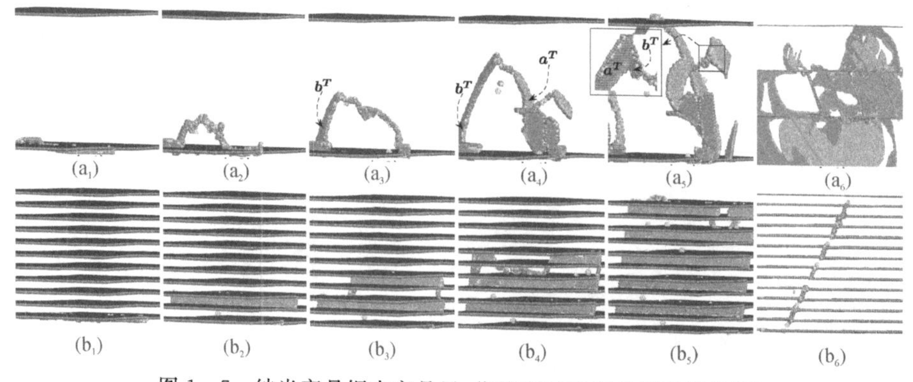

图 1-7　纳米孪晶铜中孪晶界-位错交互作用的原子结构[33]

对于密排六方结构金属，Song 等[34]研究了孪晶片层厚度和温度对纳米孪晶镁变形行为的影响。结果表明，纳米孪晶镁的力学性能由孪晶片层厚度决定，其屈服强度与孪晶界-位错间的相互作用有关。当孪晶片层厚度开始增大时，相邻的孪晶界为位错运动提供了较大的空间，相应地可以储存更多的位错。然而，当孪晶界间距过大时，位错密度反而逐渐减小，导致屈服强度降低。此外，在高温环境下，当孪晶片层厚度大于临界值时，材料强度发生软化。

综上所述，纳米孪晶材料与成分相同的常规金属相比，具有更加优异的综合性能。然而，关于纳米孪晶金属强韧化的研究对象，目前多集中在晶格结构相对简单的立方系金属方面，而对密排六方系金属的研究较少。本书第 2、3 章将着重介绍分子动力学模拟方法、纳米孪晶建模方法以及钛金属纳米孪晶拉伸变形的模拟结果与分析[35]。

1.2.2　钛金属裂纹扩展的分子动力学模拟

分子动力学模拟是探究裂纹扩展微观机制与原子尺度组织演化规律的重要手段。

Zhang 等[36]讨论了温度和应变率对 α 型单晶钛(α－Ti)裂纹扩展机理和微观组织变化的影响。结果表明:第一,空洞的聚集和应力集中是单晶钛裂纹扩展的主要原因。第二,温度和应变率对裂纹尖端生长方向和层错生成速率有着显著影响。在弹性变形过程中,应力-应变曲线的斜率与应变速率无关,但会受到温度变化的影响。在低温和高应变率条件下,单晶钛的拉伸屈服应力提高。第三,初始裂纹的存在大大降低了单晶钛的拉伸屈服应力。

Ando 等[37]模拟了三种裂纹取向下 α－Ti 裂纹的扩展行为。结果表明:第一,在具有$(10\bar{1}0)[1\bar{2}10]$初始裂纹的模型中,裂纹在两个相交的$\{10\bar{1}0\}\langle 1\bar{2}10\rangle$滑移系上通过交变剪切而扩展。第二,在具有$(0001)[10\bar{1}0]$初始裂纹的模型中,裂纹尖端出现$\{10\bar{1}0\}$一级锥体滑移,并观察到$\{10\bar{1}2\}$孪晶。第三,在具有$(10\bar{1}0)[0001]$初始裂纹的模型中,裂纹尖端沿着初始裂纹面扩展,且表面裂纹的扩展速率比模型内部裂纹的扩展速率快。

Shi 等[38]分别研究了沿基面和锥面拉伸时 α－Ti 的裂纹尖端微观组织变形机制。结果表明:当沿基面方向加载时,孪晶是主要的变形机制。当沿锥面方向加载时,晶向、裂纹尖端位错形核和层错扩展是主要的变形机制,同时模型中出现了位错环,其随应变的增大而扩展和合并,且在拉伸的初始阶段生成了由多个不全位错引起的密排六方结构向体心立方结构的相变。

Cai 等[39]采用分子动力学模拟和线弹性断裂力学方法对 α－Ti 裂纹尖端的扩展行为进行了分析,讨论了晶粒取向对裂纹扩展的影响。模拟结果表明:裂纹尖端扩展与晶体取向、平面缺陷密切相关。第一,位于密排基面、棱柱面或沿层错面缺陷的裂纹以脆性方式扩展。第二,当裂纹沿孪晶界扩展时,缺陷导致的变形改变了裂纹尖端附近的微观结构和晶体取向,裂纹表现出延性扩展行为。

在钛合金方面,Feng 等[40]通过对原子构型和应力-应变曲线的分析,研究了 γ－TiAl 单晶模型中微裂纹与加载方向的夹角对裂纹扩展的影响,如图 1－8 所示。结果表明,首个位错的发射时间和屈服应力值随夹角角度的增加而减小,裂纹扩展是由主、次裂纹合并机制引起的。随着夹角角度的增加,位错及其伴随层错的数量减少,屈服点、屈服应力和断裂应变均减小,裂纹扩展更加明显。Feng 的团队[41]还研究了不同空位浓度和温度下 γ－TiAl 单晶的力学性能变化。结果表明,第一,随着空位浓度的增大,拉伸强度降低,屈服应力和应变呈非线性下降,但三者的下降趋势并不明显。第二,随着温度的升高,材料的屈服应力和应变呈明显的非线性下降。同时温度的升高增大了空位浓度,弹性模量明显降低。第三,在拉伸过程中,不同浓度的空位逐渐发展成孔洞、微裂纹和宏观裂纹,最终导致材料断裂。

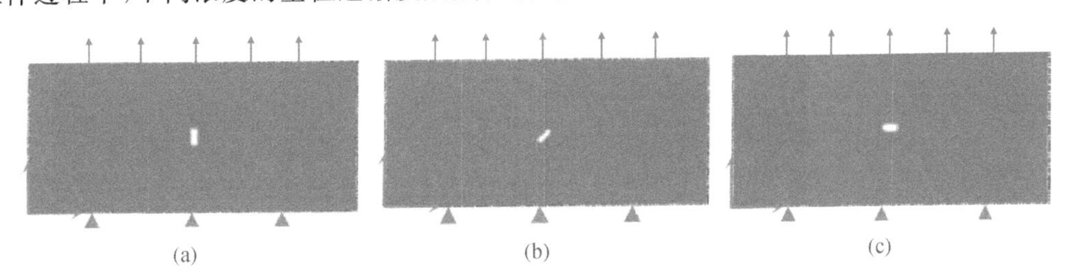

图 1－8 微裂纹与加载方向的夹角[40]

(a) 0°; (b) 45°; (c) 90°

由于钛金属内滑移系数量并不多，因此在大多数情况下，孪生成为主导钛及钛合金塑性变形的重要因素，而孪晶界面是阻止裂纹扩展的重要微观屏障之一。Wang 等[42]研究了位错与晶界的相互作用对 α-Ti 疲劳裂纹萌生的影响。结果表明，塑性变形取决于拉伸载荷的取向，并揭示了两种典型的位错-孪晶界交互行为：第一种情况，位错越过孪晶界面转移到相邻晶粒中，促进变形孪晶生长，随后引发基底裂纹；第二种情况，位错在孪晶界面反弹，导致基底裂纹成核。

Li 等[43]研究了在循环载荷下含孪晶界 TiAl 晶体的裂纹扩展机制。结果表明，裂纹和位错随着循环载荷的增大而发生扩展和滑移。在卸载过程中，位错随着载荷的释放而后退。

Cao 等[44]分析了裂纹位置对含孪晶界 TiAl 晶体的变形和破坏机制的影响，如图 1-9 所示。结果表明：第一，孪晶界阻碍了位错运动，不仅使得材料保持了良好的塑性，同时提高了强度；第二，裂纹尖端的微观结构随着裂纹位置的变化而变化，从本质上讲，变形行为主要是位错-位错、位错-孪晶、孪晶-孪晶相互反应的结果；第三，裂纹扩展机制会受到预先存在的孪晶界的影响，孪晶界可以阻止裂纹扩展，提高断裂韧性。

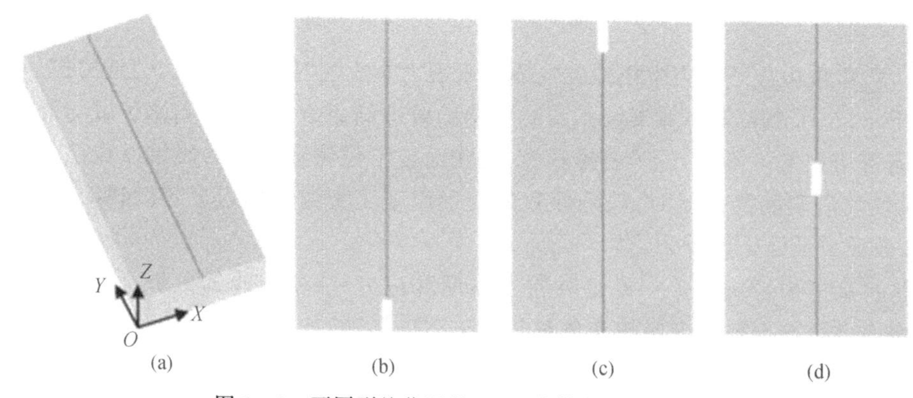

图 1-9　不同裂纹位置的 TiAl 晶体结构示意图[44]

在实际生产中，材料的晶体结构并不是单纯的单晶或孪晶，而是由不同晶向的单晶体组成的多晶体。

Ding 等[45]采用分子动力学方法分析了多晶 γ-TiAl 合金在晶粒尺寸效应和温度效应影响下的微观变形机理。结果表明，当晶粒尺寸小于 8 nm 时，材料的屈服应力和晶粒尺寸呈现“逆 Hall-Petch 关系”，此时晶粒旋转和晶界迁移主导了塑性变形。当晶粒尺寸超过 8 nm时，位错滑移和变形孪晶逐渐主导了塑性变形。随着温度的升高，原子间的结合力降低，导致弹性模量下降。

Lu 等[46]提出了一种结合内聚力模型和分子动力学的多尺度方法用以研究 NiTi 合金的裂纹扩展。通过分子动力学模拟，得到了内聚力模型初始微裂纹的牵引-分离规律。所得到的特征参数嵌入沿晶界和晶粒内的内聚力单元中，然后通过有限元分析模拟了沿晶和穿晶断裂。

本书第 4、5 章将详细介绍钛金属纳米孪晶裂纹扩展、多晶结构裂纹扩展的分子动力学模拟结果，系统性地探讨与揭示孪晶界、位错、层错、晶界对裂纹扩展行为的影响机制[47]。

1.2.3 复合材料界面性能微观模拟方法

复合材料的界面厚度仅为数埃[1 埃(Å)=10^{-10} m]至数百埃米,是一个典型的微观尺度问题,难以通过传统的宏观力学测试与计算方法获得微观尺度的界面性能。与传统试验方式相比,采用模拟计算方法对复合材料微观界面性能进行预测,在时间与经济性上具有极大优势,材料原子、分子尺度建模的微观计算方法,已经逐渐成为预测复合材料微观界面力学性能的有效手段[48-50],其主要研究内容集中在第一性原理和分子动力学两方面[51]。

采用第一性原理研究复合材料界面问题时,从微观粒子的薛定谔方程出发,推导出界面处原子核与多体电子系统的能量状态、原子构型等信息,对纯净界面与带有缺陷与夹杂的界面结合状态进行分析。对于不含微观缺陷与夹杂的纯净界面[52-55],Benedek 等采用第一性原理模拟了 MgO/Cu 复合材料界面由晶格常数不同引起的原子层变形,并计算了其电子结构和结合能[56]。

2003 年,Liu 等针对金属基陶瓷复合材料分析了 Ti/TiN 界面原子间的成键机理,通过第一性原理计算和分析出 Ti 与 TiN 中 N 端形成 TiN 键,其具有更大的结合力,分析出复合材料界面破坏易发生于界面附近的金属层[57]。

2015 年,Wang 等对金属氧化物复合材料界面进行了第一性原理分析,计算了 TiAl/Al_2O_3的界面结合能,发现了 Al_2O_3中 O 端与 Al 结合更好,提出了增加 Al 原子的界面改性方法,提高了复合材料界面结合强度[58]。

2021 年,Wang 等通过第一性原理计算了 Ti/Si 和 Si/Diamond 界面的密度能函数,为类金刚石碳基薄膜材料与 Ti 结合的复合材料界面性能研究提供了理论基础,并为 Ti 的表面改性提供了依据[59]。

除了对复合材料纯净界面的分析,研究人员还通过第一性原理对界面微观缺陷与元素夹杂对界面结合的影响进行了探讨。

2007 年,Chen 等利用第一性原理,对 Au/Mg 的 6 种界面结合方式进行了建模,分析了 O 原子空位与 Mg 原子空位对界面构型稳定性的影响,推断出当空位存在时,若 Au 原子与 O 原子成键,则界面构型处于最稳态[60]。

2014 年,Song 等通过第一性原理分析了 Ti 空位和 Nb 元素掺杂对 TiAl/TiO_2 界面结合强度的影响,发现了 Ti 空位削弱了界面结合强度而 Nb 元素掺杂有助于提高界面结合强度[61]。

2017 年,Yu 等在界面中引入 Cr 与 V 元素掺杂,通过第一性原理计算发现 Cr 元素与 V 元素掺杂分别对界面结合强度产生了负面和正面影响[62]。

由于第一性原理从电子密度分布与原子成键角度出发对微观界面进行了建模分析,其建模体系往往过小,无法分析界面加载情况下的动态界面性能与载荷传递过程。因此,为了更好地预测复合材料界面的损伤与失效过程,研究人员采用了能模拟更大体系的分子动力学方法,对界面强度性能进行了分析。

Zhao 等对 Si/Si_3N_4界面进行分子动力学建模并对模型进行应变加载,获得了界面弹性模量与裂纹扩展模式[63]。

2006 年,Namilae 等对碳纳米管增强聚合物基复合材料中的界面进行了分子动力学模拟,分析了其在压缩载荷下的应力传递过程[64]。

2018 年,Jiang 等对石墨烯涂层与铝的界面进行了分子动力学建模,通过施加应变载荷预测出界面结合强度与失效模式[65]。

2022 年,Zhang 等对类似天然木材的亲水性复合材料纤维基体界面采用分子动力学方法进行分析,定性给出了含水量与界面结合力的函数关系,揭示了复合材料界面对力学性能的影响机理[66]。

综上所述,采用第一性原理和分子动力学等微观模拟手段分析复合材料界面性能,可从机理角度有效预测界面强度与损伤模式;然而,其计算尺度往往局限于微观界面本身,无法模拟界面对复合材料宏观性能的影响。

1.3 复合材料微-细观界面模型

1.3.1 复合材料界面建模方法

在复合材料成型工艺中,增强相与基体相之间会形成厚度为数埃至数百埃的微观结构,代表了增强相与基体相的性能过渡,被称为“界面相”。当复合材料受到外载荷时,界面相承担了传递应力的重要作用,紧密的界面黏结使应力光滑、均匀地分布在细观结构中,发挥出材料的最佳性能。然而,由于复合材料制备技术和工艺条件的限制,很少能得到完美黏结的界面,实际使用过程中易发生界面脱黏现象,无法发挥出材料的最佳设计性能。复合材料力学专家杨序纲在《复合材料界面》中写道:复合材料力学是一门涉及物理、化学、材料科学和工艺学等多学科领域的学科,而复合材料界面是决定复合材料力学性能的关键因素,是复合材料研究领域的焦点[67]。近年来,科研人员围绕复合材料微观界面进行了大量研究,建立了众多模型,可分为两大类——数学界面模型和界面相模型(包括传统和微观-细观多尺度)[68]。

1.数学界面模型

如图 1-10 所示,数学界面模型认为界面相的厚度可以忽略不计,复合材料的性质会在界面处产生突变,位移场和应力场在界面处是不连续的。目前基于数学界面模型的方法主要有两种——线弹簧模型和内聚力模型。

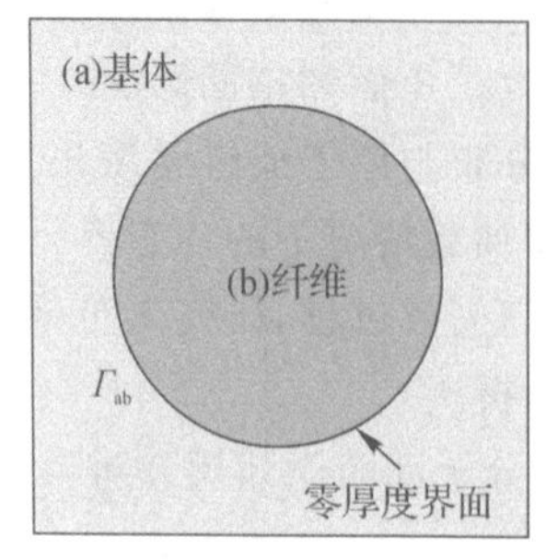

图 1-10 复合材料数学界面模型

线弹簧模型与内聚力模型均基于界面应力连续假设，认为界面处应力连续而位移不连续，且应力与位移间断量成正比。1989年，Achenbach等在界面受拉和受压的不同工况下使用了不同的线弹簧模型，成功地对纤维增强复合材料界面破坏失效问题进行了分析[69]。1990年，Hashin首次使用线弹簧模型分析了界面脱黏对颗粒增强复合材料力学与热力学性能的影响[70-71]。随后，Zhong等研究了球形夹杂复合材料界面脱黏的本征应变问题，采用弹簧模型成功地将界面处的正剪应变不连续引入Eshelby理论[72-73]。2019年，Lee等使用线弹簧模型成功推导出界面脱黏颗粒增强复合材料修正的Eshelby张量、应变集中张量和有效模量的解析形式[74]。除弹簧界面模型外，为了模拟界面不同加载条件下的不同响应，研究者们提出了另一种数学界面模型——内聚力模型。内聚力模型针对界面拉压、正剪等不同工况定义了不同的应力演化准则，能有效模拟各类线性、非线性界面响应。1987年，Needleman首次通过内聚力模型分析了具有球形夹杂的复合材料在界面脱黏过程中的孔隙形成过程[75]。随后，Wei等利用梯形内聚力模型模拟了复合材料产生塑性变形时的界面脱黏问题[76]。2018年，Ramdoum等采用双线性内聚力模型分析了不同体积分数、不同界面角度下的碳纤维树脂基复合材料的界面脱黏问题[77]。2021年，Xie等将内聚力模型应用于压电复合材料，分析了带有摩擦效应的微观纤维界面脱黏行为[78]。2022年，Liu等采用内聚力模型预测了三维颗粒增强陶瓷基复合材料的微观界面脱黏与损伤，进一步扩展了理论的应用范围[79]。

2.传统界面相模型

第二类界面模型是界面相模型，如图1-11所示，与数学界面模型中的零厚度界面不同，界面相模型将界面看作基体相与增强相之间具有厚度的第三相材料，基体相与界面相、界面相与增强相之间是完美黏结的。

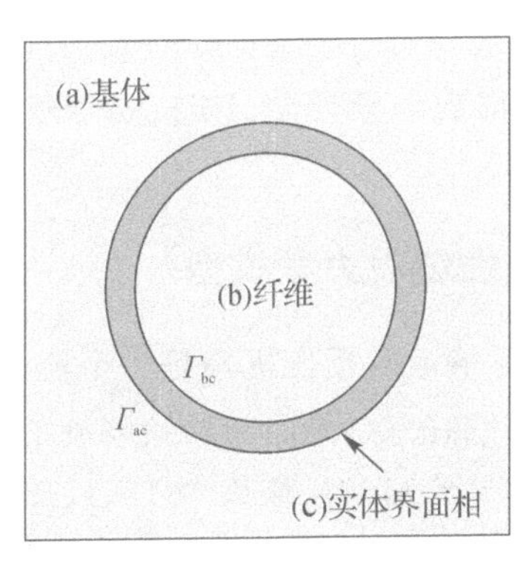

图1-11 复合材料界面相模型

该模型最早由Walpole提出，他分析了具有实体界面层的颗粒增强复合材料的弹性性能，研究表明即便增加一层很薄的界面相也会显著影响复合材料性能的模拟结果，证明了复合材料模拟过程中考虑界面相的必要性[80]。2004年，Ying等采用该方法计算了含涂层空心球复合泡沫塑料的弹性性能，并讨论了界面相厚度对复合材料性能的影响[81]。2019年，Lee等使用界面相模型分析了具有各向异性基体的复合材料界面损伤行为[82]。2022年，

Ries 等采用界面相模型分析了纳米复合材料中，纳米颗粒微观表面效应对材料性能的影响，解决了传统宏观试验开展较困难的问题[83]。与数学界面模型相比，界面相模型在数值计算方面更具优势，因为实体界面相在建模过程中可以确保增强相、基体相和界面相单元具有共同的节点，不存在位移场的突变，从而具有更好的收敛性[84]。

综上所述，无论是数学界面模型还是界面相模型，其本质都是单一尺度的细观力学模型，其中界面的性质往往采用唯象法和试错法获取，无法从微观物理本质层面准确定义界面的性能。

3.微观-细观多尺度界面相模型

复合材料的界面问题是一个典型的多尺度问题，界面相尺寸往往处于纳米到微米级别，界面断裂特性过于微观，无法通过一般的宏观试验手段进行测试。界面的损伤性能会显著影响复合材料在宏观循环加载下的性能。因此，耦合界面损伤的复合材料力学模型是典型的微-细观多尺度模型。基于试验的复合材料界面研究，存在经济投入大、研究周期长的问题，因此迫切需要发展基于计算力学的多尺度界面损伤模型。

一些研究通过引入内聚区模型来预测复合材料的界面脱黏行为，使用分子动力学模拟界面的脱黏行为，以获得内聚区模型参数[65,85-86]。上述研究采用分子动力学模拟构建了具有三个自由度的零厚度界面，但对实体界面模拟的关注仍然不足。由于在复合材料中，界面通常作为具有实际厚度的第三相存在，因此使用实体界面可以确保纤维、基体和界面元素具有共同的节点，从而获得更准确的预测结果[84]。

为解决上述问题，Yang 等提出了一种新的多尺度微观力学模型。该模型通过有限体积直接平均细观力学理论(FVDAM)引入了实体界面，使用具有六个自由度的内聚区模型描述界面脱黏现象。Yang 等所提出的方法从微观尺度出发，对界面性能进行分析，从机理角度阐明了界面微观损伤模式，并通过分子动力学获取了具有物理意义的内聚区模型参数，从而增强了有限体积直接平均细观力学理论(FVDAM)预测非均质材料局部均匀响应的能力[87-88]。

1.3.2 复合材料循环塑性细观力学模型

复合材料循环载荷下的力学响应与损伤机理是一个典型的多尺度问题，微观尺度界面性能往往由纳米级别原子间的势能决定，界面初始缺陷处的应力集中导致的原子键断裂会引发界面损伤；微观界面损伤会导致细观纤维基体之间局部应力重新分布，使得界面附近区域达到强度极限，发生细观塑性变形与细观损伤；细观尺度的塑性与损伤将导致宏观材料局部性能退化，进而引发宏观裂纹萌生与扩展，最终引发复合材料结构件整体失效。因此，为了准确预测复合材料结构的损伤行为，需要采用多尺度的建模方法，自下而上地分析每个尺度的力学响应。

如图 1-12 所示，复合材料宏观结构件的力学响应，涉及微观界面、细观单胞和宏观结构多个尺度的信息传递，而细观力学作为微观与宏观力学的桥梁，有着举足轻重的作用。因此本节从细观力学出发，对复合材料循环塑性细观力学模型发展现状进行综述。

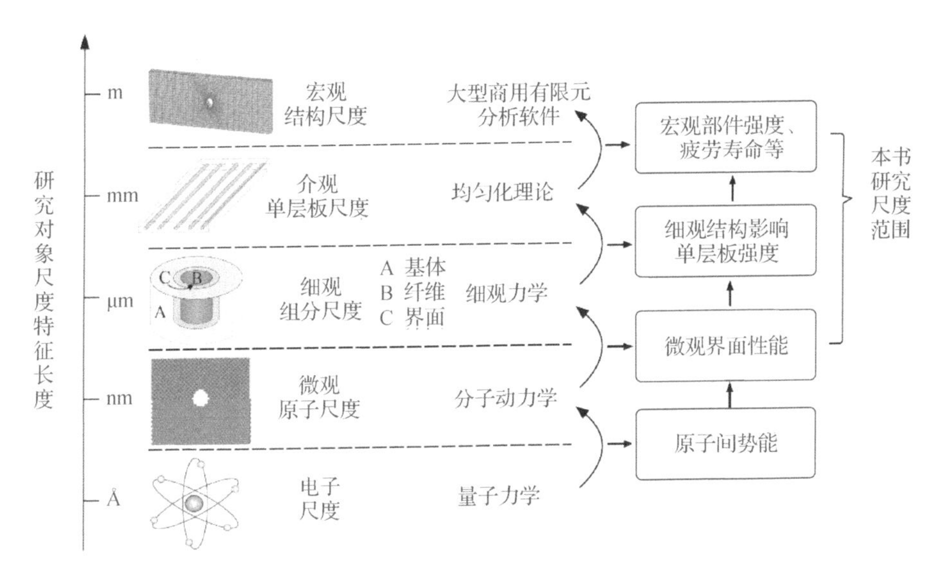

图1-12 复合材料多尺度建模框架

应用于航空航天、军工等领域的复合材料结构，往往在复杂的循环载荷工况下服役，在非零平均应力的影响下会产生塑性变形累积的循环塑性响应，极大地影响装备运行安全。因此，近年来，研究人员对复合材料的循环塑性行为进行了大量的研究[89-90]。然而，与传统匀质金属材料不同，复合材料具有典型的非均匀性，使得金属循环塑性本构模型无法在复合材料中使用。时至今日，构建复合材料循环塑性本构模型并揭示其细观变形机理，依然是复合材料力学界极具挑战的研究课题[91]。

宏观力学模型以物质连续均匀为基本假设，认为物体可以被分为无穷多的小单元，每个小单元的弹性性质均保持一致。然而，复合材料由纤维和基体混合而成，具有典型非均匀性，使得宏观力学不再适用。为了更准确地计算复合材料力学响应，可有效模拟材料不均匀性的细观力学应运而生。近几十年来，细观力学一直是复合材料循环塑性本构模型领域的研究热点，根据建模方式将其分为两类[92-94]——基于代表性体积单元(Representative Volume Element, RVE)的循环塑性细观力学模型，基于重复性单胞(Repeating Unit Cell, RUC)的循环塑性细观力学模型。

1.基于代表性体积单元的循环塑性细观力学模型

在复合材料理论中，代表性体积单元是能够代表复合材料整体性能的最小可测量单元[95]，小到在细观尺寸能描述复合材料的不均匀性，同时大到与材料宏观性能一致。目前国内外所提出的基于代表性体积单元的复合材料循环塑性细观力学模型主要基于Eshelby等效夹杂理论[96]以及在其基础之上演化出的Mori-Tanaka[97]模型和广义自洽模型[98-99]等平均场均匀化方法。为了描述复合材料的塑性变形行为，需要在现有平均场均匀化方法上分别对复合材料的增强相和基体相进行线性化，目前主要采用的线性化理论有割线理论、切线理论和仿射线性化理论。

割线理论采用复合材料各相在变形过程中与初始状态之间的割线张量求解整体塑性响

应。以 Suquet[100],Castaneda[101]和 Buryachenko[102]等为代表的研究者采用割线理论结合平均场均匀化方法对短纤维增强和颗粒增强复合材料的塑性响应进行建模[100-104]。然而,采用割线理论的模型本质上基于塑性全量理论,无法记录塑性变形的历史效应,仅能描述复合材料在单调加载以及比例加载下的塑性响应,无法描述复合材料在循环加载下塑性变形的累积过程。

为了解决割线理论细观力学模型存在的问题,2003 年,Doghri 在切线理论的基础上结合 Mori - Tanaka 模型建立了针对球形夹杂复合材料的循环塑性细观力学模型,通过引入相邻加载步之间的切线张量建立当前应力率与应变率的联系,其本质上为塑性增量理论,具有加载历史相关性,因而可以有效描述循环载荷过程中的塑性累积过程[105];但是该方法在提出之初仅针对正球形夹杂,模型泛化能力有限,因此 Doghri 于 2005 年对其进行了改进,建立了针对椭球形夹杂复合材料的循环塑性细观力学模型[106]。2017 年,Wu 等通过引入二阶统计矩,对基于切线理论的平均场均匀化方法进行了进一步扩展,提出了可以模拟复合材料循环黏塑性响应的率相关细观力学模型[107]。2022 年,Calleja 等采用压力相关塑性力学模型进一步扩展了模型的适用范围,成功模拟了长纤维增强复合材料的循环塑性响应[108]。

虽然基于切线理论的平均场均匀化方法能够有效模拟复合材料循环塑性响应,但是对于包含时相关效应的循环黏塑性的模拟能力较弱。因此,Pierard 等在 2006 年发展了基于仿射切线理论的 Mori - Tanaka 模型的率相关循环黏塑性细观力学模型,将各相材料的率相关非弹性本构方程对时间离散化,并将其转换为 Laplace 域中的虚拟线性热-弹性关系,以达到模拟复合材料率相关循环塑性的效果[109]。然而,Laplace 变换与逆变换在实现过程中非常复杂耗时,并不利于方法的推广。因此在 2010 年 Doghri 又提出了基于广义仿射线性化的循环黏塑性细观力学模型,避免了复杂的 Laplace 变换计算,进一步完善了该方法[110]。2013 年,Guo 等在黏塑性循环本构框架下,采用广义仿射线性化方法,将 MoriTanaka 模型推广至颗粒增强金属基复合材料的循环黏塑性领域[111]。2015 年,Mareau 等使用仿射线性化方法与自洽模型,并利用快速傅里叶变换成功模拟了纤维增强复合材料的循环黏塑性响应[112]。2022 年,Kim 等和 Jung 等进一步提出了自适应的广义仿射线性化细观力学模型,分别计算了复合材料循环载荷下的黏超弹性和黏弹-黏塑性性能,该方法在加载过程的每一步都自适应地调整复合材料各相的平均应变,以反映切线张量的变化并获得更准确的计算结果[113-114]。

综上所述,基于代表性体积单元的复合材料循环塑性细观力学模型主要采用 Eshelby 等效夹杂理论,优点是具有解析的刚度矩阵表达式,计算速度快,但其无法给出细致的细观局部应力应变场信息,无法对细观尺度的纤维分布和细小裂纹等进行建模。

2.基于重复性单胞的循环塑性细观力学模型

为了更加准确地模拟复合材料循环加载下的细观局部信息,随着软硬件算力的不断提升,以有限元(Finite Element Method, FEM)与 FVDAM 为代表的基于重复单胞的细观力学模型成为一种有效手段。重复性单胞与代表性单元最大的区别在于周期性假设,以图 1 - 13 中的纤维增强复合材料为例,代表性单元为直接从材料中选取的可以代表材料宏观性能的最小可测量单元，重复性单胞则代表了复合材料周期性重复结构的最小单元。从力学本质上来看，代表性单胞与重复性单元的区别在于所施加边界条件的不同，基于代表性单元的细观力学模型通常施加位移或者力边界条件进行求解，而基于重复性单胞的细观力学模型需要施加周期性边界条件，对于 x_0 处的位移 $u_i(x_0)$ 与力 $t_i(x_0)$ ，其周期性边界条件为

$$u_i(x_0+\boldsymbol{d})=u_i(x_0)+\bar{\varepsilon}_{ij}d_j,\quad t_i(x_0+\boldsymbol{d})+t_i(x_0)=0 \tag{1-1}$$

式中：$\boldsymbol{d}$ 为重复性单胞的特征尺寸向量；d_j 为 j 方向特征尺寸；$\bar{\varepsilon}_{ij}$ 为远场应变。

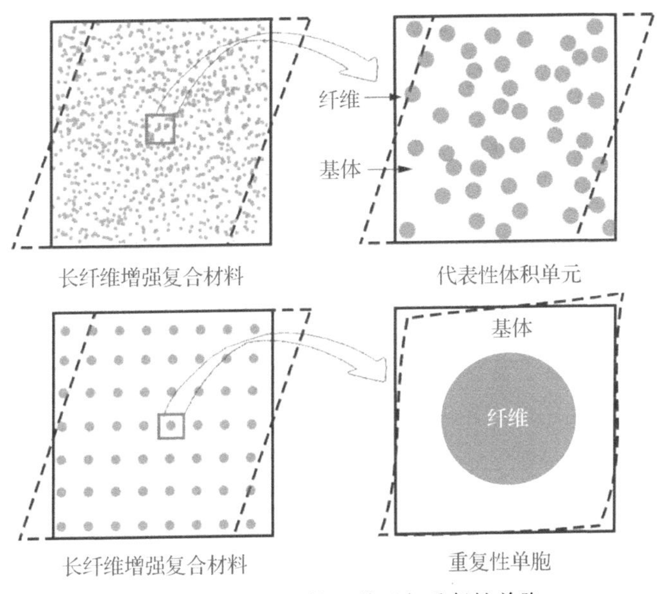

图 1-13　代表性体积单元与重复性单胞

采用有限元细观力学方法建立的重复性单胞循环塑性细观力学模型往往采用商业有限元分析软件，例如 ABAQUS、ANSYS 等，构造包含不同相的复合材料三维模型并赋予各相不同的本构关系，通过模型离散化、施加周期性边界条件与循环外载荷进行数值计算。该方法的优势在于能够建立不同的复合材料细观结构，精确分析局部场量，进而研究复合材料细观结构对宏观循环塑性响应的影响。2007 年，Pierard 等采用 ABAQUS 建立了含随机分布球体、椭球体的复合材料三维单胞模型，分析了循环应变载荷下的循环塑性响应[115-116]。2011 年，Kruch 等建立了具有界面相的长纤维增强复合材料重复单胞模型，分析了界面对复合材料循环塑性响应的重要影响，模拟结果表明，界面相附近产生了超过基体相 20 倍的位移，表明了复合材料局部场量分析的重要性[117]。于敬宇等[118]与 Ogierman[119]分析了不同形状、不同体积分数与不同排列方式的增强相对复合材料整体响应的影响。研究结果表明：复合材料增强相的尺寸越小，流动应力越大；增强相体积分数越大，流动应力越大；增强相排列随机性越低，流动应力越大。然而，有限元理论基于变分原理或者最小势能原理，只能满足弱形式平衡方程，在处理强非线性问题时对迭代算法要求很高，容易出现收敛性问题。因此，通过有限元方法建立的复合材料循环塑性细观力学模型需要在增强相与基体相附近的大应力梯度区域进行细致的网格划分以保障收敛性，最终导致计算效率低下。为了解决有限元方法在计算大应力梯度、强非线性问题时的收敛性与计算效率问题，Pindera 提

出了基于流体力学有限体积原理的有限体积细观力学理论，单元平均局部平衡方程为控制方程，满足局部强形式平衡方程，在相同网格划分和相同位移场阶次的情况下，比有限元方法具有更好的收敛性，非常适用于求解复合材料强非线性问题[120]。

有限体积细观力学理论与有限元理论一样，也是基于重复性单胞的细观力学模型。该方法起源于 1992 年，Paley 和 Aboudi 针对长纤维增强复合材料二维问题建立了细观力学模型——通用单胞模型(Generalized Method of Cells，GMC)[121]。通用单胞模型将重复性单胞离散为矩形子胞，并在整体坐标系下对子胞位移场线性展开，通过施加子胞界面连续性条件与周期性边界条件实现对复合材料宏观响应与局部场量的计算。然而，这种方法将应变作为基本未知量进行求解，计算过程中变量数多，计算效率低，无法用于子胞数多的复杂复合材料单胞计算。

1999 年，Pindera 等提出了改进的通用单胞模型，将子胞应力作为基本未知量，在保证相同精度的前提下，大幅提高了计算效率[122]。同年，Aboudi 等提出了功能梯度材料高阶理论(Higher Order Theory for Functionally Graded Materials，HOTFGM)，采用二阶勒让德展开近似子胞位移场，解决了通用单胞模型中，由位移场线性展开带来的无法模拟正-剪应力耦合现象、计算精度不足的问题[123]。此后，Aboudi 和 Pindera 将 HOTFGM 扩展到复合材料非弹性性能计算，提出了高精度通用单胞模型(High Fidelity Generalized Method of Cells，HFGMC)[124]。

2005 年，Bansal 等对 HFMGC 进行了简化，取消了两级子胞划分，极大地提高了计算效率，并证明其本质为流体力学领域有限体积方法，将简化后的模型命名为有限体积直接平均细观力学模型(Finite Volume Direct Averaging Micromechanics，FVDAM)[125-126]。

2007 年，Gattu 等采用参数化映射思想，用凸四边形子胞代替传统矩形子胞，消除了由矩形网格划分引入的应力集中现象，并证明了其求解效率高于有限元方法[127]。

2009 年，Khatam 和 Pindera 将 FVDAM 扩展至复合材料非线性计算领域，模拟了复合材料单调加载下的弹塑性响应[128]。

2013 年，Cavalcante 等将子胞位移采用四次多项式展开，将 FVDAM 的使用范围扩展至复合材料大变形领域[129]。

2018 年，Tu 等[130]陆续采用 FVDAM 预测了复合材料的损伤、表面能效应[131]和多物理场行为[132]等。

2021 年，Chen 等开发了基于切线理论的 FVDAM，提高了模型的计算效率，并成功计算了多孔复合材料的弹塑性响应[133]。

2022 年，Cai 等采用两步均匀化方法将 FVDAM 应用范围扩展至带有微孔洞的微纤维复合材料，进一步提高了模型的计算能力[134]。

综上所述，基于代表性体积单元的循环塑性细观力学模型具有计算效率优势，但是由于其在建模过程中无法考虑复杂细观结构和精细化局部场量，因此计算精度弱于基于重复性单胞的有限元细观力学模型。有限元细观力学模型通过对细观结构的直接建模，可实现高精度复合材料单胞局部场模拟，然而计算循环塑性等强非线性响应时计算效率低且易出现收敛性问题。FVDAM 作为近年来发展起来的另一种基于重复性单胞的细观力学模型，在求解强非线性问题时，计算精度与有限元相同且效率高于有限元，有望成为模拟复合材料循环塑性问题的有力工具。

本书以FVDAM方法为基本工具，在其基础上构建复合材料多尺度关联。在第6～8章中，将以FVDAM细观力学理论为核心方法，向下连接微观界面，向上连接宏观结构，介绍复合材料循环载荷下的多尺度力学响应。

1.4 复合材料宏观跨尺度模型

宏观复合材料结构的损伤是一个典型的跨尺度问题，微观与细观尺度的建模无法直接应用于宏观结构的性能退化与失效分析。因此，构建细观尺度与宏观尺度损伤相互作用、建立多个尺度有效关联的跨尺度模型，是复合材料力学的研究难点。本节对复合材料跨尺度模型发展现状进行综述，根据模型不同尺度间的信息传递方式，可将模型分为两类[135]——递阶多尺度法与并发多尺度法。

1.4.1 递阶多尺度法

在递阶多尺度法中，不同尺度之间的信息只能自上而下或者自下而上传递，不同尺度之间并无实时响应迭代，是一种单向耦合方法。采用递阶多尺度法进行跨尺度分析的基本思路是：使用细观尺度模型计算出代表复合材料宏观材料性能的基本参量（弹性模量、泊松比、极限强度等），然后采用基本参量进行宏观尺度建模与损伤分析。

2004年，Sheng等通过微观分子动力学模拟获得了纳米黏土颗粒的力学性能，将其引入Mori－Tanaka细观力学模型，获得了纳米黏土颗粒增强聚合物基复合材料的等效性能，最终通过有限元方法模拟出宏观结构的弹性性能，建立了复合材料从微观到宏观的跨尺度模型[136]。

2009年，Ghanbari等建立了基于代表性体积单元的碳纳米管复合材料细观力学模型，获得了复合材料的宏观弹性性能[137]。同年，Buchanan建立了不同纤维排布方式的代表性体积单元细观力学模型，分析了不同纤维排列对复合材料宏观力学性能的影响[138]。

2010年，Bouchart等在细观单胞模型中引入了非线性模型，采用二阶均匀化理论模拟了循环载荷下超弹性复合材料的宏观力学响应[139]。

2013年，Yang等通过建立不同体积分数和颗粒体积的纳米颗粒复合材料细观模型，并结合微观分子动力学模拟，预测出含有界面效应的复合材料力学性能，将其引入有限元模型，获得了复合材料的宏观塑性响应[140]。

2020年，He等采用递阶多尺度法建立了三维编织复合材料细观－介观－宏观多尺度模型，预测了材料高温下耦合塑性的损伤行为[141]。

递阶多尺度法本质上是对复合材料不同尺度的力学问题分别计算，通过其中一个尺度计算出的性能参数进行另一尺度的力学计算，无须进行尺度间的实时迭代计算，计算效率高，便于建立多种细观尺度模型，来分析复合材料的统计学等效性能[142-143]。由于递阶多尺度法是一种典型的单向耦合跨尺度方法，无法模拟细观损伤对宏观模型的实时影响，因此存在精度不足的缺陷。

1.4.2 并发多尺度法

为了解决递阶多尺度法信息单向传递导致的模型精度不足问题，近年来发展了多种基于并发多尺度法的复合材料跨尺度模型[144-146]，在相同计算区域同时引入微观、细观和宏观等不同尺度的模拟，通过相邻尺度间的边界条件建立各个尺度的关联，实现不同尺度信息的双向实时传递。

并发多尺度模型是在宏观模型中直接嵌入细观模型。

2008年，Souza将纤维增强复合材料结构宏观模型中的每个单元与细观代表性体积单元相关联，模拟了复合材料在冲击载荷下的跨尺度损伤问题[147]。

2011年，Smilauer等在有限元商业软件中通过细化宏观尺度损伤区域网格，直接将三向编织复合材料细观结构嵌入有限元模型，对复合材料宏观断裂性能进行了分析[148]。

2012年，Daghia等对复合材料层合板结构宏观模型进行区域划分，仅在结构加载时的大梯度区域引入细观力学模型，极大地提高了跨尺度损伤分析的计算效率[149]。

2014年，Shojaei等基于连续损伤力学理论将SiC纤维增强陶瓷基复合材料的不同细观失效模式与宏观模型相耦合，建立了并发多尺度损伤模型[150]。

2015年，Montensano等将多轴加载工况的细观代表性体积单元模型嵌入宏观层合板模型中，进行了复合材料层合板的多轴多尺度损伤分析[151]。

2016年，Toro等通过在细观和宏观分别建立内聚力模型，模拟了复合材料细观裂纹扩展对宏观裂纹萌生的影响[152]。

自2018年，Massarwa等将基于重复性单胞的复合材料细观力学模型算法直接写入ABAQUS和ANSYS等商业软件的用户自定义子程序中，实现了复合材料宏观结构的跨尺度损伤建模[153-156]。

上述方法的基本思想是直接将细观力学模型嵌入宏观模拟，最大限度地确保高计算精度；然而，在同一计算域内建立不同尺度的模型同时运算，会导致模型自由度显著提高、模拟效率大幅降低等问题。因此，研究人员在并发多尺度法中提出了降阶模型的概念，在嵌入宏观模型前对细观模型进行降阶处理，以提高计算效率。

为提高并发多尺度法运算效率，Dvorak等基于Lippmann－Schwinger方程提出了一种半解析并发多尺度模型，将细观尺度模型划分为多个区域，并假设各区域内为均匀应变场，采用区块化的细观模型代替高精度模型，显著降低了计算自由度，提高了运算效率[157]。

2010年，Fritzen等在此基础上引入了非均匀假设，采用非均匀应变区域代替均匀应变区域，成功模拟了金属基复合材料的非线性响应，提高了降阶算法的精度与效率[158]。

2014年，Spahn等在对细观模型进行降阶处理的基础上，把积分形式的Lippmann－Schwinger方程进行了重写，并通过快速傅里叶变换进一步提高了算法的效率[159]。上述降阶方法的本质均是采用区块化细观力学模型代替高精度细观力学模型，区块的选取和划分过程较为粗糙，在降阶过程中易导致模型细观信息的缺失。随着人工智能的兴起，基于机器学习方法的降阶模型受到了广泛的关注。目前采用机器学习进行降阶的方法主要有两类——基于神经网络的降阶模型和基于聚类方法的降阶模型。基于神经网络的降阶模型通常使用卷积神经网络[160]和循环神经网络[161]等模型来提供细观力学模型应力、应变之间的直接映射关系，代替高阶细观本构，大大减少了计算时间。然而，基于神经网络的模型一般要求较大的训练数据集，涵盖足够多的加载路径，以实现较高的计算精度。同时，由于数据集的差异性，基于神经网络的模型可复现性较差。基于机器学习聚类算法的降阶模型基本思想是，通过聚类的方法对细观模型进行区块划分，采用聚类算法定义的范数将力学响应距离近的区域划分为一类，在减小计算自由度的同时最大限度地减小信息损失；在各区块结合不同损伤起始准则和损伤演化规律，可以计算出细观损伤状态，并向宏观传递不同的失效模式。

2014 年，Li 等采用基于应力准则的聚类跨尺度方法预测了复合材料静态加载的拉伸与压缩强度[162-163]。

2016 年，Liu 等提出了自适应聚类跨尺度方法，通过区块之间的迭代显著提高了跨尺度计算精度，成功预测了复合材料的非弹性力学响应[164]。

2018 年，Liao 等又将该方法应用于复合材料低速冲击损伤预测，扩展了该方法的应用范围[165]。

2021 年，He 等扩展了自适应聚类理论，提出了自适应聚类平方跨尺度法，在聚类算法中引入在线计算，进一步提高了算法的计算精度，成功预测了三维编织复合材料的非线性力学响应[166]。然而，该类方法若涉及断裂分析，则通常采用单元删除法表示宏观尺度上的损伤，模拟的裂缝路径往往有许多分叉，无法还原试验中观察到的平滑的裂纹[167]。

综上所述，国内外针对复合材料跨尺度损伤模型的研究已取得大量成果。其中：递阶多尺度计算效率高但精度不足，并发多尺度在计算精度方面占优而计算效率不高；然而，随着计算机人工智能方法在力学领域的应用，有望建立高效的并发多尺度复合材料跨尺度损伤模型。本书将在第 9 章详细介绍机器学习聚类方法与 FVDAM 细观力学和宏观损伤力学相结合的研究结果，给出复合材料结构跨尺度损伤的高效高精度模拟的一些探索。

第2章　金属基体微观尺度建模方法

2.1　分子动力学仿真基本步骤与流程

1.运动方程和算法

在分子动力学仿真模拟中，由于系统哈密顿量随时间变化非常缓慢，原子系统大多数情况下处于绝热条件中，因此可以忽略系统内量子效应的影响，从而依据牛顿第二定律经典力学方程对原子运动状态进行计算。

牛顿第二定律微分方程可以表示为

$$a_i = \frac{d^2 r_i}{dt^2} = \frac{F_i}{m_i} \tag{2-1}$$

式中：$\boldsymbol{r}$ 代表原子的位置矢量；$\boldsymbol{F}$ 代表原子所受到的合力，其主要包括依据势函数计算所得的力和根据原子位移、速度矢量计算所得的其他力；m 代表原子质量；i 代表原子编号。

在分子动力学领域，基于有限差分法，可将牛顿第二定律微分方程转换为描述原子速度矢量和位移矢量关系的方程，求解后可以获得每个原子单独的运动状态。随着分子动力学的发展，主要应用的算法有3种。

(1)Verlet算法。

Verlet算法[168]由Verlet于1963年提出，算法表达式为

$$r_i(t+\delta t) = 2r_i(t) - r_i(t-\delta t) + \delta t^2 a_i(t) \tag{2-2}$$

$$v_i(t) = [r_i(t+\delta t) - r_i(t-\delta t)]/2\delta t \tag{2-3}$$

式中：δ 代表设定的单次时间步长间隔；t 代表原子运动时刻；$\boldsymbol{a}$ 代表原子的加速度矢量；$\boldsymbol{v}$ 代表原子的速度矢量。

Verlet计算方法简单通用，只需利用当前时刻某一原子的位移矢量、加速度矢量和前一时刻该原子的位移矢量即可推导出该原子在下一时刻的位移矢量。然而，这种便利性也带来了一些不足：首先，Verlet算法公式[见式(2-2)]中并没有速度项，从而无法直接获得原子的速度矢量。其次，不同于其他参数，式(2-2)中与加速度矢量相乘的时间变量为二次方项，计算该项数值容易出现较大的舍入误差。最后，式(2-3)中求解速度矢量的“拉格朗日中值定理”方法容易造成较大的误差，导致最终计算结果精度的损失。

(2)Leap-frog算法。

随着分子动力学运动方程的不断发展，Verlet算法中固有的几项缺点被学者们不断改

进,进而衍生出了许多新算法。其中,Hockney[169]提出的 Leap - frog 算法受到广泛关注,算法表达式为

$$r_i(t+\delta t) \approx r_i(t) + v_i(t+\frac{1}{2}\delta t)\delta t \tag{2-4}$$

$$v_i(t) \approx \frac{1}{2}[v_i(t+\frac{1}{2}\delta t) + v_i(t-\frac{1}{2}\delta t)] \tag{2-5}$$

第一,式(2-4)中增添了速度矢量,此时原子的位移矢量由上一时刻的位移矢量和速度矢量迭代生成。第二,式(2-4)取消了式(2-2)中的加速度矢量,从而减少了计算量。第三,式(2-4)取消了式(2-2)中有关时间变量的二次方项,从而提高了计算的精度。

然而,式(2-5)中,Leap - frog 算法计算所得原子的位移矢量比速度矢量提前一个时间间隔,此时对位移矢量和速度矢量的计算并不同步,导致无法同时获得同一时刻原子的位置信息和动能参数。

(3)Velocity - Verlet 算法。

作为 Verlet 算法的另外一种衍生形式,由 Swope[170]提出的 Velocity - Verlet 算法增添了速度矢量并基于"泰勒中值定理"完成了速度矢量求解,从而弥补了 Verlet 算法中无法直接获取速度矢量和无法准确计算速度矢量的缺点;同时,Velocity - Verlet 算法继承了 Verlet 算法中位移矢量与速度矢量同步求解的优点,成为现阶段分子动力学仿真中使用最为广泛的算法。算法表达式为

$$r_i(t+\delta t) \approx r_i(t) + v_i(t)\delta t + \frac{1}{2}\delta t^2 a_i(t) \tag{2-6}$$

$$v_i(t+\delta t) \approx v_i(t) + \frac{1}{2}[a_i(t+\delta t) + a_i(t)]\delta t^2 \tag{2-7}$$

2.平衡系综

分子动力学仿真需要向原子结构模型提供一个外部平衡系统来模拟现实环境,这个系统中包括原子数量、温度、压强和能量等各种限制因素。所谓系综就是这些限制条件的集合。基于约束系综中的不同参数,分子动力学模拟中常用的系综可以分为以下四种:

(1)等温等压系综。等温等压系综内,原子数量 N、外部环境中压力 P 和温度 T 均被设定为固定值,其可简记为 NPT 系综。其中,原子数量在建模时已确定。然而,由于系统能量的变化,压力和温度处于实时变化的状态,均需要不断调整以达到平衡。压力的控制方法为调整原子系统的体积,常见方法有 Berendsen 压浴法[171]。温度控制的方法是将原子系统包裹在一个恒定的热力源中,通过保持两者的接触维持系统内部的温度,常见方法有 Nose - Hoover 热浴法[172]。

(2)微正则系综。微正则系综内,原子数量 N、原子系统体积 V 和总能量 E 均被设定为固定值,其可简记为 NVE 系综。总能量数值的冻结代表原子系统和外界之间的能量交换被切断,所以 NVE 系综也被称为"孤立的系综"。总能量的控制方法通常为原子速度标定法。

(3)正则系综。正则系综内,原子数量 N、原子系统体积 V 和温度 T 均被设定为固定

值，其可简记为 NVT 系综。该系综的总动量保持为零。

(4)等压等焓系综。等压等焓系综内，原子数量 N、外部环境中压力 P 和原子系统焓值 H 均被设定为固定值，其可简记为 NPH 系综。该系综多用于模拟稀有气体原子的运动。

3.边界条件

由于计算能力的限制，分子动力学对整个原子系统的模拟是在一个“盒子”内进行的，由于“盒子”内的空间是有限的，因此需要对其边界条件进行设定。边界条件的选择不仅影响着“盒子”内原子的运动方式，同时也影响着仿真的高效性和准确性。

一般而言，边界条件可分为两大类——周期性边界条件和非周期性边界条件。如图 2-1所示，周期性边界条件指的是，除了模拟系统中初始“盒子”(灰色)外，还存在若干与其形状、大小、运动及排列完全一致的复制“盒子”(白色)，这些复制“盒子”被看作是初始“盒子”沿周期性边界的无限延伸。

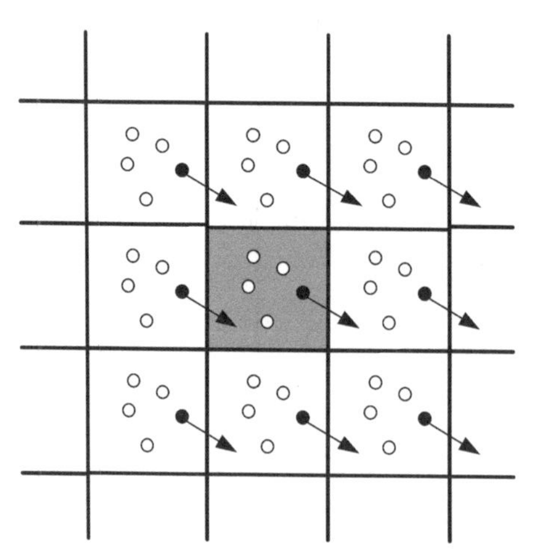

图 2-1 周期性边界条件示意图

在模拟仿真过程中，当初始“盒子”内任一原子运动到边界以外时，都必然会有一个相同的原子从边界相对方向的复制“盒子”中移动到初始“盒子”内，这种周期性机制保证了初始“盒子”内原子的数量和密度的恒定。

然而，当模拟对象是表面或界面缺陷等问题时，缺陷所在的边界无法被当作处于无限延伸的状态，此时无法使用周期性边界条件，而需要采用非周期性边界条件。针对不同的仿真研究对象，非周期性边界条件可以分为自由边界条件、固定边界条件等类型。

4.势函数

势函数是分子动力学仿真模拟过程中体系内最小单元(一般情况下为原子)间的相互作用法则。

早期的势函数较为简单，描述的对象仅为两个被简化为刚性球体的原子，原子间的相互作用也被笼统地归类为吸引与排斥作用。在这种基本原理的指引下，诞生了第一个势函数模型，即间断对势模型，其数学模型为

$$\left.\begin{aligned} &E \to \infty, r \leqslant r_1 \\ &E = 0,\ r > r_1 \end{aligned}\right\} \tag{2-8}$$

式中：r 代表两原子核之间的距离；r_1 代表原子核间距的间断点，其数值由不同材料的性质决定。

该模型中势能的变化并不连续，即存在间断点，因此其被称作间断对势模型。可以看出，当原子核间距小于间断点时，势能趋近于无限大，大于间断点时势能为零。

相较于间断对势，后续发展出的 Lennard Jones 对势（简称 LJ 势函数）不仅适用于多个原子的模拟，而且解决了间断对势能量变化不连续的问题，其数学模型为

$$u(r_{ij}) = 4\varepsilon\left[\left(\frac{\sigma}{r_{ij}}\right)^{12} - \left(\frac{\sigma}{r_{ij}}\right)^{16}\right] \tag{2-9}$$

式中：i，j 代表原子编号；r_{ij} 代表两原子的间距；ε 和 σ 分别代表能量和长度参数。

当原子间距小于长度参数时，能量计算值为负值，原子之间存在排斥力；反之，能量计算值为正值，原子之间存在吸引力。

除了间断对势模型、LJ 势函数外，对势函数还发展出了 Morse 势函数等其他类型。然而，对势函数的缺点在于构建原子间相互作用时并未考虑到电子的作用，并且无法准确描述晶体的弹性性质，因此其主要被应用于惰性气体的模拟。

目前，晶体材料的分子动力学模拟主要采用多体势，主要包括面向金属晶体材料的嵌入原子势（Embedded Atom Method，EAM）和面向硅、金刚石等方向性较强晶体材料的 Tersoff 势函数。最早的 EAM 势函数由 Daw 和 Baskes 于 20 世纪 80 年代提出[173]，EAM 势函数在对势函数的基础上增添了电子云嵌入能，能够更加准确地描述晶体材料中的点、线、面等各类晶体缺陷，其数学模型为

$$U = \sum_i F_i(\rho_i) + \frac{1}{2}\sum_{j \neq i} \varphi_{ij}(r_{ij}) \tag{2-10}$$

式中：F 代表电子嵌入能，能量数值是由电子云密度 ρ_i 直接决定的；φ_{ij} 为对势，反映原子之间的相互作用。

2.2　纳米孪晶钛分子动力学建模方法

1.分子动力学常用软件

（1）模拟软件 LAMMPS。

LAMMPS[174] 是分子动力学领域中最为常用的开源代码之一，其具备优异的并行性能，可以兼容多种势函数和边界条件，模拟对象包括数百万级或数十亿级原子系统，同时支持模拟固态、液态或气态等多种材料形态。LAMMPS 可以建立简单的二维或三维原子结构模型，但面对结构复杂的研究对象，仍需要借助其他软件进行建模。

（2）建模软件 ATOMSK。

ATOMSK[175] 是一款开源命令行程序，提供了包括复制、旋转等变换原子数据的基本

工具,而这些工具可以组合起来,用以构建、操作和转换各式各样的原子系统模型。

(3)可视化软件 OVITO。

OVITO[176]是一款功能强大的可视化软件,可以对 LAMMPS 仿真结束后生成的原子运动数据,包括位移、应力等,进行渲染分析。本书后续章节内容涉及使用 OVITO 软件实现原子结构模型变形时的缺陷表征,使用的主要功能有:共邻近分析(Common Neighbor Analysis, CNA),可根据原子排列顺序识别和区分不同原子结构,如面心立方(Face - Centered Cubic, FCC)、体心立方(Body - Centered Cubic, BCC)、密排六方(Hexagonal Close Packed, HCP)和不规则排列(Other)等;位错提取算法(Dislocation Extraction Algorithm, DXA),可根据位错取向识别和区分不同位错类型,统计位错数量和长度。

2.纳米多晶算法

目前,对于多晶体模型中晶核位置的确定,普遍采用 Voronoi 算法实现,如图 2 - 2 所示。Voronoi 算法的基本原理为取两点之间的垂直平分线用于划分空间区域。当离散点数量足够多时,空间被若干中垂线网格化切分,形成与多晶体内晶粒结构分布相似的空间拓扑模型,具体过程分为三步:

第一,如图 2 - 2(a)所示,在有限空间内排布多个离散点,其等价于晶核位置。通过改变离散点的数量和位置,可以调整纳米孪晶钛模型中晶粒的数量和尺寸。

第二,如图 2 - 2(b)所示,将所有离散点视为顶点,对空间进行三角形区域划分。模型最外的边界(黑线)采用周期性边界条件,同时保证各三角形的边界(红线)不存在交叉现象。

第三,如图 2 - 2(c)所示,利用 Voronoi 算法对离散点进行网格化划分,划分完成后各网格的公共交线代表晶界。Voronoi 算法划分后的拓扑网格仅代表晶粒的初始分布,而多晶体是由不同晶向的单晶体晶粒拼凑而来的,因此需要具体的角度信息来模拟晶向,如图 2 - 2(d)～(f)所示。

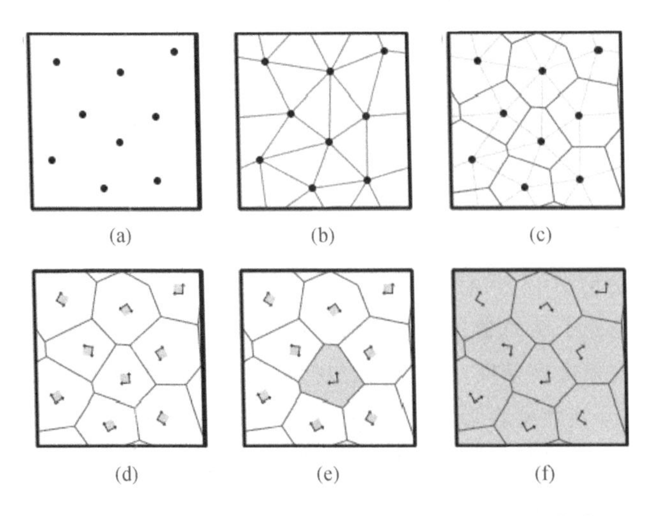

图 2 - 2　基于 Voronoi 算法实现多晶体模型建模[175]

晶粒取向根据欧拉旋转式计算得到：

$$\begin{bmatrix} \cos\alpha_i\cos\beta_i\cos\gamma_i - \sin\alpha_i\sin\gamma_i & \sin\alpha_i\cos\beta_i\cos\gamma_i + \sin\alpha_i\cos\gamma_i & \sin\beta_i\cos\gamma_i \\ \cos\alpha_i\cos\beta_i\sin\gamma_i + \sin\alpha_i\cos\gamma_i & \sin\alpha_i\cos\beta_i\sin\gamma_i + \cos\beta_i\cos\gamma_i & \sin\beta_i\sin\gamma_i \\ \cos\alpha_i\sin\beta_i & \sin\alpha_i\sin\beta_i & \cos\beta_i \end{bmatrix} \tag{2-11}$$

其原理是将沿 X,Y,Z 轴三个方向晶体取向分别为[100]、[010]和[001]的初始晶体任意旋转。通过欧拉旋转公式的转换，纳米孪晶钛模型中的各个晶粒均具有独立且随机的晶向信息。

在确认晶核位置和晶向信息后，通过 ATOMSK 软件，可以初步构建尚未插入孪晶片层的纳米多晶钛原子结构模型，并利用 OVITO 软件渲染晶体的元胞立方体模型，如图 2-3 所示。晶粒内 HCP 结构原子被标记为红色，而晶界上排列不规则的 Other 原子结构被标记为灰色。

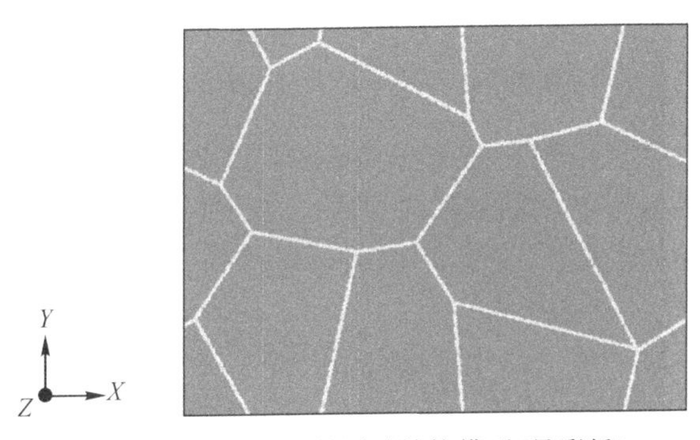

图 2-3　纳米多晶钛原子结构模型(见彩插)

3.孪晶片层建模

在建立多晶体原子结构模型之后，需要将孪晶片层插入各个晶粒中，以实现纳米孪晶钛模型的建立。在 ATOMSK 中，这一过程通过将孪晶片层视作与晶核位置类似的种子点来完成。以往对纳米孪晶钛孪晶组织的观察研究表明：$\{10\bar{1}2\}$孪晶和$\{11\bar{2}2\}$孪晶是纳米孪晶钛金属中最为常见的两种孪晶结构[177-179]。因此，这里建立的纳米孪晶钛模型需要同时包括$\{10\bar{1}2\}$孪晶和$\{11\bar{2}2\}$孪晶。

根据孪晶界的定义可知，孪晶界被视为基体和孪晶之间的一个镜面，在分子动力学原子系统中表现为基体和孪晶中的原子三维坐标关于孪晶界镜像排列。本节以$\{10\bar{1}2\}$孪晶为例，介绍纳米孪晶钛模型插入孪晶片层组织的过程，具体步骤如下：

1)建立基体的元胞模型。当处于标准大气压且温度低于 882.5 ℃时，钛金属为密排六方结构，即 α-Ti 形态。α-Ti 的晶格常数为 $a=2.95$ Å，$c/a=1.58$，其中 a 代表晶胞六边形的边长，c 代表晶胞高度。晶体取向沿 X、Y 和 Z 轴分别设定为$[\bar{1}011]$，$[10\bar{1}2]$，$[1\bar{2}10]$。基于晶格常数和晶体取向两种特征可以得到 α-Ti 的原子三维坐标变化规律。随后通过 ATOMSK软件获得所建 α-Ti 元胞晶体模型内全部钛原子的三维坐标数值，并利用 OVITO 软件渲染晶体的元胞立方体模型，如图 2-4(a)所示，该模型为单晶体模型。

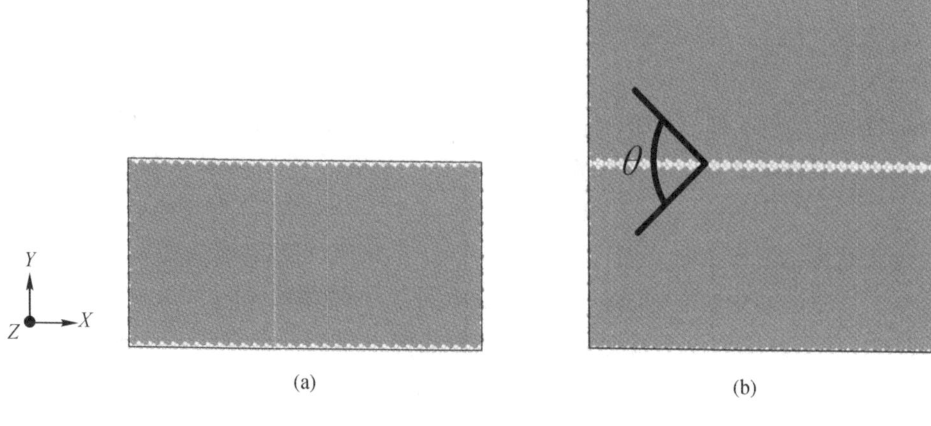

图 2-4 孪晶片层组织原子结构模型(见彩插)

(a)元胞模型原子结构;(b) 孪晶片层模型原子结构

2)以 XOZ 平面为镜像对称面,建立孪晶的元胞模型。孪晶模型同样是单晶体模型,其 Y 轴晶体取向与基体模型的 Y 轴晶体取向相反,X、Z 轴晶体取向与基体模型相同。将二者的原子坐标文件合并后,组成沿 XOZ 平面镜像对称的孪晶片层结构模型,如图 2-4(b)所示。

3)基于 ATOMSK 软件将孪晶片层组织插入图 2-3 所示的纳米多晶模型中,生成纳米孪晶钛原子结构模型,如图 2-5 所示。红色为 HCP 结构原子,灰色为 Other 结构原子,绿色为 FCC 结构原子。

值得注意的是:首先,通过调整元胞模型的 X、Y、Z 三轴的晶体取向为$[11\bar{2}\bar{3}]$,$[11\bar{2}2]$,$[1\bar{1}00]$,可以改变相邻晶粒之间位向差 θ 角,从而实现$\{11\bar{2}2\}$孪晶片层的建立;其次,通过调整孪晶片层结构模型的长度(本例中为 Y 方向),可以改变晶粒内相邻孪晶界的距离,实现不同孪晶片层厚度的纳米孪晶钛模型的建立。

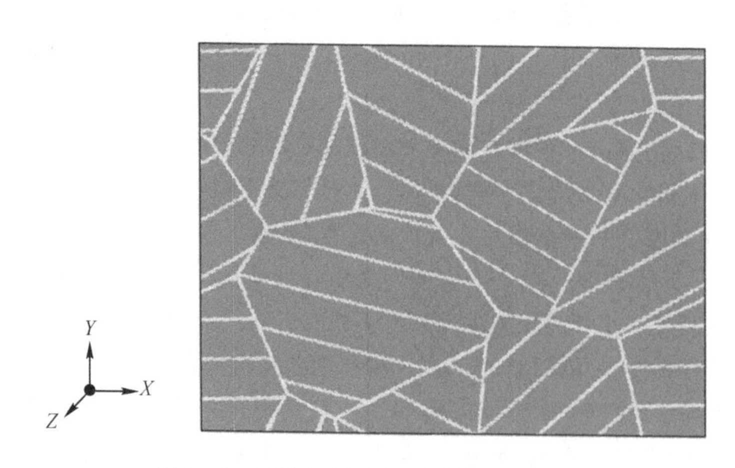

图 2-5 纳米孪晶钛原子结构模型(见彩插)

4.纳米孪晶钛模型优化

在多晶拓扑模型中插入孪晶片层后，初步建立了纳米孪晶钛原子结构模型，然而此时模型内只有$\{10\bar{1}2\}$单一取向的孪晶界面，不符合纳米孪晶钛实验观察结果中$\{10\bar{1}2\}$孪晶和$\{11\bar{2}2\}$孪晶并存的材料特性，因此还需要对纳米孪晶钛模型进行优化。

1)采取前两小节中提到的方法，在完全相同的晶核位置建立插入单一$\{11\bar{2}2\}$孪晶的纳米孪晶钛原子结构模型。由于晶核位置完全相同，因此分别插入单一取向$\{10\bar{1}2\}$孪晶片层和$\{11\bar{2}2\}$孪晶片层的两种纳米孪晶钛模型的晶粒分布也完全相同，晶向信息独立且随机。

2)对所有晶核进行编号。根据编号将晶体内的晶粒随机分为两类(Ⅰ和Ⅱ)，对含有$\{10\bar{1}2\}$孪晶片层的纳米孪晶钛模型中的晶粒进行选择性删除，只保留Ⅰ类晶粒，如图2-6(a)所示。对含有$\{11\bar{2}2\}$孪晶片层的纳米孪晶钛模型中的晶粒进行选择性删除，只保留Ⅱ类晶粒，如图2-6(b)所示。

3)根据晶核编号对两种不同的局部原子结构模型进行拼接，获得符合实验现象的纳米孪晶钛原子结构模型，如图2-7所示。

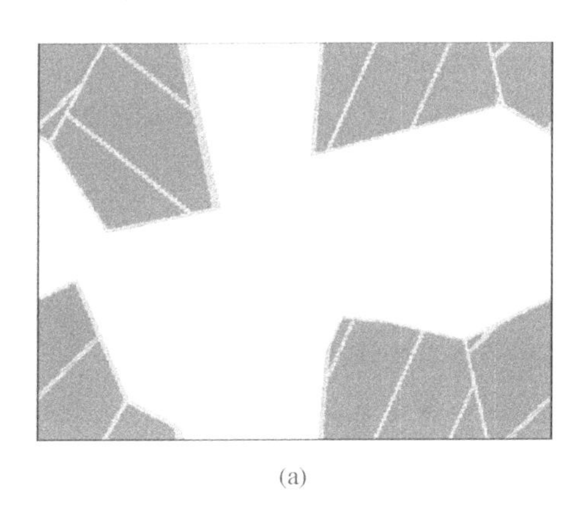

(a)

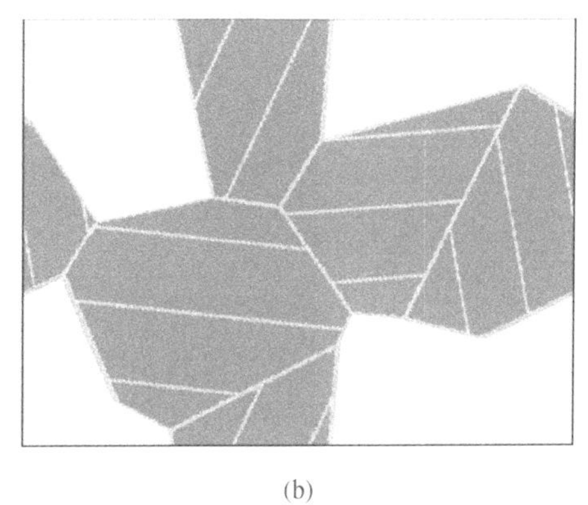

(b)

图2-6 纳米孪晶钛局部原子结构模型

(a)$\{10\bar{1}2\}$纳米孪晶钛模型Ⅰ类原子结构；(b)$\{11\bar{2}2\}$纳米孪晶钛模型Ⅱ类原子结构

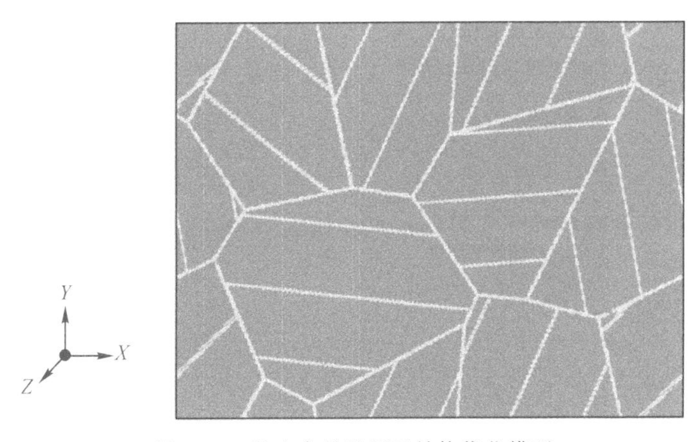

图2-7 纳米孪晶钛原子结构优化模型

2.3 势函数验证

势函数从能量角度描述了原子间的相互作用,进而决定了材料的物理性质。早期的势函数被称为半经验势,需要通过宏观实验来确定重要的材料物理参数,如晶格常数、内聚能、弹性模量、体积模量等。现在开展分子动力学模拟常用的势函数被称为经验势,即基于经验的估计来确定材料的物理参数。因此,需要对经验势做进一步分析来验证其准确性。

本书涉及的势函数是 Ackland 团队[180]提出的 EAM 势函数,其可用于研究 α-Ti 领域中基本的力学性能问题和包含裂纹扩展在内的损伤问题,并已得到相关研究的验证[181-182]。该势函数的基本方程是

$$E_i = \frac{1}{2}\sum_j V(r_{ij}) - \rho_i{}^{1/2} \tag{2-12}$$

$$\rho_i = \sum_j \varphi(r_{ij}) \tag{2-13}$$

式中:V 和 φ 是由原子 i 和原子 j 之间距离 r_{ij} 表征的成对函数。

本节通过分子动力学方法对 EAM 所表征的 α-Ti 四项物理参数(晶格常数、内聚能、体积模量和弹性模量)分别进行计算,并将所有计算结果与宏观实验所得值和密度泛函计算值进行比较。下面介绍各参数的计算过程。

1.平衡晶格常数和内聚能

晶格常数代表晶胞的边长,而不同材料的晶格常数存在明显差异,因此在建立晶体模型并研究其力学性能前,必须保证势函数所表征的晶格常数的精度。

内聚能,也称作晶体的结合能,是指在绝对零度下,凝聚态物质消除分子或原子间作用力,并分解为静止且间距无限远的自由粒子(气化)所需要的能量。内聚能表征了材料中原子键结合的强弱程度,反映了由所有粒子组成材料的整体稳定性。

通过分子动力学可以获得晶格常数和内聚能的二次项拟合关系,即

$$y = 6.55x^2 - 38.65x + 52.17 \tag{2-14}$$

晶格常数和内聚能的二次多项式拟合结果如图 2-8 所示。根据能量最低原理,体系能量最小时所对应的晶格间距为平衡晶格常数,最小能量为内聚能。计算所得平衡晶格常数和内聚能分别为 2.951 Å 和 -4.8492 eV。

2.体积模量

体积模量是材料宏观特性中重要的基本参数之一,指的是物体的体应变与平均应力之间的关系。

体积模量 B 定义为

$$B = -\frac{\mathrm{d}p}{\mathrm{d}V/V} \tag{2-15}$$

式中:V 代表晶胞体积;p 代表压强。

总能量 U 定义为

$$U = ME \tag{2-16}$$

式中：M 代表一个晶胞内所含原子数，密排六方晶胞中含有 6 个原子；E 为内聚能。

晶胞体积 V 定义为

$$V = \frac{3\sqrt{3}}{2}\left(\frac{c}{a}\right)a^3 \tag{2-17}$$

压强 p 定义为

$$p = -\frac{\mathrm{d}U}{\mathrm{d}V} = -\frac{M}{\frac{9\sqrt{3}}{2}\left(\frac{c}{a}\right)a^2}\frac{\mathrm{d}E}{\mathrm{d}a} \tag{2-18}$$

因此，体积模量的计算公式[见式(2-15)]可以转换为

$$B = \frac{M}{\frac{27\sqrt{3}}{2}\left(\frac{c}{a}\right)a_0}\left.\frac{\mathrm{d}^2E}{\mathrm{d}a^2}\right|_{a_0} \tag{2-19}$$

式中：a_0 是平衡晶格常数，其数值为 2.951 Å。

$$\left.\frac{\mathrm{d}^2E}{\mathrm{d}a^2}\right|_{a_0} = 6.55 \tag{2-20}$$

此时求得体积模量单位为 eV/Å^2，经过单位换算后可得结果为 114.97 GPa。

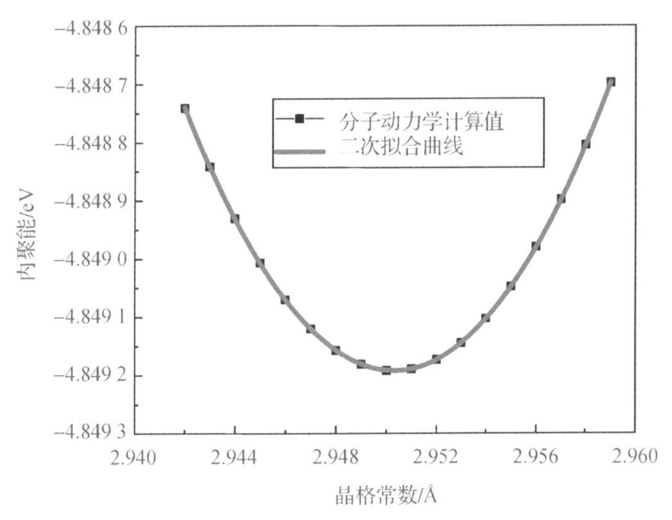

图 2-8　单晶 α-Ti 的晶格常数与内聚能的二次多项式拟合结果

3.弹性模量

用分子动力学计算势函数表征弹性模量时，需要建立 α-Ti 单晶模型(见图 2-9)并进行单轴拉伸仿真。元胞晶粒的晶体取向沿 X、Y 和 Z 轴分别为[1000]、[0100]、[0001]，模型总尺寸为 40 nm×40 nm×40 nm，共有 2.56×10^5 个原子。

建立初始模型后，原子是按照理想晶格排布方式堆砌而成的，此时模型内部、表面等位置原子之间的相互作用力难免会存在不平衡情况，导致初始原子系统并不稳定，因此在加载前需要对模型进行弛豫处理。在单轴拉伸前，首先，使系统能量最小化，这里采用的是共轭

梯度法。其次，利用 Nose - Hoover 热浴法使系统的温度保持稳定状态。弛豫处理时的各项参数(如系综、系统温度、系统压强和拉伸时间等)见表 2 - 1。

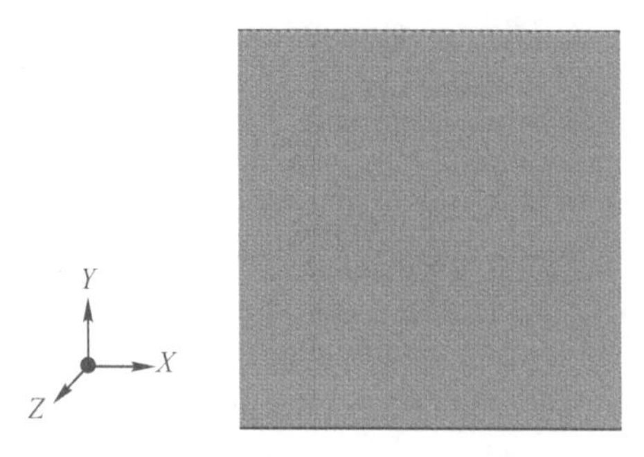

图 2 - 9　单晶 α - Ti 块状模型

表 2 - 1　弛豫过程仿真参数

参　　数	参 数 值
系综	NPT
系统温度/K	300
系统压强/Pa	0
拉伸时间/fs	15 000

如图 2 - 10 所示，随着弛豫时间的增加，系统总能量不断上升，约 2 500 fs 后总能量变化不再剧烈，并逐渐下降收敛，此时原子系统逐渐平衡，即模型达到稳定状态。

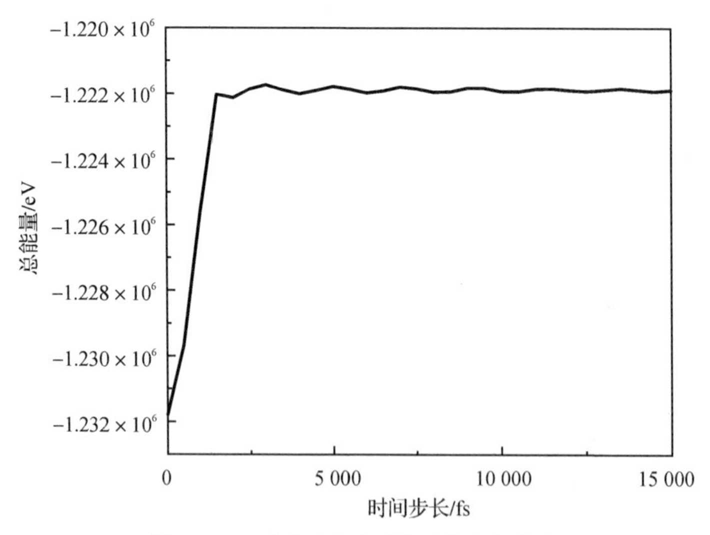

图 2 - 10　弛豫过程中系统总能量的变化

弛豫结束后，沿 Y 轴正向进行单轴拉伸，X、Y 和 Z 方向均使用周期性边界条件，单轴拉伸过程中具体参数见表 2 - 2。图 2 - 11 所示为单轴拉伸后的应力-应变曲线。

表 2-2　单轴拉伸过程仿真参数

参　　数	参　数　值
系综	NVT
系统温度/K	300
应变率/s^{-1}	10^9
拉伸方向	Y 轴正向
最大拉伸应变/(%)	30
拉伸时间/fs	300 000

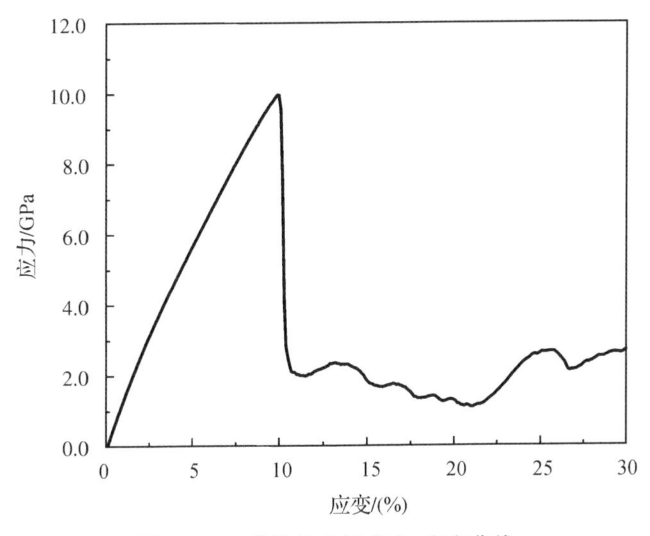

图 2-11　单轴拉伸后应力-应变曲线

对应力-应变曲线的弹性变形阶段进行线性拟合可得

$$y=100.18x \tag{2-21}$$

线性拟合的一次项系数(斜率)即为弹性模量,其数值为 100.18 GPa。

4.结果对比

表 2-3 为运用分子动力学、密度泛函计算和实验得到的晶格常数、内聚能、体积模量和弹性模量。可以看到,三种方法计算结果基本一致,说明势函数是准确的。

表 2-3　分子动力学、密度泛函计算和实验得到的晶格常数、内聚能、体积模量和弹性模量

参数	分子动力学计算值	密度泛函计算值	实验结果
晶格常数/Å	$a=2.951$,$c=4.68$	$a=2.940$,$c=4.66$[183]	$a=2.950$,$c=4.68$[184]
内聚能/eV	4.849	4.831[185]	4.85[184]
体积模量/GPa	114.97	111.35[183]	114[186]
弹性模量/GPa	100.18	136.3[187]	115[188]

第3章　钛金属纳米孪晶拉伸变形机制

3.1　引　　言

孪晶片层组织能够明显提升纳米尺度材料的强度。本章从该现象出发：首先，采用分子动力学模拟纳米孪晶钛单轴拉伸变形过程，并观察纳米孪晶钛模型拉伸变形过程中的微观组织演化和应力分布，分析其拉伸变形的主导机制；其次，通过改变孪晶片层厚度，分析尺寸效应对纳米孪晶钛拉伸力学性能的影响，阐述纳米孪晶钛临界尺寸效应强化的机理。

3.2　单轴拉伸载荷下纳米孪晶钛的变形机制

3.2.1　仿真模型及控制条件

图3-1所示为平均晶粒尺寸为20 nm，平均孪晶片层厚度为5.0 nm的纳米孪晶钛模型原子结构示意图，晶体内$\{10\bar{1}2\}$孪晶和$\{11\bar{2}2\}$孪晶片层厚度相同。晶体模型沿 X、Y、Z 轴的整体尺寸为80 nm×60 nm×10 nm，含约2.72×10^6个原子。

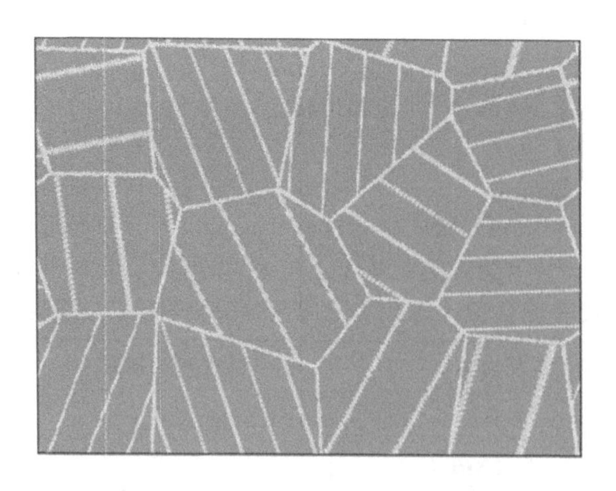

图3-1　纳米孪晶钛原子结构示意图

首先，在单轴拉伸前采用共轭梯度法使系统达到能量最小化。其次，利用Nose-Hoover热浴法使系统的温度保持稳定状态。弛豫处理的各项参数设定数值见表3-1。

表 3-1 弛豫过程仿真参数

参 数	参 数 值
系综	NPT
系统温度/K	300
系统压强/Pa	0
弛豫时间/fs	150 000

图 3-2 所示为弛豫过程原子系统中总能量的变化。随着弛豫时间的增加，系统总能量不断增大，约 2 500 fs 后总能量不再增大，并逐渐减小、收敛。总能量变化曲线的平缓代表原子系统逐渐平衡，即模型达到稳定状态。

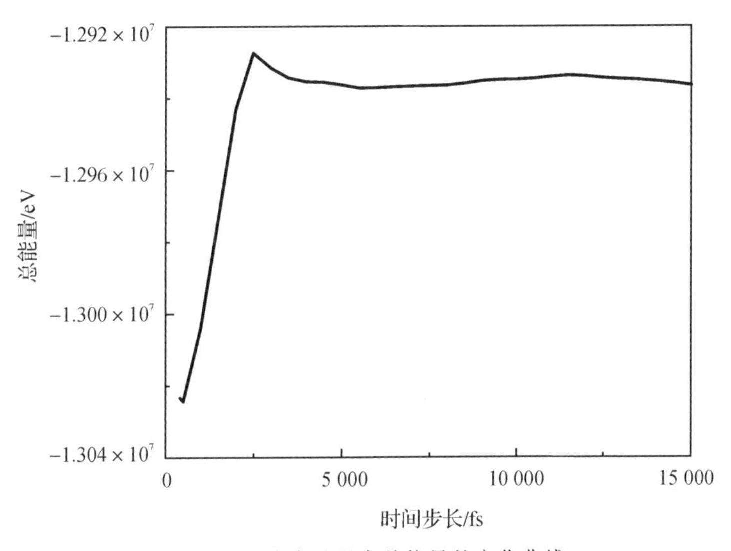

图 3-2 弛豫过程中总能量的变化曲线

弛豫结束后，沿 Y 轴正方向对模型进行单轴拉伸，原子系统温度设置为 300 K。模型的 X 轴方向模拟的是材料表面，Y 轴方向拉伸载荷的施加采用速度拉伸法，因此 X 轴方向和 Y 轴方向均采用非周期性边界，Z 轴方向设置为周期性边界。单轴拉伸过程仿真参数见表3-2。

表 3-2 单轴拉伸过程仿真参数

参 数	参 数 值
系综	NVT
系统温度/K	300
应变率/s^{-1}	10^9
拉伸方向	Y 轴正向
最大拉伸应变/(%)	14
拉伸时间/fs	140 000

3.2.2 拉伸仿真结果分析

图 3-3 显示了单轴拉伸载荷下纳米孪晶钛的应力-应变曲线。由应力-应变曲线可知，初始张力下的应力增长是线性的，这意味着模型正在经历弹性变形。随着应变的不断增大，应力迅速上升并到达临界值，此时应力-应变曲线出现极值点。对于密排六方结构材料而言，屈服应力可以等价于弹性阶段结束时极值点所代表的峰值应力。当应变到达 3.8%时，应力增长至屈服点，具体数值为 2.63 GPa。随着应变的增加，应力越过屈服点后迅速下降，模型进入塑性变形阶段。应力的下降趋势并不是线性的，而是呈波浪锯齿状。

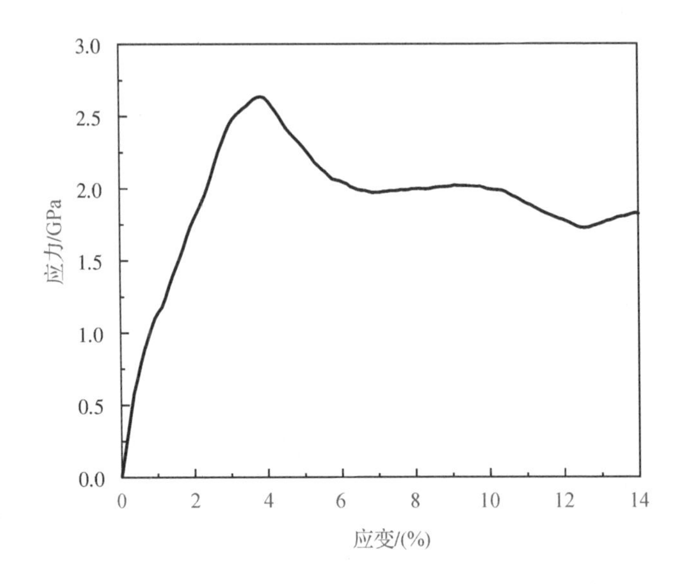

图 3-3 单轴拉伸载荷下纳米孪晶钛的应力-应变曲线

由应力-应变曲线可知，在应变到达屈服值(3.8%)之前，纳米孪晶钛模型处于弹性变形阶段，此时材料的弹性模量几乎保持不变。图 3-4 显示了弹性变形阶段应变分别为 1.0%、2.0%和 3.0%时纳米孪晶钛模型内部的拉应力分布，不同大小的拉应力由暖色或冷色标识，单位为 GPa。

在初始拉伸时，如图 3-4(a)所示，应力主要集中于部分三叉晶界和晶界-孪晶界交汇处，此时原子系统内应力分布并不均匀。当应变增长至 2.0%时，如图 3-4(b)所示，部分三叉晶界和晶界-孪晶界交汇处应力集中加剧，同时部分孪晶界面也开始形成较为明显的应力集中，可以看到这些应力集中点周围的理想晶格区域应力颜色由"冷"变"暖"，代表区域内原子承受的拉应力增加。当应变增加到 3.0%时，如图 3-4(c)所示，孪晶界、三叉晶界和晶界-孪晶界交汇处应力集中更为剧烈，模型内部中心位置的拉应力明显高于上下两侧的拉应力。综上可知，孪晶片层组织结构能够有效分担多晶结构中晶界交叉点上的应力集中，从而有利于延缓晶界受力发生变形，提高晶界的稳定性。

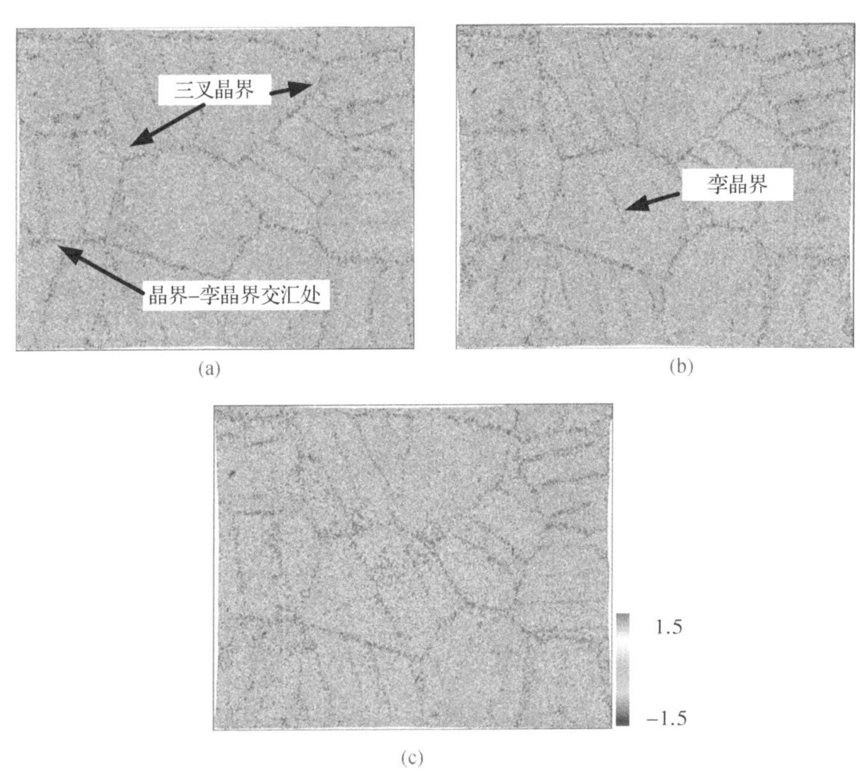

(a)

(b)

(c)

图 3-4 弹性变形阶段纳米孪晶钛模型内拉应力分布

(a)应变 1.0%;(b) 应变 2.0%;(c) 应变 3.0%

如图 3-5 所示，利用 CNA 方法可以观察纳米孪晶钛模型在单轴拉伸载荷下的变形过程。原子结构图中局部微观组织的形貌由黑色圆圈框出，并按 1→6[见图 3-6(a)～(f)]顺序绘制。当应变为 2.0%时，如图 3-5(a)所示，首先可以观察到若干 Burgers 矢量 $1/3\langle 1\bar{1}00\rangle$ 的位错及其伴随层错在晶体内形核增殖，主要的位错源有孪晶界、孪晶界-晶界交汇处和晶体内部的无序原子团[见图 3-6(a)]。其次可以看到部分晶界和孪晶界发生扭折迁移，同时部分孪晶界发生扩散[见图 3-6(b)]。最后可以发现部分孪晶界-晶界交汇处出现 BCC 相变[见图 3-6(c)]。当应变增加到 3.8%时，如图 3-5(b)所示，此时材料拉伸应力增长至屈服点，更多 Burgers 矢量 $1/3\langle 1\bar{1}00\rangle$ 的位错形核增殖。当位错运动抵达孪晶界时，孪晶界上的高势能状态阻碍了位错的进一步运动。随后被阻碍的位错在孪晶界上形成位错塞积，孪晶界的完整性和稳定性被削弱，同时位错塞积附近产生新的位错源，并完成位错的形核和发射[见图 3-6(d)]。在纳米孪晶钛的拉伸试验中，同样观察到位错被限制在孪晶界内[177]。当应变增加到 7.0%，材料进入塑性变形阶段，材料垂直于 X 方向的表面发生明显颈缩，如图 3-5(c)所示。晶体内位错数量大幅增加，晶界迁移现象加剧，过于密集的层错在晶粒内部形成 FCC 相变[见图 3-6(e)]，并且晶体内出现孪晶的形核与增殖[见图3-6(f)]。

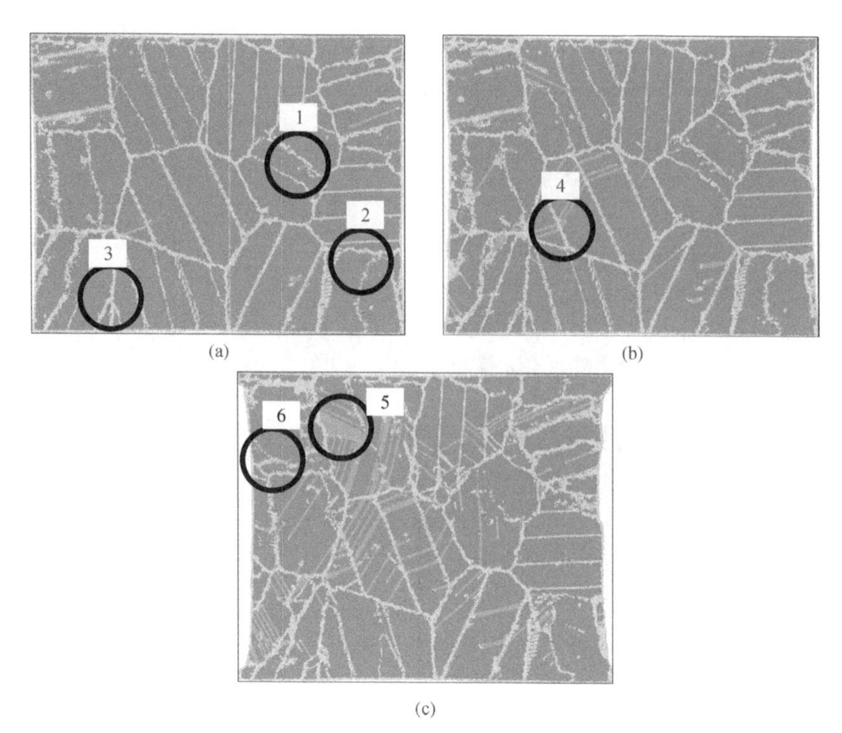

图 3-5 纳米孪晶钛模型在单轴拉伸下的变形过程

(a)应变 2.0%;(b) 应变 3.8%;(c) 应变 7.0%

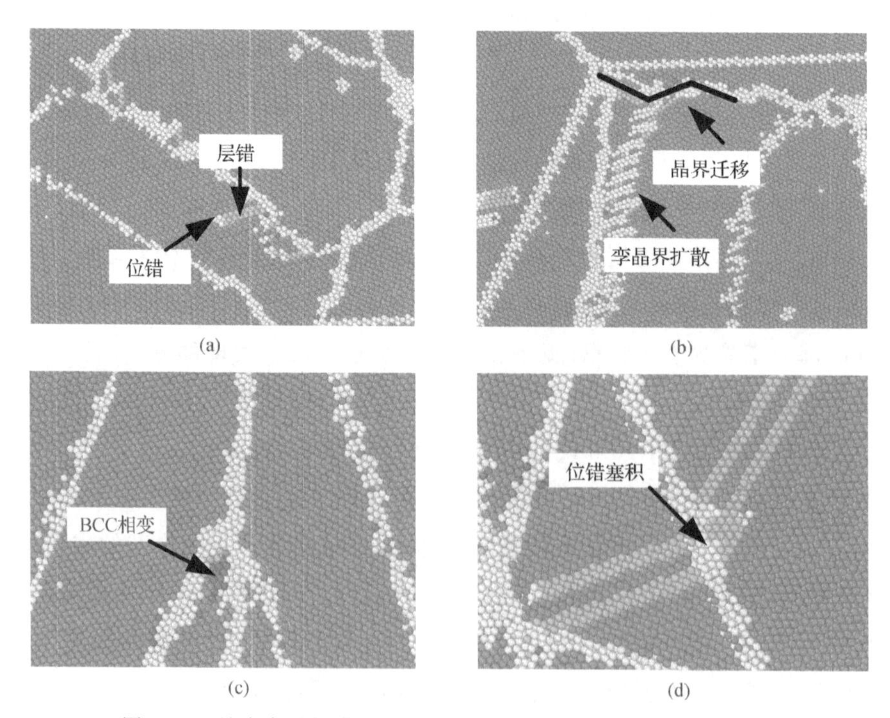

图 3-6 纳米孪晶钛模型在单轴拉伸变形下的局部微观组织演化

(a)1/3<$1\bar{1}00$>位错发射;(b) 晶界与孪晶界扭折现象;(c) 晶界-孪晶界交汇处 BCC 相变;(d) 位错塞积

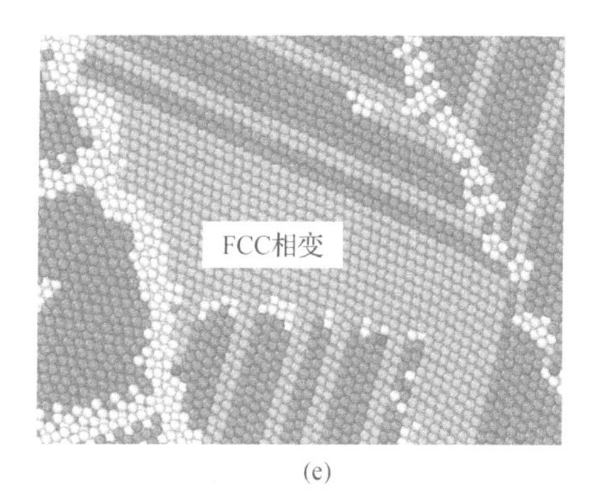

(e)

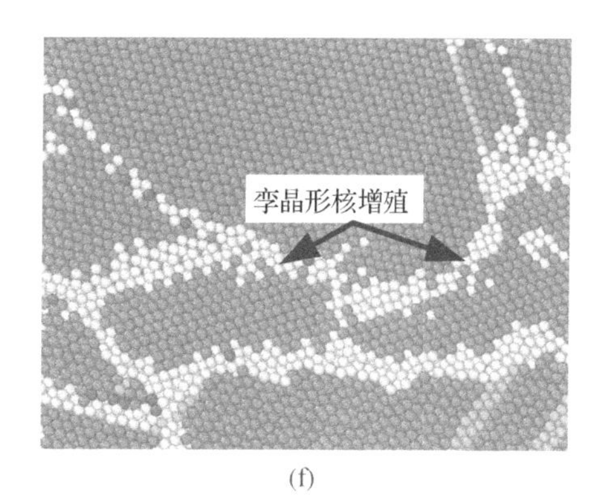

(f)

续图 3-6 纳米孪晶钛模型在单轴拉伸变形下的局部微观组织演化

(e)FCC 相变；(f) 孪晶界形核增殖

如图 3-7 所示，采用 DXA 对 2.0%、3.8%和 7.0%三种应变时的纳米孪晶钛模型内位错类型进行分析。结果表明，模型内主要存在 6 种不同晶向族的位错，分别为$1/3\langle 1\bar{2}10\rangle$(绿色)、$\langle 1\bar{1}00\rangle$(粉色)、$1/3\langle 1\bar{1}00\rangle$(橙色)3 种柱面位错，$\langle 0001\rangle$(藏青色)基面位错和$1/3\langle 1\bar{2}13\rangle$(黄色)锥面位错和混合位错(红色)。

当应变为 2.0%时，如图 3-7(a)所示，由于孪晶界面空间狭小，各类型位错易于在孪晶界上相互缠结，生成混合位错。同时，基面、柱面、锥面位错等非混合位错在晶粒内形核增殖。当应变为 3.8%时，如图 3-7(b)所示，随着应变的增加，孪晶界面受混合位错滑移的影响发生迁移，其上位错缠结点被释放，致使混合位错的密度和空间分布减小。混合位错数量和长度的变化为非混合位错的增殖提供了空间，其中 $1/3\langle 1\bar{1}00\rangle$位错数量形核增殖最多。在纳米孪晶钛的拉伸试验中，同样观察到大量位错的生成[177]。当应变为 7.0%时，如图 3-7(c)所示，非混合位错运动被孪晶界和晶界阻碍，部分混合位错发生湮灭，其位错密度进一步减小。

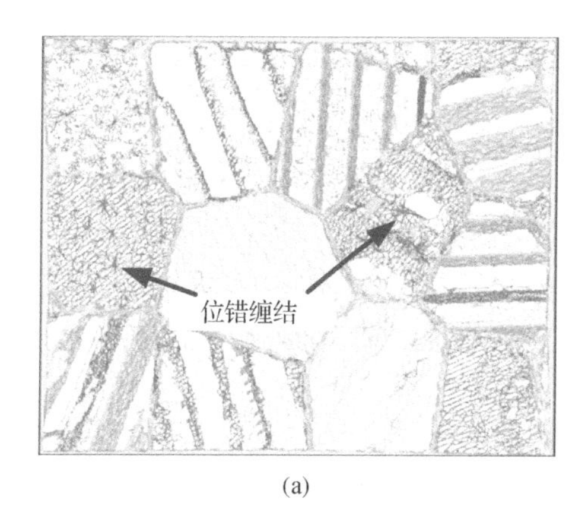

(a)

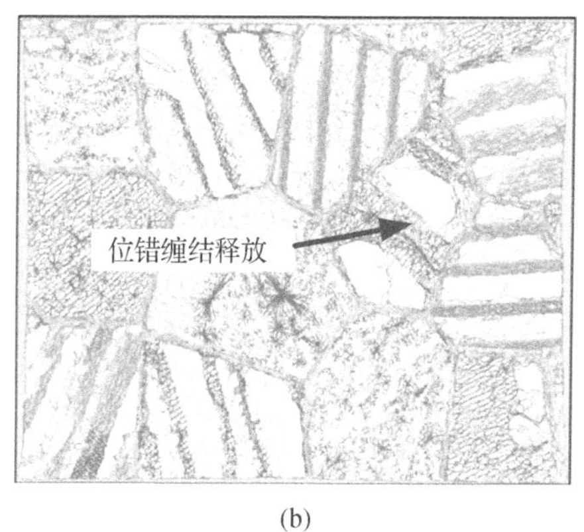

(b)

图 3-7 不同应变时纳米孪晶钛模型内位错结构分布(见彩插)

(a)应变为 2.0%；(b) 应变为 3.8%

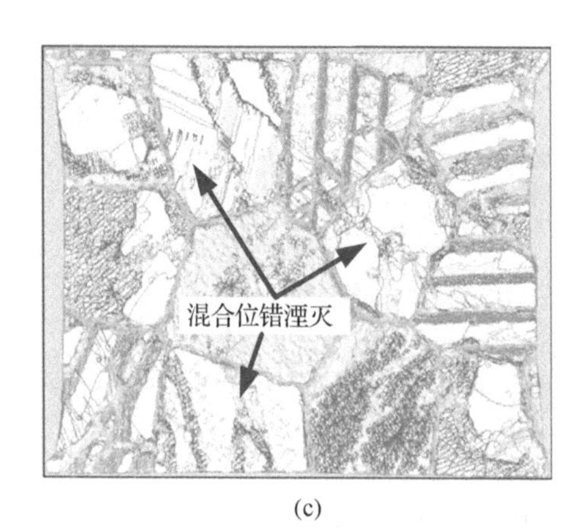

(c)

续图 3-7 不同应变时纳米孪晶钛模型内位错结构分布(见彩插)

(c) 应变为 7.0%

综上所述,纳米孪晶钛的拉伸变形机制主要有 3 种:一是孪晶界与晶界的迁移,其中孪晶界的迁移占据主体地位,一般情况下,孪晶界和晶界的迁移主要归因于孪晶界面中混合位错的滑移;二是非混合位错的形核运动及其伴随层错的生成,其会倾向于在特定位置(如孪晶界的迁移界面、断裂界面等界面缺陷处和孪晶界-晶界的界面交汇处等)产生形核运动;三是晶粒内部位错的运动会被相邻的孪晶界和晶界所阻碍。若晶界的阻碍作用较强,位错一般情况下不会越过晶界继续运动。相较于晶界,孪晶界的阻碍作用相对较弱。随着应力的增加,孪晶界上形成的位错塞积在应力集中的作用下成为新的位错发射源。

3.3 孪晶片层厚度对纳米孪晶钛拉伸力学性能的影响

3.3.1 仿真模型及控制条件

为了分析平均孪晶片层厚度对纳米孪晶钛单轴拉伸力学性能的影响,本节建立了平均晶粒尺寸为 20 nm,平均孪晶片层厚度分别为 2.5 nm、3.5 nm、7.5 nm 和 9.0 nm 的 4 种纳米孪晶钛多晶模型,如图 3-8 所示。晶体内$\{10\bar{1}2\}$孪晶和$\{11\bar{2}2\}$孪晶片层厚度基本相同,晶体模型整体尺寸沿 X、Y、Z 轴均为 80 nm×60 nm× 10 nm,含约 2.72×10^6~2.75×10^6个原子。

在单轴拉伸前,需要对所有模型进行弛豫处理,弛豫过程中各项参数的具体设定数值见表 3-1。

图 3-9 描绘了弛豫过程中所有模型总能量的变化情况,THK 代表孪晶片层厚度。随着弛豫时间步长的增加,系统总能量不断增大,2 500~2 700 fs 后总能量的变化逐渐平缓,代表总能量逐渐稳定,模型达到平衡状态。弛豫结束后,对模型进行单轴拉伸,单轴拉伸过程中的具体参数见表 3-2。

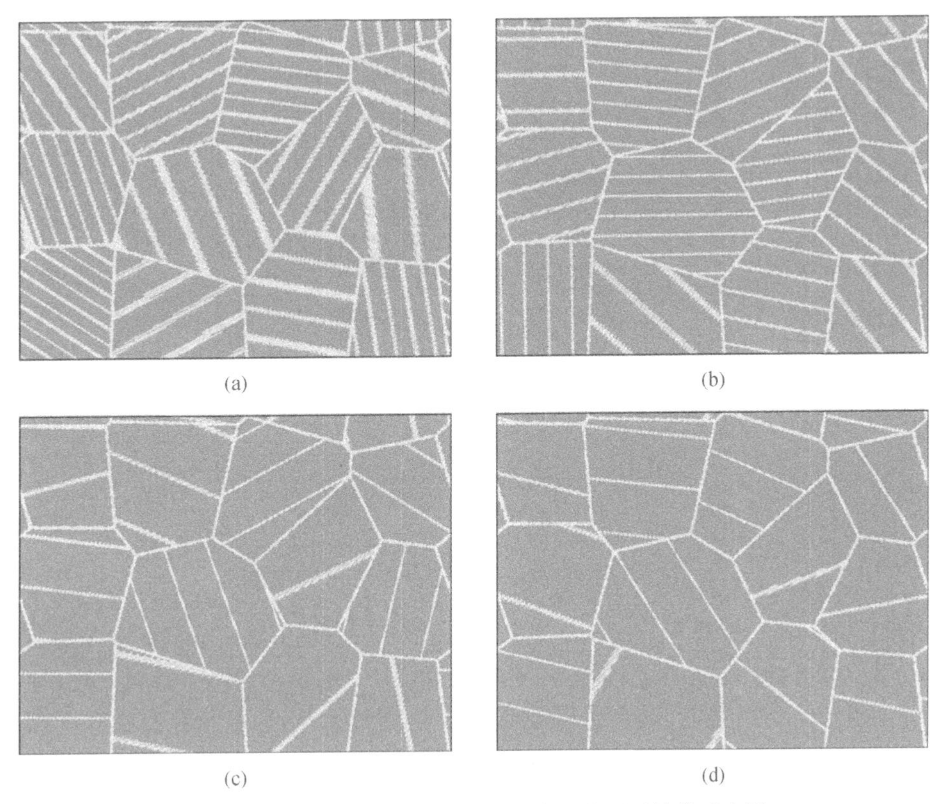

图 3－8　不同孪晶片层厚度的纳米孪晶钛原子结构示意图

(a)孪晶片层厚度为 2.5 nm;(b) 孪晶片层厚度为 3.5 nm ;(c) 孪晶片层厚度为 7.5 nm;(d) 孪晶片层厚度为 9.0 nm

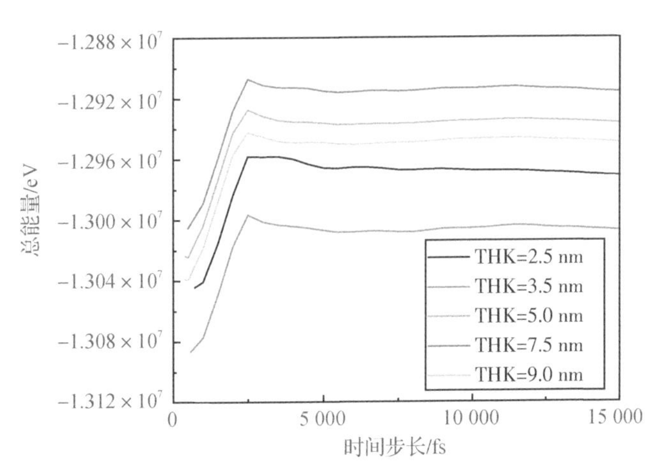

图 3－9　弛豫过程中模型的总能量变化曲线

3.3.2　拉伸仿真结果分析

图 3－10 显示了孪晶片层厚度分别为 2.5 nm、3.5 nm、5.0 nm、7.5 nm 和 9.0 nm 的纳米孪晶钛单轴拉伸后的应力-应变曲线。初始张力下的应力-应变曲线呈线性变化，此时模型正在发生弹性变形，可以看出随着孪晶片层厚度的增大，弹性模量的变化并不明显。弹性

阶段结束时，应力-应变曲线到达屈服点，纳米孪晶钛的拉伸应力开始减小，拉伸变形进入塑性变形阶段。

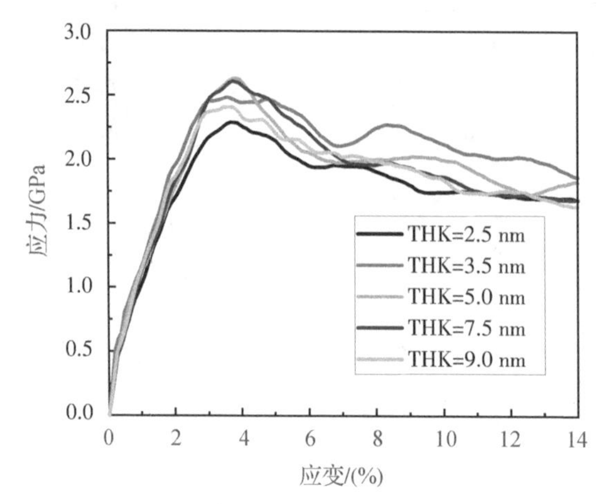

图 3-10　不同孪晶片层厚度下的应力-应变曲线

如图 3-11 所示，孪晶界片层厚度 2.5 nm、3.5 nm、5.0 nm、7.5 nm 和 9.0 nm 对应的屈服应力分别为 2.28 GPa、2.48 GPa、2.63 GPa、2.60 GPa 和 2.40 GPa。可以发现，纳米孪晶钛模型的屈服应力在孪晶片层厚度为 5.0 nm 时达到最大值，即材料存在临界孪晶片层厚度。当孪晶片层厚度由 9.0 nm 逐渐减小至临界值 5.0 nm 时，孪晶片层厚度表征的晶粒尺寸和屈服应力之间符合经典的 Hall-Petch 关系，屈服应力随着孪晶片层厚度的减小逐渐增大。然而，当纳米孪晶钛的孪晶片层厚度由 5.0 nm 继续减小时，屈服应力的变化不再符合传统的 Hall-Petch 关系，屈服应力随着孪晶片层厚度的减小也逐渐减小。

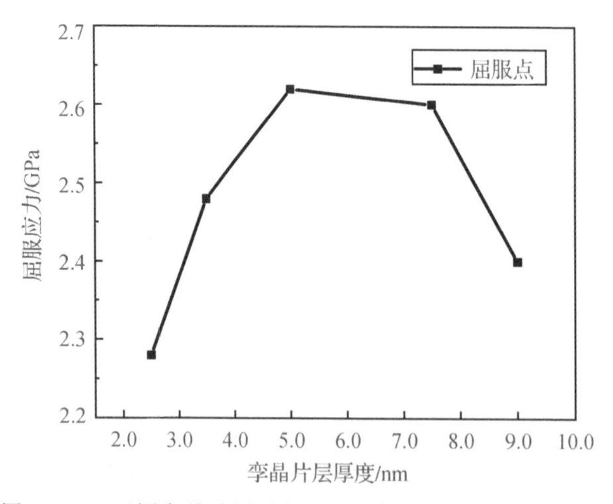

图 3-11　不同孪晶片层厚度下纳米孪晶钛屈服应力的变化

为了分析孪晶片层厚度小于临界值时纳米孪晶钛拉伸屈服强度下降的原因，采用 CNA 方法分析了平均孪晶片层厚度为 2.5 nm 的纳米孪晶钛模型在单轴拉伸下的变形过程，如图 3-12 所示。原子结构中局部微观组织的形貌由黑色圆圈框出，并分别按 1～6 顺序绘制，如图 3-13 所示。

当应变为 2.0%时，如图 3-12(a)所示，模型处于弹性变形阶段。首先，若干 Burgers 矢量 $1/3\langle 1\bar{1}00\rangle$ 的位错从孪晶界-晶界的交汇处形核并发射，且伴随着层错的生成；其次，部分晶粒内孪晶界上位错溢出，形成了多个孪晶界台阶，同时这些孪晶界台阶演化为新的位错发射源生成位错，如图 3-13(a)所示；最后，位错驱动部分孪晶界向相邻晶界运动，导致孪晶界被晶界吸收，如图 3-13(b)所示。

当应变增加到 3.8%时，如图 3-12(b)所示，材料拉伸变形过程到达屈服点，更多位错形核发射，孪晶界迁移现象加剧。同时，晶粒内晶界受应力集中的影响开始变形，甚至出现局部断裂，如图 3-13(c)(d)所示。

当应变增加到 7.0%时，如图 3-12(c)所示，模型沿 X 方向发生明显颈缩，材料处于塑性变形阶段。首先，晶界迁移现象加剧，密集的层错在晶粒内部形成 FCC 相变；其次，部分孪晶界向垂直界面两侧的方向扩散，导致界面附近 HCP 结构原子的排列顺序不再符合理想晶格规律，表现出孪晶界面加宽和无序原子团增多等现象，如图 3-13(e)所示；最后，随着应变的增大，孪晶界台阶处的位错湮灭，孪晶界发生断裂，同时部分孪晶界消失，如图 3-13(f)所示。

综上所述，平均孪晶片层厚度为 2.5 nm 的纳米孪晶钛拉伸变形机制与平均孪晶片层厚度为 5.0 nm 的模型基本相似，均包含孪晶界迁移、非混合位错形核增殖、晶界阻碍位错运动。同时，相较于平均孪晶片层厚度为 5.0 nm 的模型，平均孪晶片层厚度为 2.5 nm 时模型拉伸变形各个阶段中非混合位错形核增殖程度基本相同。然而，随着孪晶片层厚度的减小，孪晶界的迁移现象明显加剧，主要包括孪晶界台阶生成、断裂、扩散和晶界断裂等。

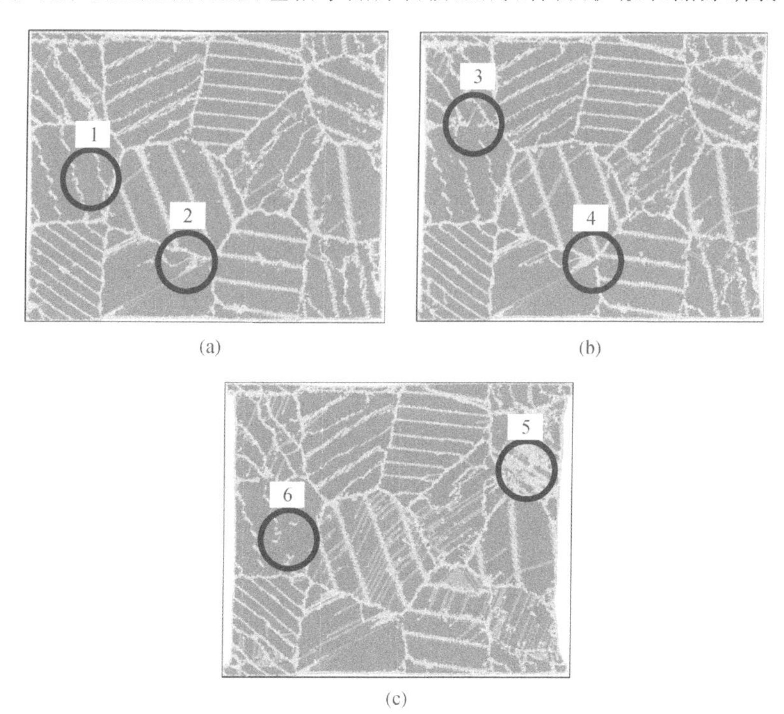

图 3-12　平均孪晶片层厚度为 2.5 nm 的纳米孪晶钛模型在单轴拉伸下的变形过程

(a)应变为 2.0%；(b) 应变为 3.8%；(c) 应变为 7.0%

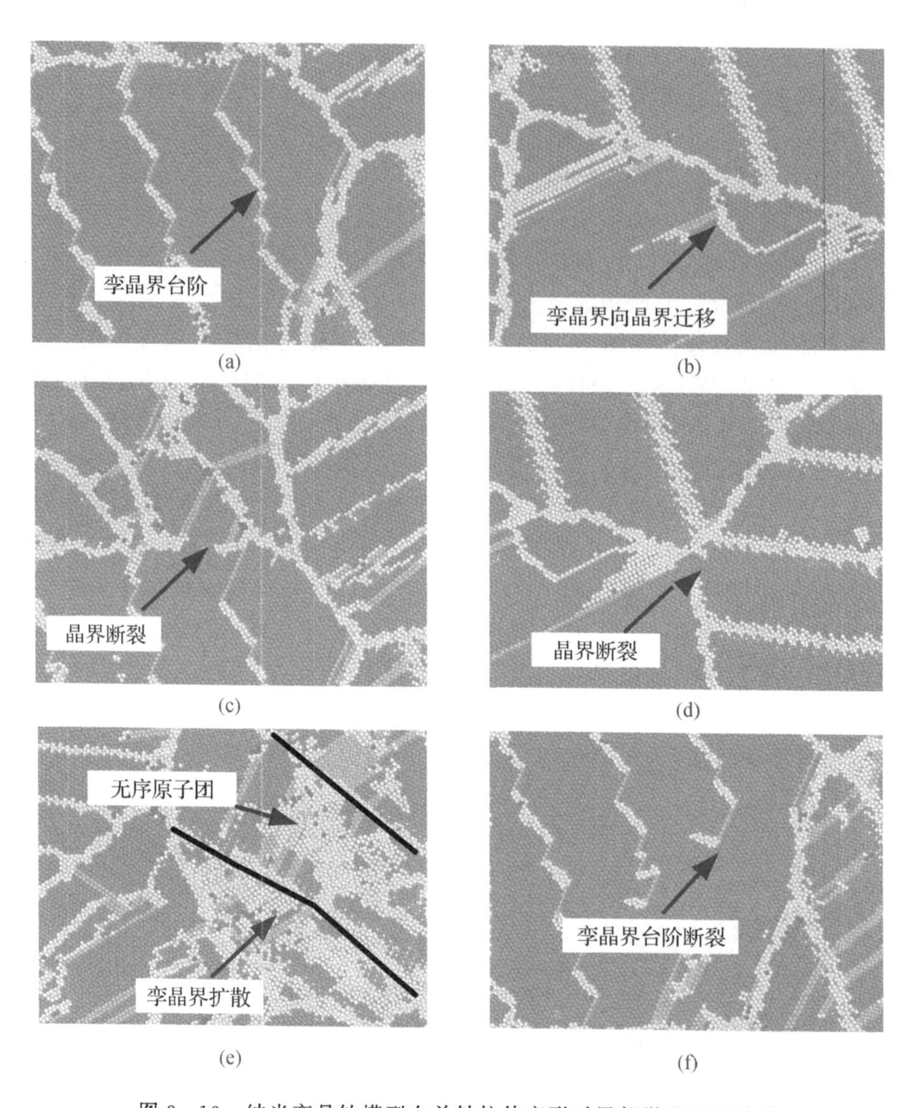

图 3 - 13　纳米孪晶钛模型在单轴拉伸变形时局部微观组织演化

(a)孪晶界台阶及位错生成;(b) 孪晶界迁移;(c) 晶界断裂(1);(d) 晶界断裂(2);(e) 孪晶界扩散;(f) 孪晶界台阶断裂

图 3 - 14 所示为其余三种孪晶片层厚度(3.5 nm、7.5 nm 和 9.0 nm)的纳米孪晶钛模型位于拉伸屈服点时的 CNA 分析图。可以发现,随着孪晶片层厚度的减小,作为混合位错主要发射源的孪晶界面数量增加。

当孪晶片层厚度由 9.0 nm 逐渐减至临界值 5.0 nm 时,通过对比图 3 - 5(b)和图 3 - 14(a)(b)可以发现,随着孪晶界面数量的增加纳米孪晶钛原子结构模型会产生不同的变形。首先,孪晶界的迁移界面、断裂界面等界面缺陷和孪晶界-晶界的界面交汇增多。通过观察晶体内层错片段数量和分布,可以发现非混合位错运动的空间逐渐减小。其次,孪晶界面在晶体内所占比例增大,层错长度明显缩短,代表孪晶界对位错运动的阻碍作用加强。此时,孪晶界对位错的阻碍作用成为拉伸变形的主导因素,屈服强度逐渐增大。

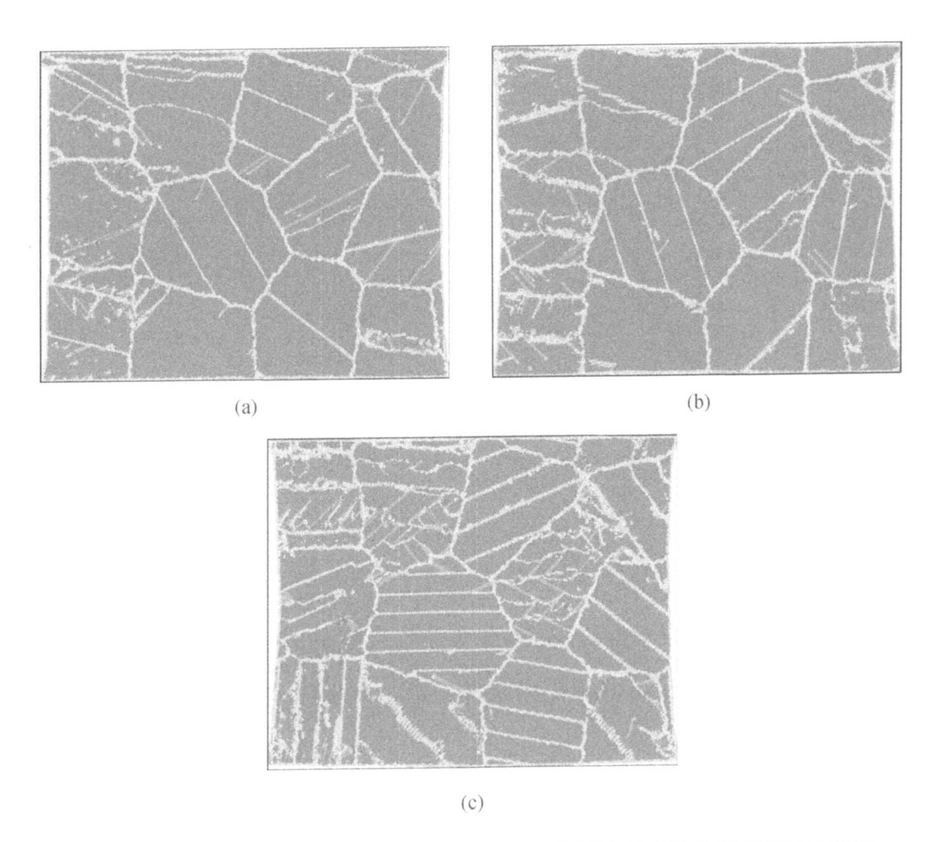

(a)　(b)　(c)

图 3-14　不同孪晶片层厚度的纳米孪晶钛原子结构模型在拉伸屈服点时的变形

(a)孪晶片层厚度为 9.0 nm;(b) 孪晶片层厚度为 7.5 nm;(c)孪晶片层厚度为 3.5 nm

当孪晶片层厚度由临界值 5.0 nm 逐渐减至 2.5 nm 时,依次观察对比图 3-5(b)、图 3-14(c)和图 3-12(c)可以发现,随着孪晶界面数量的增加纳米孪晶钛原子结构模型会产生不同的变形。首先,孪晶界迁移变形(包括孪晶界台阶生成、断裂、扩散等现象)更加剧烈。其次,孪晶界剧烈变形造成孪晶界-晶界交汇处的稳定性下降,大量交汇处发生断裂。通过观察层错的变化可以发现非混合位错的数量并未随着孪晶片层厚度的减小继续发生明显增加。最后,孪晶界迁移导致孪晶界面稳定性降低,削弱了其对位错运动的阻碍作用。此时,混合位错导致的孪晶界迁移主导了拉伸变形,屈服强度逐渐下降。

为了验证纳米孪晶钛临界孪晶片层厚度强化机制,分析平均晶粒尺寸为 25 nm,平均孪晶片层厚度分别为 2.5 nm、3.5 nm、6.0 nm、8.0 nm 和 9.0 nm 的五种纳米孪晶钛模型的单轴拉伸力学性能。弛豫和拉伸方式与平均晶粒尺寸为 20 nm 的模型一致。图 3-15 所示为五种孪晶片层厚度模型的应力-应变曲线。可以发现,孪晶片层厚度为 2.5 nm、3.5 nm、6.0 nm、8.0 nm 和 9.0 nm 的纳米孪晶钛对应的屈服强度分别为 2.24 GPa、2.35 GPa、2.54 GPa、2.45 GPa 和 2.38 GPa。

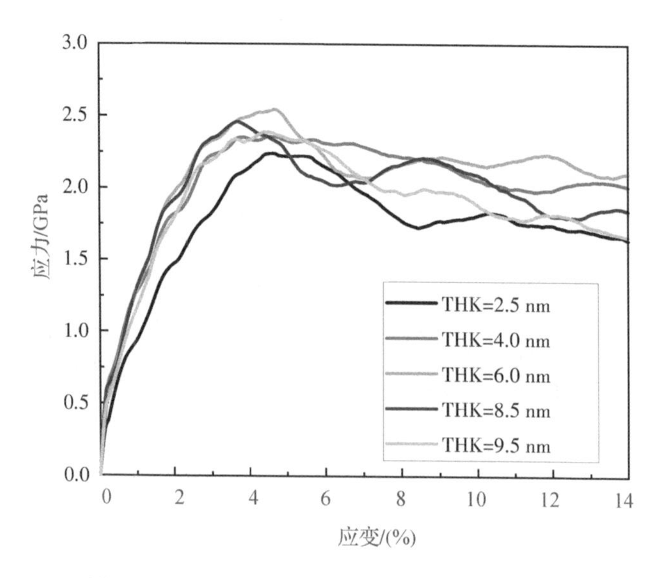

图 3－15 不同孪晶片层厚度下的应力-应变曲线

结果表明，随着孪晶片层厚度的改变，平均晶粒尺寸为 25 nm 的模型的屈服应力变化趋势与 20 nm 的模型基本一致，即均存在临界孪晶片层厚度，使纳米孪晶钛的屈服应力达到极大值。

图 3－16 对比了平均晶粒尺寸为 25 nm 和 20 nm 的纳米孪晶钛模型在不同孪晶片层厚度下的屈服应力。结果表明，在孪晶片层厚度相似时，平均晶粒尺寸 25 nm 的纳米孪晶钛屈服应力均低于平均晶粒尺寸 20 nm 的模型。这是由于晶粒尺寸由 25 nm 细化至20 nm 时，模型内晶界结构增多，而晶界会阻碍位错等晶体缺陷向其他相邻晶粒传递，进而提高了屈服强度。

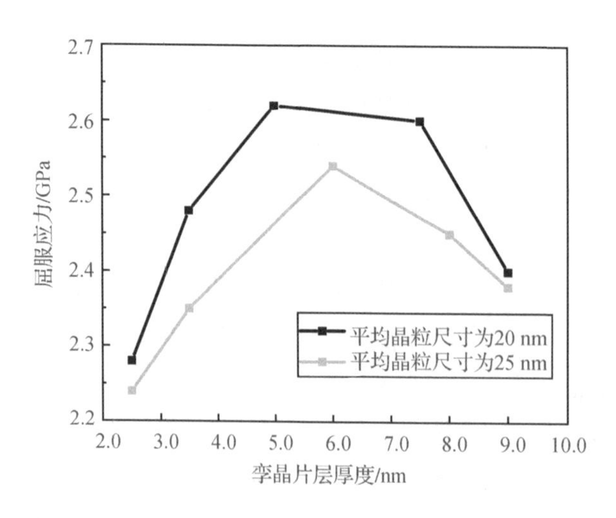

图 3－16 不同孪晶片层厚度下纳米孪晶钛屈服应力变化

3.4 小　　结

本章基于分子动力学方法模拟，揭示了纳米孪晶钛的拉伸变形机制，分析了孪晶片层厚度尺寸效应对纳米孪晶钛拉伸力学性能的影响，得出如下结论。

(1)单轴拉伸载荷下纳米孪晶钛拉伸变形主要存在三种机制：一是孪晶界与晶界的迁移，其中孪晶界的迁移占据主体地位。一般情况下，孪晶界的迁移主要归因于孪晶界面中混合位错的滑移，晶界迁移的主导因素为外载荷作用。二是非混合位错的形核运动及其伴随层错的生成。基面、柱面和锥面位错会倾向于在应力集中位置(如孪晶界的迁移界面、断裂界面等界面缺陷处和孪晶界-晶界的界面交汇处等)形核增殖。三是晶粒内部位错的运动会被相邻的孪晶界和晶界所阻碍。晶界的阻碍作用较强，位错一般情况下不会越过晶界继续运动。相较于晶界，孪晶界的阻碍作用相对较弱，位错滑移到孪晶界时会形成位错塞积。随着应力的增加，位错塞积处发生应力集中，成为新的位错发射源。

(2)纳米孪晶钛模型存在临界孪晶片层厚度，使其拉伸屈服应力达到极大值。当孪晶片层厚度大于临界值时，孪晶片层厚度的减小可以看作对晶粒的细化，孪晶界面数量的增加加强了材料整体对位错运动的阻碍作用，提高了材料的屈服强度。当孪晶片层厚度小于临界值时，混合位错形核增殖加剧了孪晶界迁移，孪晶界对位错运动的阻碍作用降低，导致材料的屈服强度减小。

第4章　钛金属纳米孪晶裂纹扩展模型

4.1　引　　言

第3章阐述了钛金属纳米孪晶拉伸变形的分子动力学模拟，探讨了纳米孪晶钛拉伸变形机制和尺寸效应对其拉伸力学性能的影响，研究发现，孪晶、位错及其伴随层错等微观组织的交互作用是决定纳米孪晶钛力学性能的主要因素。因此，针对纳米孪晶钛裂纹扩展机理，本章将研究不同的微观缺陷结构对裂纹扩展的影响。根据第3章对纳米孪晶钛模型拉伸变形中常见微观缺陷结构的观察结果，本章分别根据$\{10\bar{1}2\}$孪晶面、$\{11\bar{2}2\}$孪晶面和$\{01\bar{1}0\}$堆垛层错面建立含预置裂纹的双晶结构纳米孪晶钛模型(简称双晶钛)，并对这三类双晶钛模型进行单轴拉伸仿真，研究温度效应对裂纹扩展时材料力学性能变化和微观组织演化的影响。

4.2　$\{10\bar{1}2\}$双晶结构纳米孪晶钛裂纹扩展行为

4.2.1　仿真模型及控制条件

根据第2章中孪晶片层的建模方法，本节构建了含有$\{10\bar{1}2\}$孪晶面的双晶钛模型，如图4-1所示，元胞晶粒的晶体取向沿X、Y和Z轴分别为$[\bar{1}011]$，$[10\bar{1}2]$，$[1\bar{2}10]$，此时双晶结构模型孪晶面的晶面指数为$(10\bar{1}2)$。模型总尺寸沿X、Y、Z三轴为20.80 nm×21.60 nm×2.95 nm。通过删除选定的原子，在孪晶面上预置初始裂纹，裂纹尺寸沿X、Y、Z三轴为5.20 nm×0.65 nm×2.95 nm。最终，含预置裂纹的双晶钛模型共有74 920个原子。

建模完成后，需要对初始模型进行弛豫处理。在单轴拉伸前首先使系统达到能量最小化，本章采用的是共轭梯度法。其次，利用Nose-Hoover热浴法使系统的温度分别稳定保持为300 K、400 K、500 K、600 K、700 K和800 K。弛豫处理中的各项参数设定见表4-1。

图4-2所示为不同温度下，含预置裂纹的$\{10\bar{1}2\}$双晶钛模型弛豫过程中原子系统内总能量的变化。随着弛豫时间的增加，系统总能量不断上升，2 000～2 500 fs后各温度下总能量变化曲线均开始平缓，模型达到稳定状态。

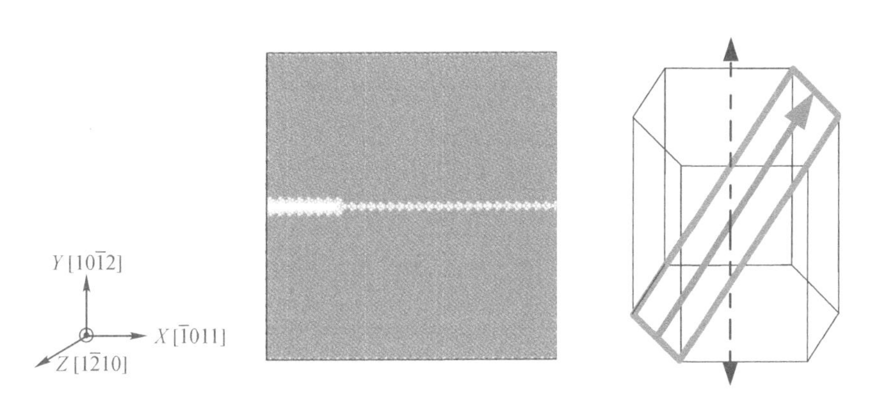

图 4-1　含预置裂纹的{10$\bar{1}$2}双晶钛模型原子结构示意图

表 4-1　弛豫过程中仿真参数

参　数	参　数　值
系综	NPT
系统温度/K	300～800
系统压强/Pa	0
弛豫时间/fs	15 000

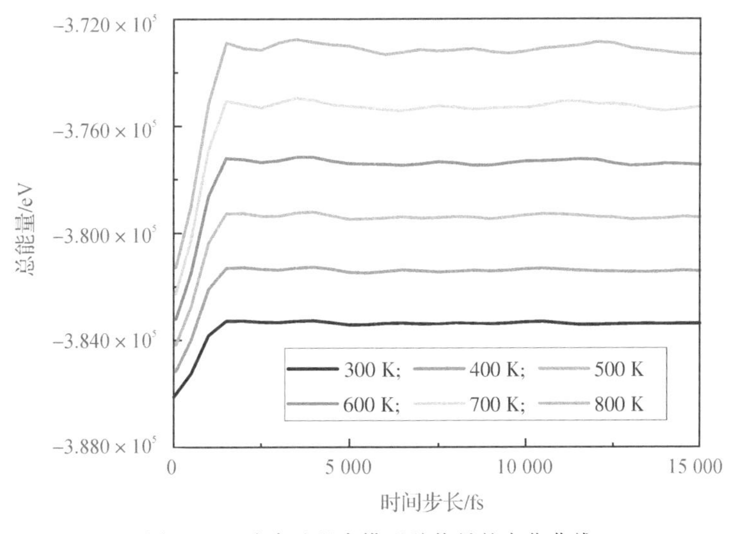

图 4-2　弛豫过程中模型总能量的变化曲线

弛豫结束后，沿 Y 轴正方向对模型进行单轴拉伸，原子系统温度分别设置为 300～800 K。在整个模拟过程中，模型的 X 轴方向代表材料表面，与 Y 轴拉伸方向均采用非周期性边界，Z 轴方向设置为周期性边界条件，拉伸模拟单位时间步长为 1 fs。单轴拉伸过程中的仿真参数见表 4-2。

表 4-2 单轴拉伸过程中的仿真参数

参　数	参 数 值
系综	NVT
系统温度/K	300 ～800
应变率/s^{-1}	10^9
拉伸方向	Y 轴正向
最大拉伸应变/(%)	25

4.2.2 裂纹扩展仿真结果分析

图 4-3 显示了不同温度下沿$\{10\bar{1}2\}$方向单轴拉伸后双晶钛模型的应力-应变曲线，可以发现温度对材料力学性能影响较大。在所有温度条件下，应力-应变曲线的初始阶段均呈现正比例线性关系，此时模型发生弹性变形。在弹性变形阶段，应力-应变曲线的斜率，即材料的弹性模量，随温度的升高而减小。随着应变的不断增加，应力迅速增加并到达临界值，此时应力-应变曲线出现极值点。进入塑性变形阶段，材料的拉伸应力不断减小并呈锯齿状波动。

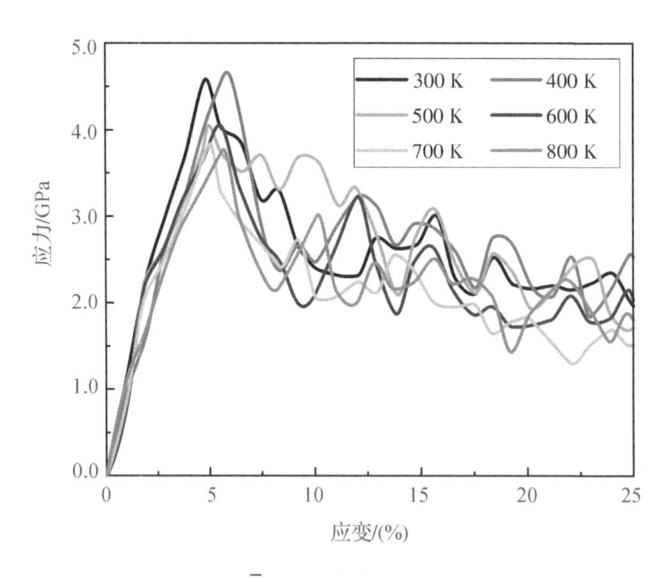

图 4-3 不同温度下$\{10\bar{1}2\}$双晶钛模型裂纹扩展的应力-应变曲线

图 4-4 显示了不同温度下屈服应力的变化。在 300～800 K，屈服应力分别为 4.54 GPa、4.62 GPa、4.05 GPa、4.04 GPa、3.83 GPa、3.76 GPa。在 300～400 K，屈服应力小幅增加但变化并不显著。400～500 K 时，屈服应力大幅下降，下降的幅值约为 12.5%。500～600 K时，屈服应力基本相同，应力数值变化并不明显。当温度高于 600 K 时，屈服强度开始逐渐小幅降低。

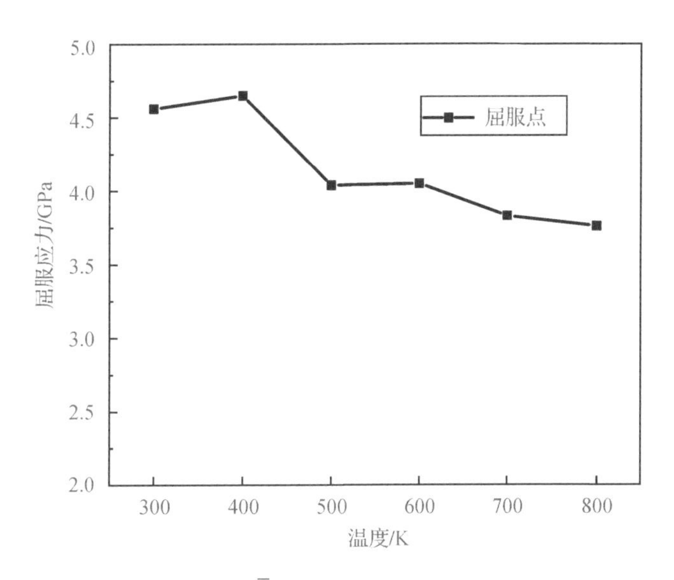

图 4 - 4　不同温度下{10$\bar{1}$2}双晶钛模型裂纹扩展的屈服应力变化

下面利用 CNA 晶体缺陷分析方法研究拉伸过程中原子尺度下微观组织结构演化行为，其中，红色、绿色、蓝色和灰色原子分别代表了 HCP 原子结构、FCC 原子结构、BCC 原子结构和 Other 原子结构。

图 4 - 5 显示了温度为 300 K 时{10$\bar{1}$2}双晶钛模型裂纹扩展期间的微观结构组织演变。当应变为 0.3%时，如图 4 - 5(a)所示，材料处于弹性变形阶段，裂纹开口逐渐变得尖锐，裂纹尖端截面呈楔形。同时孪晶界上发生明显迁移，形成孪晶台阶，在台阶上存在部分 FCC 原子结构，表明位错和层错正在形核。当应变增加到 4.7%时，如图 4 - 5(b)所示，应力攀升至屈服点。裂纹尖端和孪晶界台阶处作为位错源，发射出若干 Burgers 矢量 $1/3\langle 1\bar{1}00\rangle$的位错及其伴随层错，且部分位错已经运动到模型边界。当应变上升到 7.7%时，如图4 - 5(c)所示，材料发生明显的塑性变形，裂纹开口宽度逐渐变大，裂纹开口形貌不再规则，裂纹尖端开始沿着孪晶界向材料内部扩展。相较于孪晶界面台阶处，裂纹尖端及其楔形面发射出的位错数量更多，其伴随层错的面积更大，证明裂纹尖端处存在更大的应力集中。通过观察孪晶界面台阶上的位错形核增殖可以发现，沿 X 轴方向越远离裂纹尖端，位错和层错的生成越少。随着塑性变形的加剧，当应变增加至 12.3%时，如图 4 - 5(d)所示，裂纹尖端楔形面生成的层错与相邻孪晶界迁移台阶点生成的层错合并，形成 FCC 相变。FCC 相变中，新的 $1/3\langle 1\bar{1}00\rangle$位错及其 HCP 结构层错形核增殖。同时，与裂纹尖端连接的孪晶界发生断裂，并演化为无序原子团。当应变增加至 16.9%时，如图 4 - 5(e)所示，靠近裂纹尖端的无序原子团作为位错源发射位错，不同取向的层错和位错相互交织、阻滞，钝化裂纹尖端并阻碍裂纹扩展。

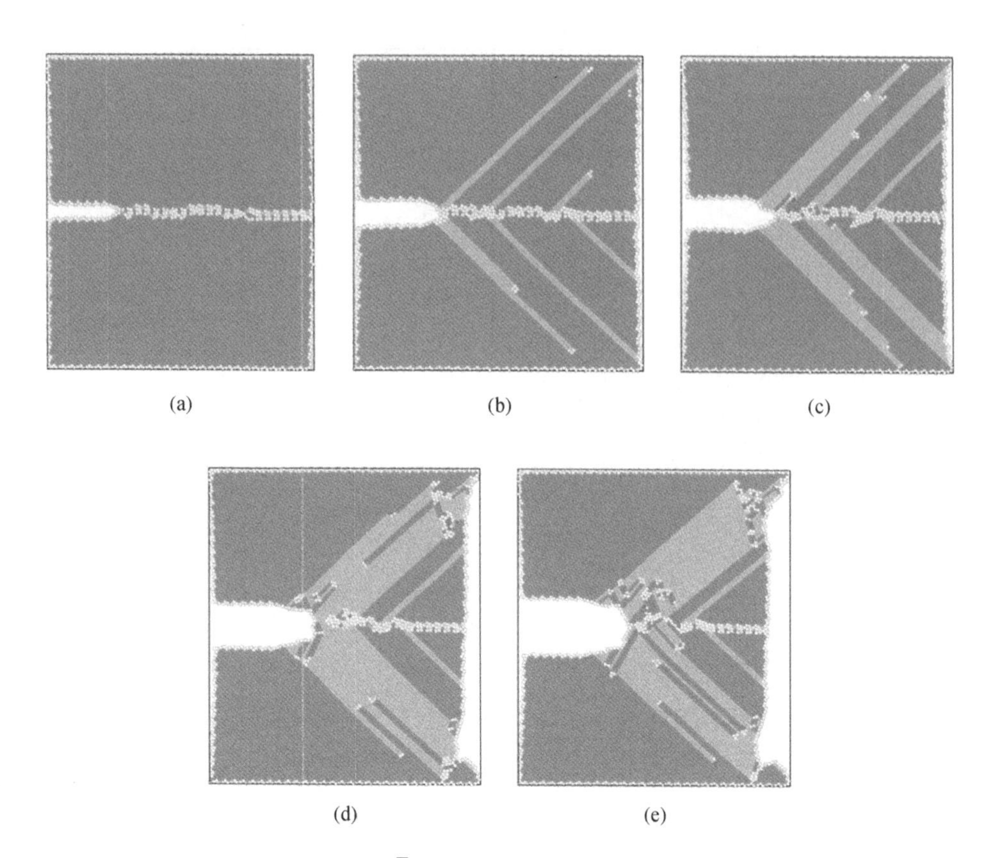

图 4-5　温度为 300 K 时{10$\bar{1}$2}双晶钛裂纹扩展期间原子构型的演变(见彩插)

(a)应变为 0.3%；(b) 应变为 4.7%；(c) 应变为 7.7%；(d) 应变为 12.3%；(e) 应变为 16.9%

图 4-6 显示了 600 K 时含预置裂纹{10$\bar{1}$2}双晶钛模型单轴拉伸时的变形过程。当应变为 0.3%时，如图 4-6(a)所示，双晶钛模型拉伸变形处于弹性阶段。与 300 K 时相比，600 K 时孪晶界的迁移更加剧烈，其上原子结构的排布更加无序。同时由于温度的升高，基体晶粒和孪晶晶粒中部分原子重新排列并偏离理想晶格结构，形成无序原子团。当应变为 5.0%时，如图 4-6(b)所示，应力攀升至屈服点。位错及其伴随层错从裂纹尖端和孪晶界台阶处发射。值得注意的是，晶粒内部因温度升高生成的无序原子团同样可以作为位错源发射出位错。当应变增加到 7.6%时，如图 4-6(c)所示，裂纹尖端与孪晶界迁移处再次形成层错，同时在模型左下角可以观察到局部滑移。当应变增加到 12.2%时，如图 4-6(d)所示，层错聚集形成 FCC 结构相变，新的位错从 FCC 相变中的无序原子团处形核发射。与 300 K 时相比，温度的升高使得裂纹尖端周围原子的无序排列程度加剧，裂纹尖端开口斜面更加钝化。随着应变增加到 16.8%，如图 4-6(e)所示，裂纹开口继续扩大，但裂纹尖端逐渐钝化。

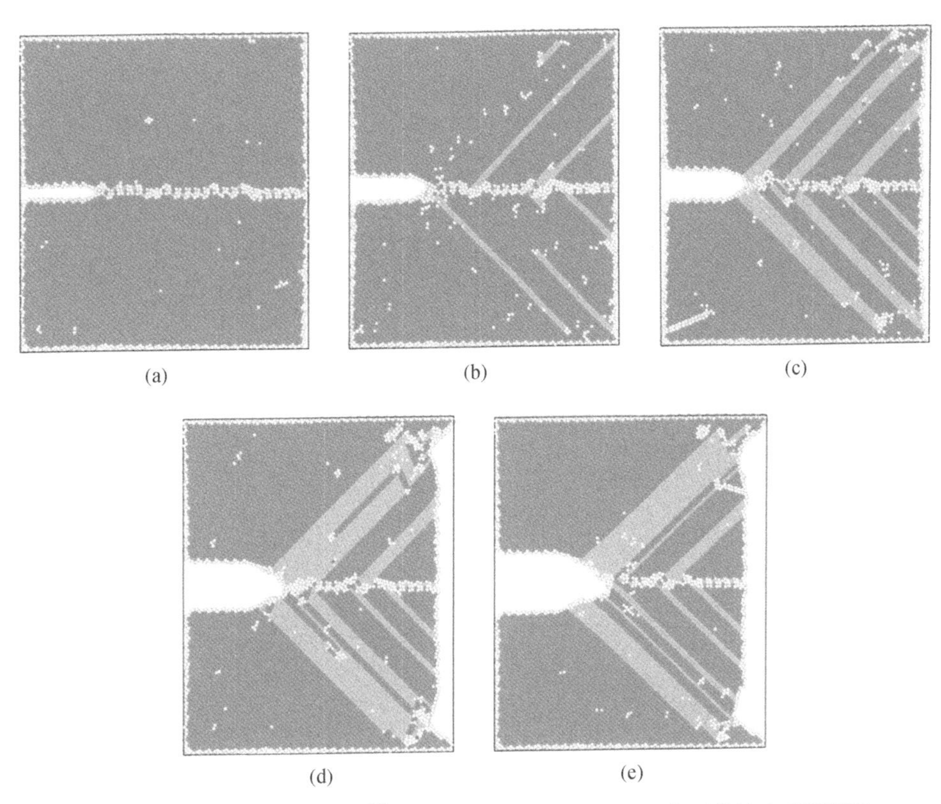

图 4－6　温度为 600 K 时{$10\bar{1}2$}双晶钛裂纹扩展期间原子构型的演变(见彩插)

(a)应变为 0.3%；(b) 应变为 5.0%；(c) 应变为 7.6%；(d) 应变为 12.2%；(e) 应变为 16.8%

图 4－7 显示了 800 K 时含预置裂纹{$10\bar{1}2$}双晶钛模型单轴拉伸时的变形过程。当应变为 0.3%时，如图 4－7(a)所示，与 300 K 和 600 K 时相比，800 K 时模型拉伸变形过程中原子排列更加无序。当应变为 5.6%时，如图 4－7(b)所示，应力到达屈服点。除了在晶粒内观察到位错及其伴随层错等晶体缺陷外，还观察到在模型左上角存在滑移现象，而在模型右上角出现了位错塞积并形成了 FCC 结构原子团。当应变增加到 8.0%时，如图 4－7(c)所示，裂纹扩展明显，除了右上角的位错塞积外，裂纹尖端与模型右下角处同样因位错相互作用出现了位错塞积。当应变分别为 9.3%和 15.6%时，如图 4－7(d)(e)所示，裂纹尖端出现 FCC 相变和 HCP 结构层错。

图 4－8 显示了 300 K、600 K 及 800 K 三种温度下模型位于屈服点时拉伸方向的应力分布，单位为 GPa。如图 4－8(a)所示，300 K 时应力集中主要存在于裂纹尖端和位错上。如图 4－8(b)所示，600 K 时，除了裂纹尖端和位错外，应力集中也存在于无序原子团处。如图 4－8(c)所示，800 K 时，随着无序原子团的增多，晶体内部的各个位置均存在应力集中。由此可知，随着温度的不断升高，无序原子团的增多导致模型内出现更多的应力集中。

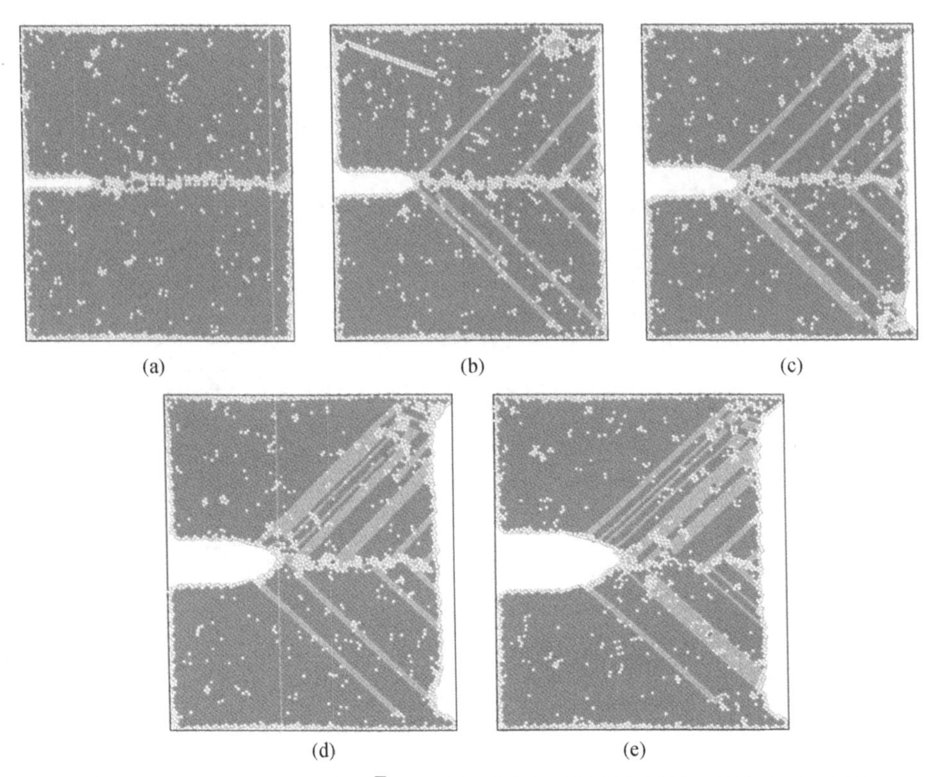

图 4-7　温度为 800 K 时{10$\bar{1}$2}双晶钛裂纹扩展期间原子构型的演变(见彩插)

(a)应变为 0.3%；(b) 应变为 5.6%；(c) 应变为 8.0%；(d) 应变为 9.3%；(e) 应变为 15.6%

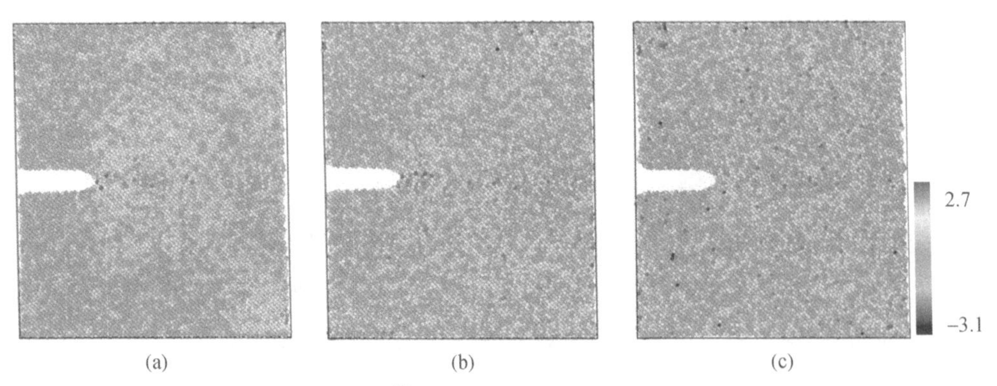

图 4-8　不同温度下{10$\bar{1}$2}双晶钛模型位于屈服点时的轴向应力分布

(a) 300 K；(b) 600 K；(c) 800K

利用 DXA 可以得到 300 K、600 K 及 800 K 三种温度下材料位于屈服点时的位错分布，如图 4-9 所示。图中黄色线段为 Burger 矢量 1/3<1$\bar{1}$00>的位错，红色线段为混合位错。由图 4-9(a)可知，300 K 时，混合位错主要存在于孪晶界上，1/3<1$\bar{1}$00>型位错主要分布在层错运动方向的顶端。由图 4-9(b)可知，600 K 时，孪晶界上的混合位错数量增多。由图 4-9(c)可知，800 K 时，孪晶界上混合位错数量变化并不明显，而由于晶体内部生成的塞积，1/3<1$\bar{1}$00>型位错数量大幅增长。

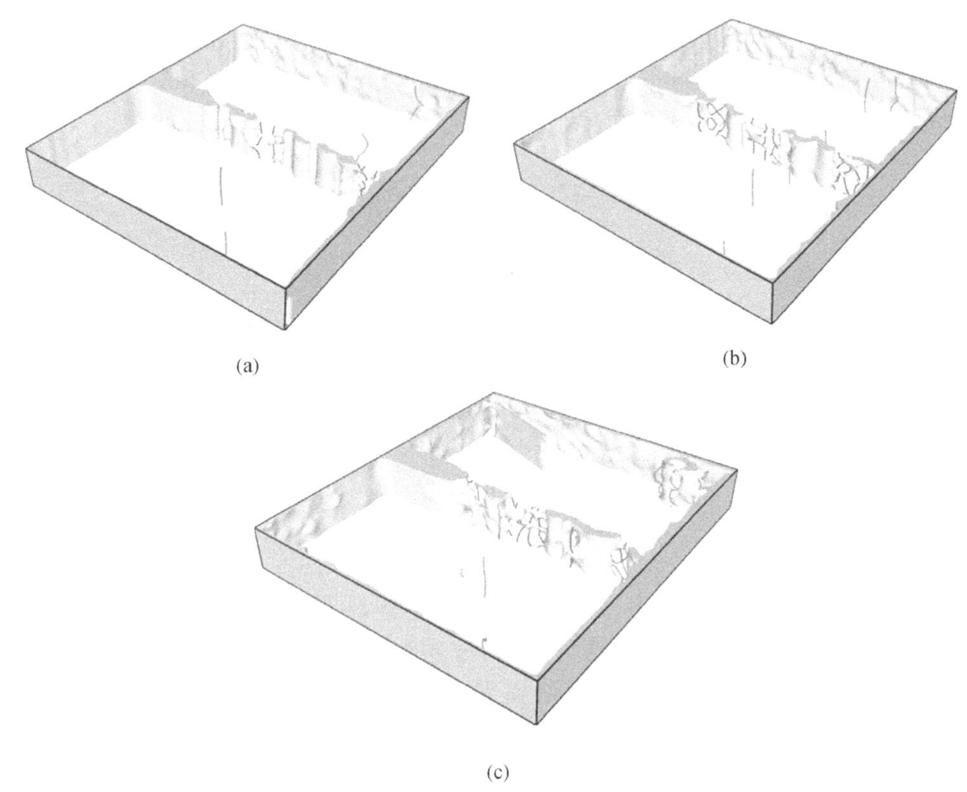

(a) (b) (c)

图 4-9 不同温度下{$10\bar{1}2$}双晶钛模型位于屈服点时的位错分布(见彩插)
(a) 300 K;(b) 600 K;(c) 800 K

表 4-3 给出了不同温度下混合位错和 1/3<$1\bar{1}00$>型位错的数量和长度。可以看出,随着温度的升高,位错的数量和长度均不断增加,孪晶界面对混合位错的容纳空间是有限的,而 1/3<$1\bar{1}00$>型位错更倾向于在晶粒内部形核增殖。

表 4-3 不同温度下{$10\bar{1}2$}双晶钛模型位于屈服点时的位错数量和长度

温度/K	混合位错		1/3<$1\bar{1}00$>型位错	
	数量/segs	长度/Å	数量/segs	长度/Å
300	13	151	3	97
600	24	262	9	215
800	25	267	14	260

4.3 {$11\bar{2}2$}双晶结构纳米孪晶钛裂纹扩展行为

4.3.1 仿真模型及控制条件

本节构建了含{$11\bar{2}2$}孪晶面的双晶钛模型。如图 4-10 所示,元胞晶粒的晶体取向沿 X、Y 和 Z 轴分别为[$11\bar{2}\bar{3}$],[$11\bar{2}2$],[$1\bar{1}00$],此时双晶结构模型孪晶面的晶面指数为

$(11\bar{2}2)$。模型总尺寸沿 X、Y、Z 三轴为 22.15 nm×22.00 nm×3.07 nm。通过删除选定的原子，预置初始裂纹，裂纹尺寸沿 X、Y、Z 三轴为 5.54 nm×0.66 nm×3.07 nm。最终，含预置裂纹的双晶钛模型共有 84 600 个原子。

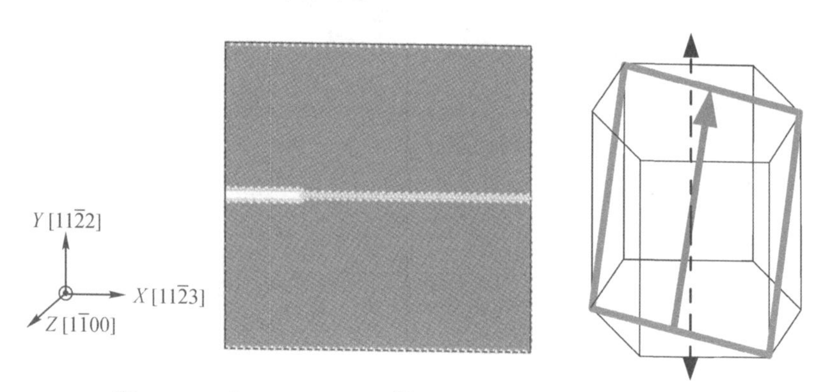

图 4－10　含预置裂纹的{11$\bar{2}$2}双晶钛模型原子结构示意图

建模完成后，弛豫处理中的各项参数设定数值见表 4－1。图 4－11 所示为不同温度下，含预置裂纹的{11$\bar{2}$2}双晶钛模型弛豫过程中原子系统内总能量的变化。随着弛豫时间的增加，系统总能量不断增大，约 2 000 fs 后各温度下总能量变化曲线开始平缓，模型达到稳定状态。经过 15 000 fs 弛豫处理后，对模型进行单轴拉伸。拉伸仿真控制条件与 4.2 节一致，具体控制参数见表 4－2。

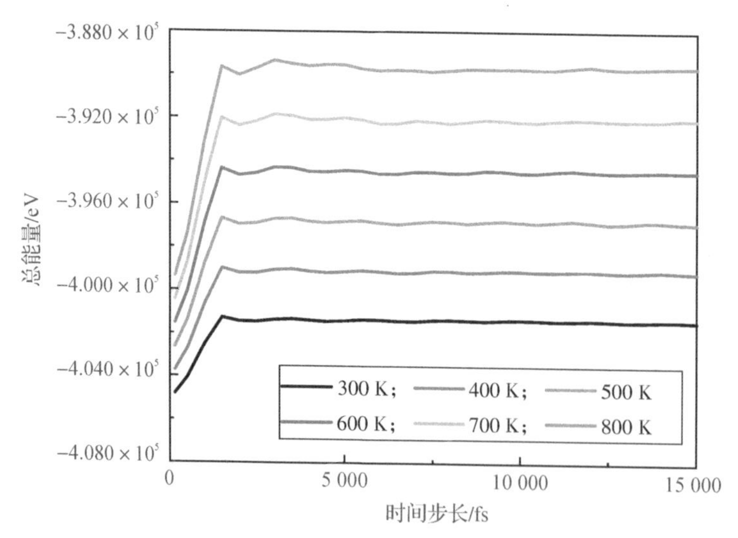

图 4－11　弛豫过程中模型总能量变化曲线

4.3.2　裂纹扩展仿真结果分析

图 4－12 显示了不同温度下沿{11$\bar{2}$2}方向单轴拉伸后双晶钛模型的应力-应变曲线。可以发现，随着温度的升高，材料的弹性模量减小。随着应变的不断增大，应力迅速增大并到达临界值，此时应力-应变曲线出现屈服点。在塑性变形阶段，所有温度下模型的拉伸应

力迅速减小，此时模型无明显塑性变形，表现出脆性特征。

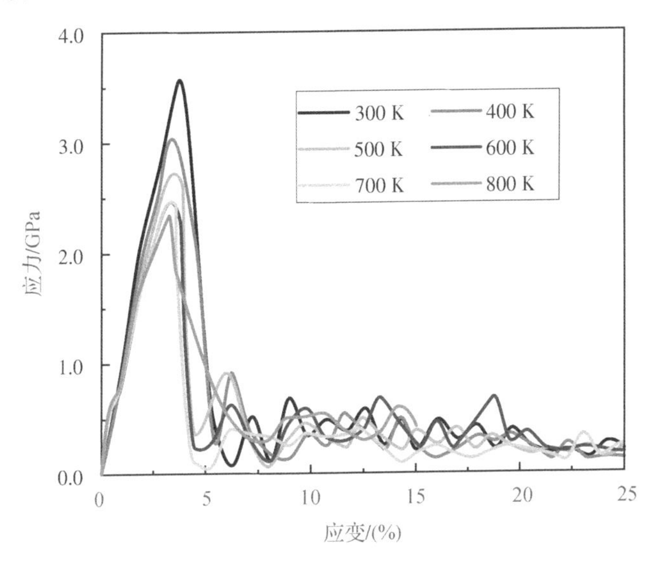

图 4－12　不同温度下$\{11\bar{2}2\}$双晶钛模型裂纹扩展的应力-应变曲线

图 4－13 所示为不同温度下屈服应力的变化。在 300～800 K，屈服应力分别为 3.53 GPa、2.91 GPa、2.61 GPa、2.28 GPa、2.43 GPa、2.33 GPa。在 300～600 K，屈服应力下降了近 35%，而在 600～800 K，屈服应力变化幅度较小。

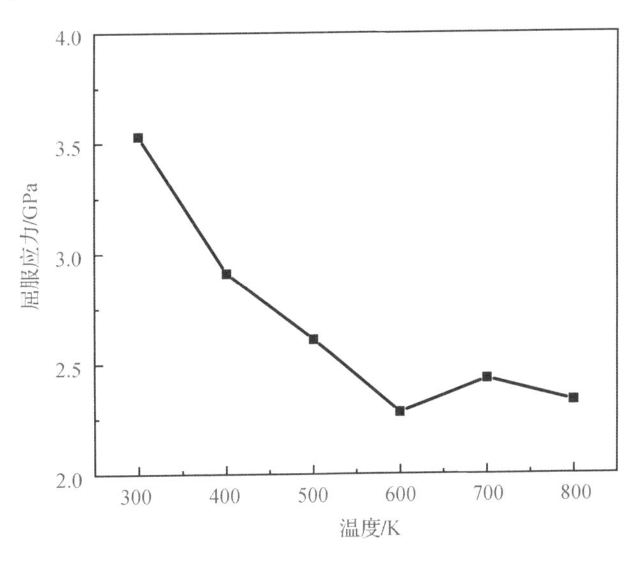

图 4－13　不同温度下$\{11\bar{2}2\}$双晶钛模型裂纹扩展的屈服应力变化

图 4－14 显示了 300 K 时含预置裂纹$\{11\bar{2}2\}$双晶钛模型单轴拉伸时的变形过程。当应变为 1.5%时，如图 4－14(a)所示，模型拉伸变形处于弹性阶段，模型中基体与孪晶分别用 V1、V2 表示。与$\{10\bar{1}2\}$双晶钛模型相比，$\{11\bar{2}2\}$双晶钛模型中孪晶界整体结构保持稳定，并未出现孪晶界迁移现象。当应变为 3.6%时，如图 4－14(b)所示，材料变形到达屈服点。

模型的塑性变形主要为裂纹尖端处出现的 V3 孪晶的形核与增殖。V1 - V3 孪晶界处裂纹尖端开始扩展，V2 - V3 孪晶界处裂纹尖端生成位错及其伴随层错。当应变上升到 7.7%时，如图 4 - 14(c)所示，可以清楚地看到，模型内孪晶 V3 迅速增殖，同时新的孪晶 V4、V5 形核增殖，导致模型内生成若干孪晶界，包括 V1 - V3、V2 - V3、V2 - V4、V3 - V4、V3 - V5、V1 - V5。由于孪晶界面可以为裂纹扩展提供路径，裂纹尖端向着 4 个孪晶界面方向逐渐扩展，具体为 V2 - V4、V3 - V4、V3 - V5、V1 - V5。此时，位错及其伴随层错从裂纹开口表面发射。相比于 V3 - V4、V3 - V5，裂纹尖端在 V1 - V5、V2 - V4 处变得更加尖锐。当应变增加至 12.3%时，如图 4 - 14(d)所示，塑性变形加剧，V3 孪晶的继续增殖导致 V5 孪晶的消失和 V4 孪晶体积的减小，部分孪晶界湮灭。当应变增加至 16.9%时，裂纹尖端在 V1 - V3 孪晶界面生成了新的孪晶 V6，如图 4 - 14(e)所示。

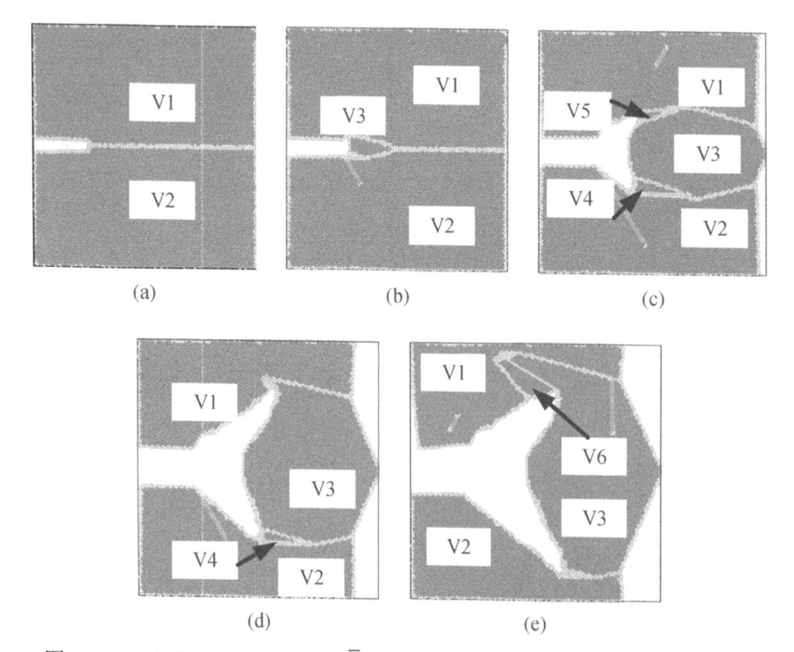

图 4 - 14　温度为 300 K 时$\{11\bar{2}2\}$双晶钛裂纹扩展期间原子构型的演变

(a)应变为 1.5%；(b) 应变为 3.6%；(c) 应变为 7.7%；(d) 应变为 12.3%；(e) 应变为 16.9%

图 4 - 15 显示了温度为 600 K 时$\{11\bar{2}2\}$双晶钛模型裂纹扩展变形期间的微观组织结构演变。当应变为 1.5%时如图 4 - 15(a)所示。相较于 300 K，随着温度的升高，基体与孪晶中的无序原子团数量增加，同时裂纹尖端处的原子排序不再具有规律性。当应变增加到 3.1%时，如图 4 - 15(b)所示，材料变形过程达到屈服点。模型的变形主要为裂纹尖端处出现的 V3 孪晶的形核与增殖。相较于 300 K，裂纹尖端并未沿着孪晶界发生扩展，同时并没有位错及其伴随层错在裂纹尖端形核增殖。当应变上升到 7.7%时，如图 4 - 15(c)所示，模型内孪晶形核增殖加剧，新的孪晶 V4、V5 形核增殖，形成新的孪晶界，包括 V1 - V3、V2 - V3、V2 - V4、V3 - V4、V1 - V5、V3 - V5，而裂纹尖端向着其中 4 个方向逐渐扩展，具体为 V2 - V4、V3 - V4、V3 - V5 和 V1 - V5。裂纹尖端作为位错源发射出 Burgers 矢量

1/3<$1\bar{1}00$>的位错。相较于 300 K,600 K 时孪晶界上的原子排列无序度加大,空位、间隙等缺陷导裂纹扩展(包括裂纹开口大小、裂纹扩展深度等)更加剧烈。当应变增长至 12.3%时,如图 4-15(d)所示,塑性变形加剧。V3 孪晶的不断增殖阻碍了 V4、V5 孪晶的生长。随着裂纹的继续扩展,两组相邻的孪晶界(V1-V5 和 V3-V5,V2-V4 和 V3-V4)不断靠近合并,此时材料发生了较为明显的塑性变形。V3 孪晶的不断增殖和裂纹的不断扩展,导致了 V4 孪晶的消失。模型下方的裂纹尖端扩展至 V2-V3 孪晶界面,并存在位错及其伴随层错的形核增殖。当应变为 16.9%时,如图 4-15(e)所示,随着应力的增加和材料的拉伸变形,大部分位错及其伴随层错湮灭,裂纹进一步扩展。

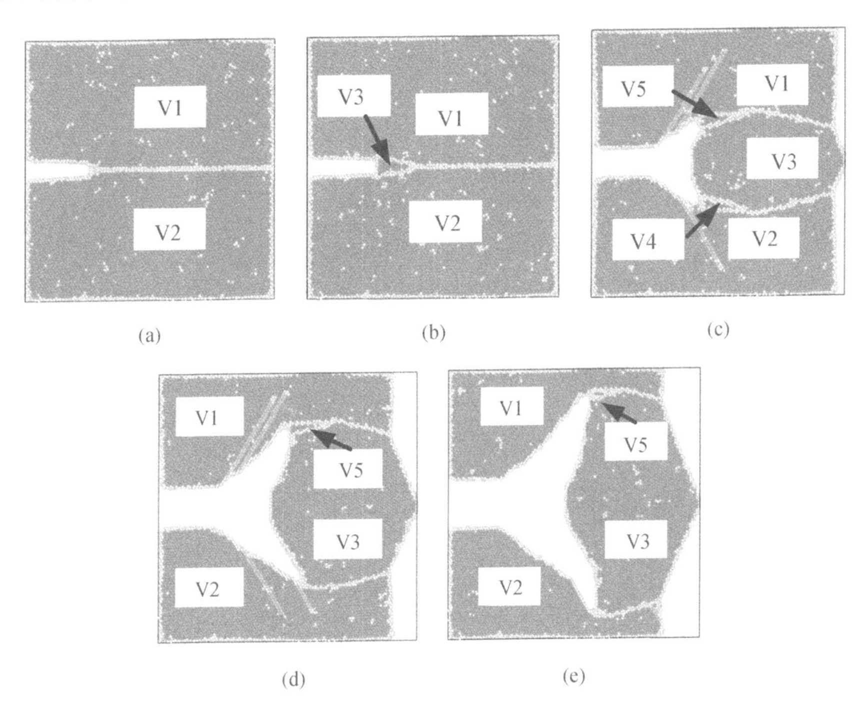

图 4-15　温度为 600 K 时{$11\bar{2}2$}双晶钛裂纹扩展期间原子构型的演变

(a)应变为 1.5%;(b) 应变为 3.1%;(c) 应变为 7.7%;(d) 应变为 12.3%;(e) 应变为 16.9%

图 4-16 显示了温度为 800 K 时{$11\bar{2}2$}双晶钛模型裂纹扩展变形期间的微观组织结构演变。当应变为 1.5%时,如图 4-16(a)所示,800K 时拉伸变形过程中原子排列更加无序。当应变为 2.7%时,如图 4-16(b)所示,模型拉伸变形到达屈服点。可以看到随着温度的上升,屈服应变逐渐减小,裂纹尖端处孪晶的形核增殖出现得更早。当应变超过屈服点时,如图 4-16(c)(e)所示,模型的塑性变形与 600 K 时相似,裂纹沿孪晶界扩展。

图 4-17 显示了 300 K、600 K 及 800 K 三种温度下材料位于屈服点时拉伸方向的应力分布,单位为 GPa。如图 4-17(a)所示,300 K 时{$11\bar{2}2$}双晶钛内应力集中并不明显,拉应力在晶体内均匀分布。当温度上升到 600K 和 800K 时,如图 4-17(b)(c)所示,模型内部的应力集中主要存在于无序原子团处。

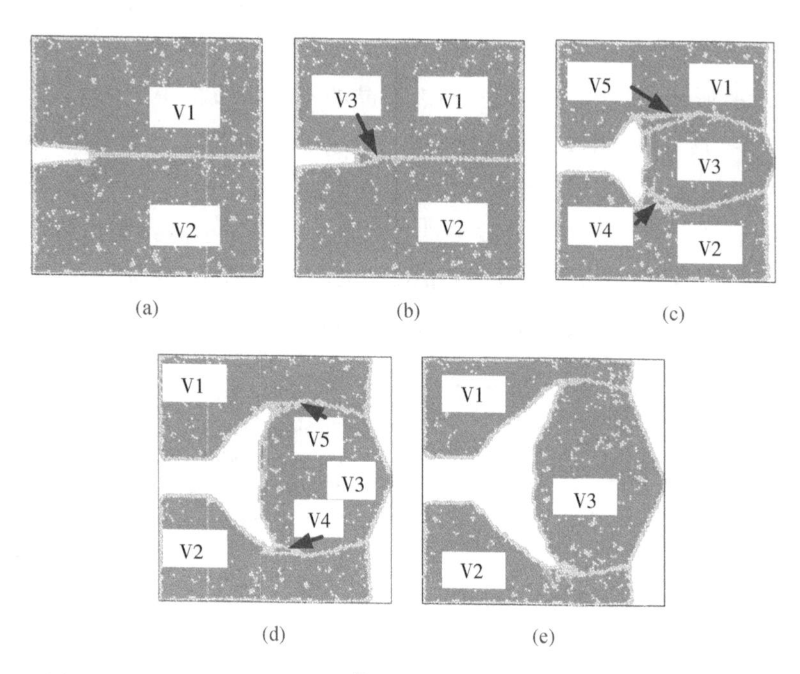

图 4-16　温度为 800 K 时{11$\bar{2}$2}双晶钛裂纹扩展期间原子构型的演变

(a)应变为 1.5%；(b) 应变为 2.7%；(c) 应变为 7.7%；(d) 应变为 12.3%；(e) 应变为 16.9%

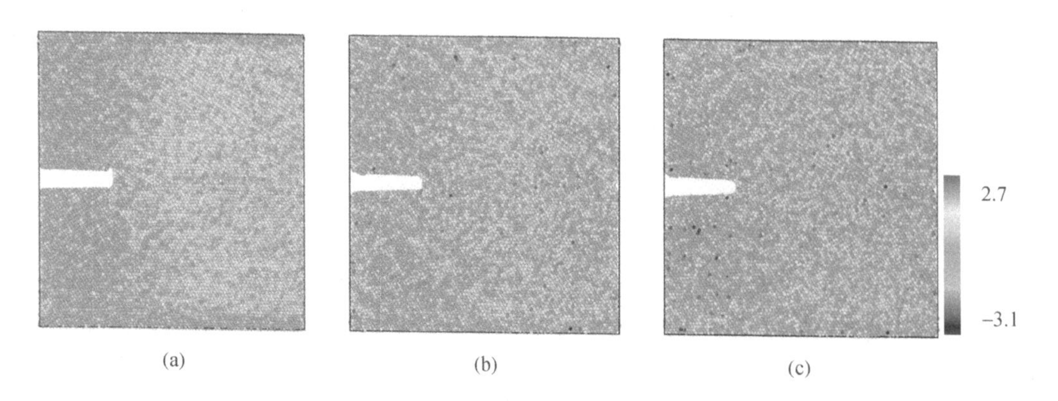

图 4-17　不同温度下{11$\bar{2}$2}双晶钛模型位于屈服点时的轴向应力分布

(a) 300 K；(b) 600 K；(c) 800 K

利用 DXA 分析 300 K、600 K 及 800 K 三种温度下材料位于屈服点时的位错分布，如图 4-18 所示。相比于{10$\bar{1}$2}双晶钛模型，{11$\bar{2}$2}双晶钛模型中几乎没有位错，孪晶界中并未生成混合位错，晶粒中并未生成 Burgers 矢量 1/3<1$\bar{1}$00>的位错，这表明{11$\bar{2}$2}双晶钛模型裂纹扩展塑性变形的主导因素并不是位错的形核运动，而是孪晶的形核增殖。然而，位错数量的减少使得{11$\bar{2}$2}孪晶界对裂纹扩展的阻碍作用下降，裂纹更易沿着孪晶界扩展。

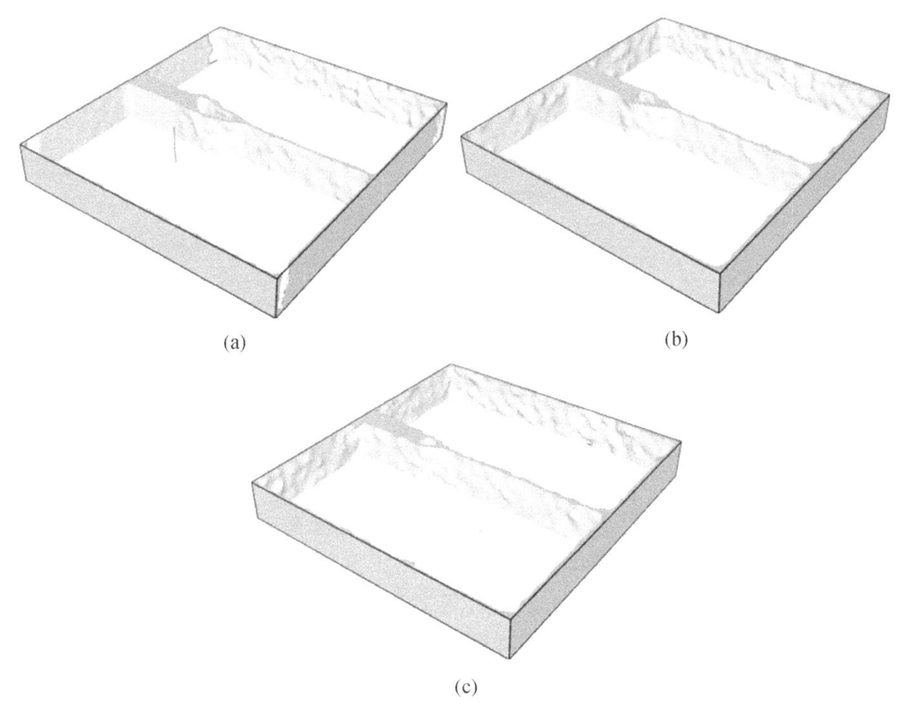

图 4-18　不同温度下$\{11\bar{2}2\}$双晶钛模型位于屈服点时的位错分布(见彩插)

(a) 300 K; (b) 600 K; (c) 800 K

表 4-4 给出了$\{11\bar{2}2\}$双晶钛模型不同温度下混合位错和 $1/3\langle 1\bar{1}00\rangle$型位错的数量和长度,可以发现混合位错和 $1/3\langle 1\bar{1}00\rangle$型位错的数量和长度基本为零,佐证了$\{11\bar{2}2\}$双晶钛模型的裂纹扩展变形是以孪晶形核增殖为主导的。

表 4-4　不同温度下$\{11\bar{2}2\}$双晶钛模型位于屈服点时位错的数量和长度

温度/K	混合位错		$1/3\langle 1\bar{1}00\rangle$型位错	
	数量/segs	长度/Å	数量/segs	长度/Å
300	0	0	1	31
600	0	0	0	0
800	0	0	0	0

4.4　$\{01\bar{1}0\}$双晶结构纳米孪晶钛裂纹扩展行为

4.4.1　仿真模型及控制条件

本节构建了含$\{01\bar{1}0\}$堆垛层错面的双晶钛模型。如图 4-19 所示,元胞晶粒的晶体取向沿 X、Y 和 Z 轴分别为$[0001]$,$[01\bar{1}0]$,$[2\bar{1}\bar{1}0]$,此时双晶结构模型孪晶面的晶面指数为$(01\bar{1}0)$。模型总尺寸沿 X、Y、Z 三轴为 18.74 nm×20.44 nm×2.95 nm。通过删除选定的原子，预置初始裂纹，裂纹尺寸沿 X、Y、Z 三轴为 4.68 nm×0.61 nm×2.95 nm。最终，含预置裂纹的双晶钛模型共有 63 600 个原子。

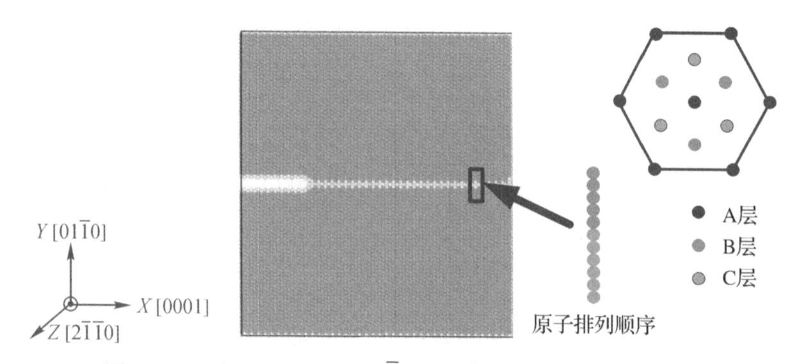

图 4-19　含预置裂纹的{01$\bar{1}$0}双晶钛模型原子结构示意图

建模完成后，弛豫处理中的各项参数的设定数值见表 4-1。图 4-20 所示为不同温度下，含预置裂纹的{01$\bar{1}$0}双晶钛模型弛豫过程中原子系统内总能量的变化。随着弛豫时间的增加，系统总能量不断上升，约 2 000 fs 后各温度下总能量变化曲线开始平缓，模型达到稳定状态。经过 15 000 fs 弛豫处理后，对模型进行单轴拉伸。拉伸仿真控制条件与 4.3 节一致，具体控制参数见表 4-2。

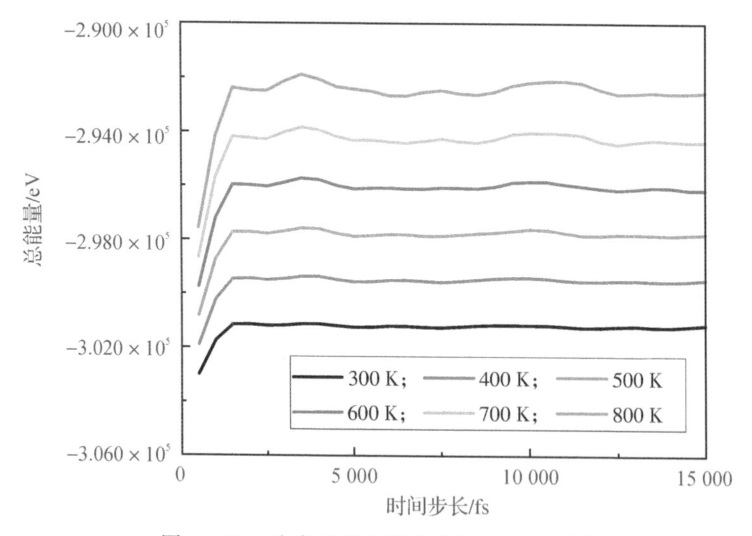

图 4-20　弛豫过程中模型总能量变化曲线

4.4.2　裂纹扩展仿真结果分析

图 4-21 显示了不同温度下沿{01$\bar{1}$0}方向单轴拉伸后双晶钛模型的应力-应变曲线。弹性变形阶段，弹性模量随温度的升高而降低。在塑性变形阶段，300 K 时材料的拉伸应力迅速下降，双晶钛模型无明显塑性变形，表现出脆性特征。当温度升高到 400 K 及以上时，尽管应力到达屈服点后同样发生了迅速下降，但在下降过程中应力数值不断回弹增大，双晶钛模型具有明显的塑性变形过程，因此温度的升高使得材料发生了脆韧转变。

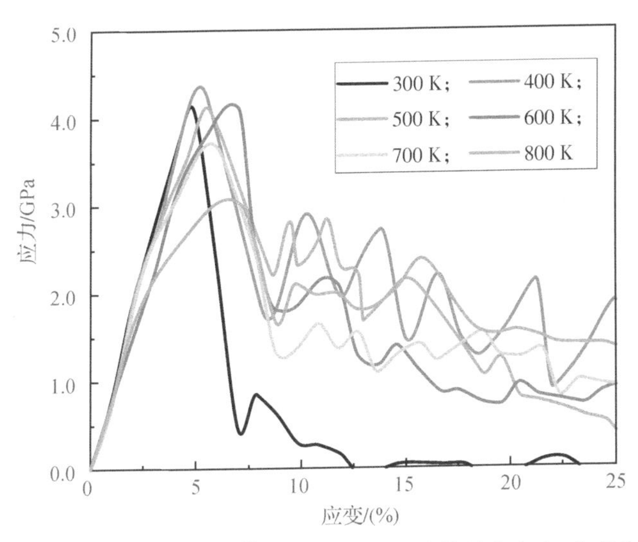

图 4－21　不同温度下{01$\bar{1}$0}双晶钛模型裂纹扩展的应力-应变曲线

图 4－22 显示了不同温度下屈服应力的变化。在 300～800 K，屈服应力分别为 4.08 GPa、4.20 GPa、4.09 GPa、4.113 GPa、3.68 GPa、2.99 GPa。在 300～600 K，温度对屈服应力没有明显影响。然而，在 600～800 K，屈服应力下降了 27.1%。同样选取 300 K、600 K和 800 K 三种温度下{01$\bar{1}$0}双晶钛模型的裂纹扩展变形过程进行 CNA 分析。

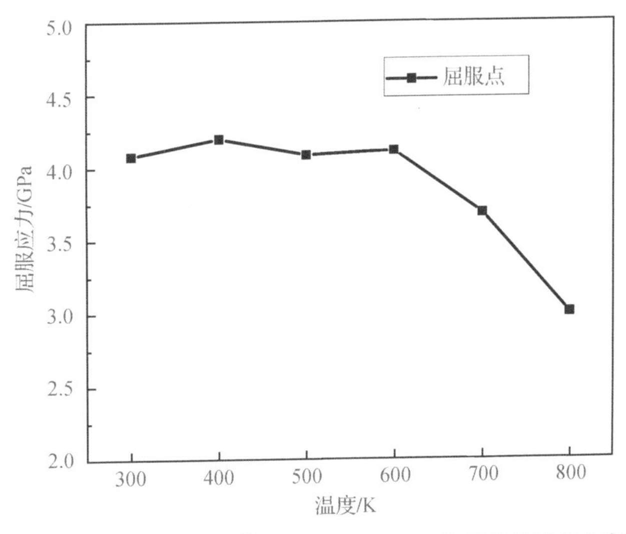

图 4－22　不同温度下{01$\bar{1}$0}双晶钛模型裂纹扩展的屈服应力变化

为了研究{01$\bar{1}$0}双晶钛模型在室温下裂纹扩展呈现脆性的原因，图 4－23 显示了温度为 300 K 时{01$\bar{1}$0}双晶钛模型裂纹扩展变形期间的微观结构演化过程。当应变为 2.5%时，如图 4－23(a)所示，弹性阶段模型受拉伸应力影响裂纹开口变大，开口截面呈楔形。当应变增加到 4.9%时，如图 4－23(b)所示，应力达到屈服点，此时裂纹开口变得尖锐，裂纹尖端前的局部晶界发生迁移，晶界上 Other 原子的排列变得更加随机。当应变上升到 5.4%时，如图 4-23(c)所示，裂纹尖端前方的晶界上形成了一个孔洞。孔洞的成核机制表明，当原子间的键合力由于外界环境因素的影响而消失时，原子间的化学键开始断裂，导致原子间的间隙变宽并逐渐形成空位，而随着外部环境影响的加剧，空位数量逐渐增多并发生明显的聚集，最终形成孔洞[189]。在此阶段，裂纹尖端愈加尖锐，裂纹尖端周围的原子排列更加无序。当应变增加为 6.1%时，如图 4-23(d)所示，裂纹尖端前方不断生成孔洞，加速了裂纹的扩展。裂纹尖端张开位移变大，裂纹尖端和表面不再平整。当应变为 6.5%时，如图 4-23(e)所示，位错从裂纹尖端发射到表面，导致颈缩和层错。在裂纹扩展的整个过程中，裂纹尖端几乎没有位错和层错，此时裂纹扩展受层错界面控制，表现出“脆性”特征。

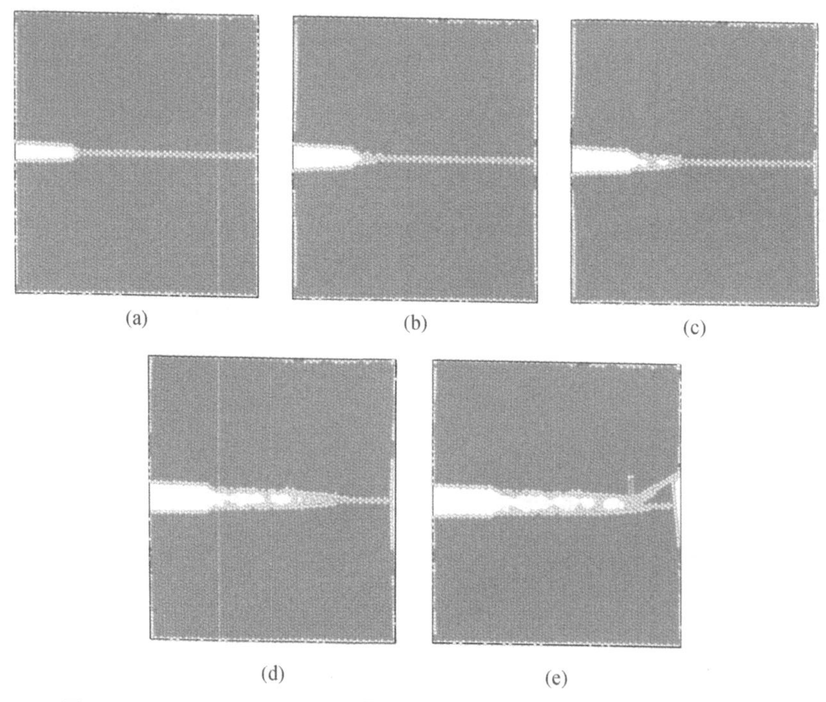

图 4-23 温度为 300 K 时$\{01\bar{1}0\}$双晶钛裂纹扩展期间原子构型的演变

(a)应变为 2.5%；(b) 应变为 4.9%；(c) 应变为 5.4%；(d) 应变为 6.1%；(e) 应变为 6.5%

图 4-24 显示了 600 K 时$\{01\bar{1}0\}$双晶钛模型裂纹扩展变形期间的微观结构演化过程。当应变为 2.5%时，如图 4-24(a)所示，可以发现，与 300 K 相比，600 K 时裂纹尖端和两个晶体内的原子在初始拉伸阶段变得更加无序。裂纹尖端的原子重新排列并偏离理想晶格结构。与原子的原始排列不同，裂纹尖端变形。当应变为 7.1%时，如图 4-24(b)所示，在裂纹尖端生成 Burgers 矢量 $1/3\langle 1\bar{1}00\rangle$位错及其伴随层错。当应变增加到 7.8%时，如图 4-24(c)所示，与 300 K 相比，600 K 时模型塑性变形过程中裂纹尖端存在更多的位错和层错。温度越高，裂纹尖端周围原子的无序排列程度越大，裂纹尖端越锋利。当应变增加到

11.5%时，如图4-24(d)所示，位错的形核增殖和位错间的相互作用相应增强，形成FCC相变。随着外加应变的增大，新的位错从FCC相变中形核。当应变为12.5%时，如图4-24(e)所示，晶粒内FCC相变逐渐加剧并与裂纹尖端FCC相变合并，同时FCC相变扩展导致晶界消失。

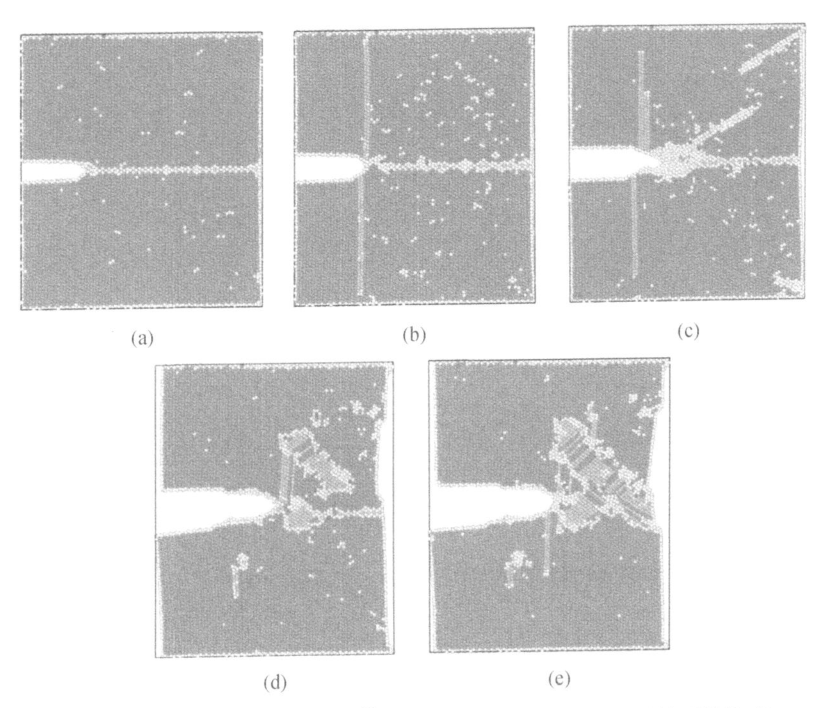

图4-24 温度为600 K时$\{01\bar{1}0\}$双晶钛裂纹扩展期间原子构型的演变

(a)应变为2.5%；(b) 应变为7.1%；(c) 应变为7.8%；(d) 应变为11.5%；(e) 应变为12.5%

图4-25显示了800 K时$\{01\bar{1}0\}$双晶钛模型裂纹扩展变形期间的微观结构演化过程。当应变为2.5%时，如图4-25(a)所示，与300 K和600 K相比，800 K时原子排列更加无序。同时，晶界受拉应力影响扭折迁移，其截面形状变为锯齿形。当应变为7.2%时，如图4-25(b)所示，裂纹尖端前方的扭结晶界消失。裂纹尖端和扭折晶界断裂处存在位错形核增殖。当应变增加到8.0%时，如图4-25(c)所示，位错再次在裂纹尖端发射，裂纹开始沿位错发射方向扩展。当应变为9.4%时，如图4-25(d)所示，裂纹尖端附近出现FCC相变。当应变为15.6%时，如图4-25(e)所示，裂纹尖端出现FCC相变并与晶粒中FCC相变合并，FCC相变中形成的位错塞积有效地阻碍了裂纹的扩展。

为了进一步分析温度上升导致$\{01\bar{1}0\}$双晶钛屈服强度下降的原因，图4-26显示了300 K、600 K及800 K三种温度下模型位于屈服点时拉伸方向的应力分布，单位为GPa。如图4-26(a)所示，300 K时应力集中存在于裂纹尖端处。如图4-26(b)所示，温度为600 K时，应力集中存在于裂纹尖端、位错和无序原子团处。如图4-26(c)所示，800 K时裂纹尖端的应力集中并不明显，应力集中主要位于晶界扭折断裂处、位错处和无序原子团处。

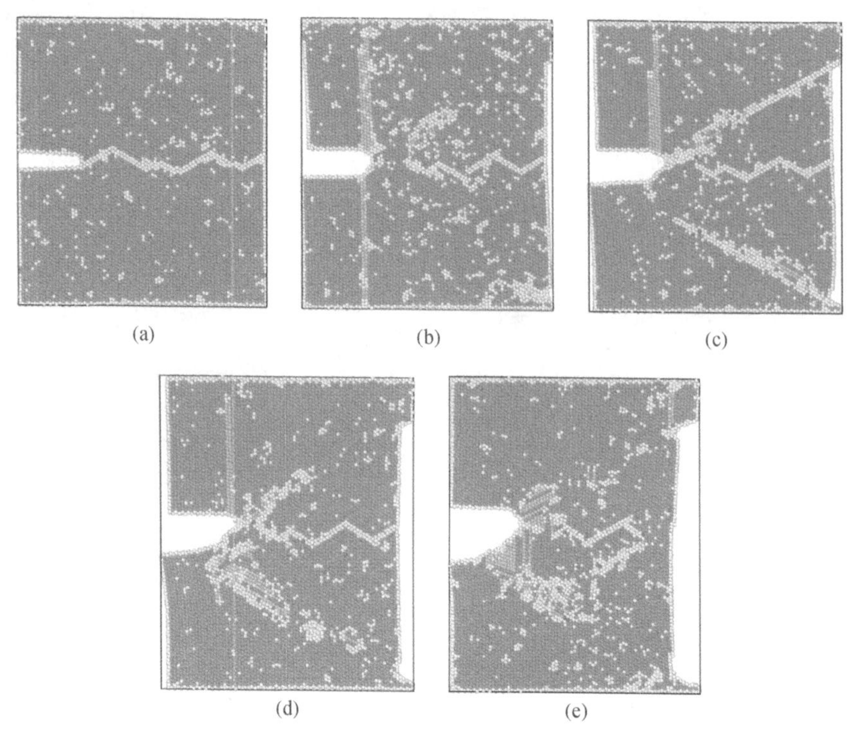

图 4-25　温度为 800 K 时{01$\bar{1}$0}双晶钛裂纹扩展期间原子构型的演变

(a)应变为 2.5%；(b) 应变为 7.2%；(c) 应变为 8.0%；(d) 应变为 9.4%；(e) 应变为 15.6%

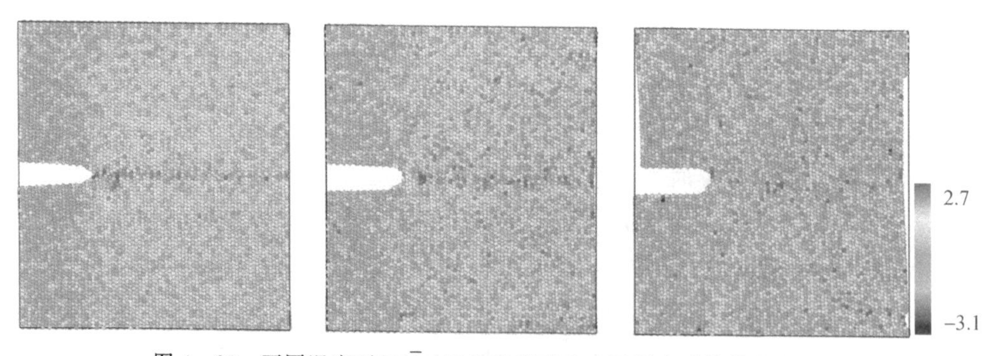

图 4-26　不同温度下{01$\bar{1}$0}双晶钛模型位于屈服点时拉伸应力分布

(a) 300K；(b) 600 K；(c) 800 K

利用 DXA 可以得到 300 K、600 K 及 800 K 三种温度下材料位于屈服点时的位错分布，如图 4-27 所示。图中黄色线段为 Burger 矢量 1/3<1$\bar{1}$00>位错，红色线段为混合位错。在 300 K 时，如图 4-27(a)所示，晶体表面存在 1/3<1$\bar{1}$00>型位错，然而晶体中没有位错等晶体缺陷，因此裂纹扩展表现出明显的脆性。在 600 K 时，如图 4-27(b)所示，位错由裂纹尖端发射，并不断运动到材料表面。在 800 K 时，如图 4-27(c)所示，除了位于层错顶部的位错之外，在晶界断裂处生成的无序原子团内出现了混合位错形核增殖。

表 4-5 给出了{01$\bar{1}$0}双晶钛模型不同温度下混合位错和 1/3<1$\bar{1}$00>型位错的数量

和长度。可以得知，随着温度的升高，位错的数量和长度均不断增加，预置层错界面内并不会生成位错塞积，混合位错主要形核于体积较大的无序原子团内，而 1/3<1$\bar{1}$00>型位错更倾向于在晶粒内部和表面形核增殖。

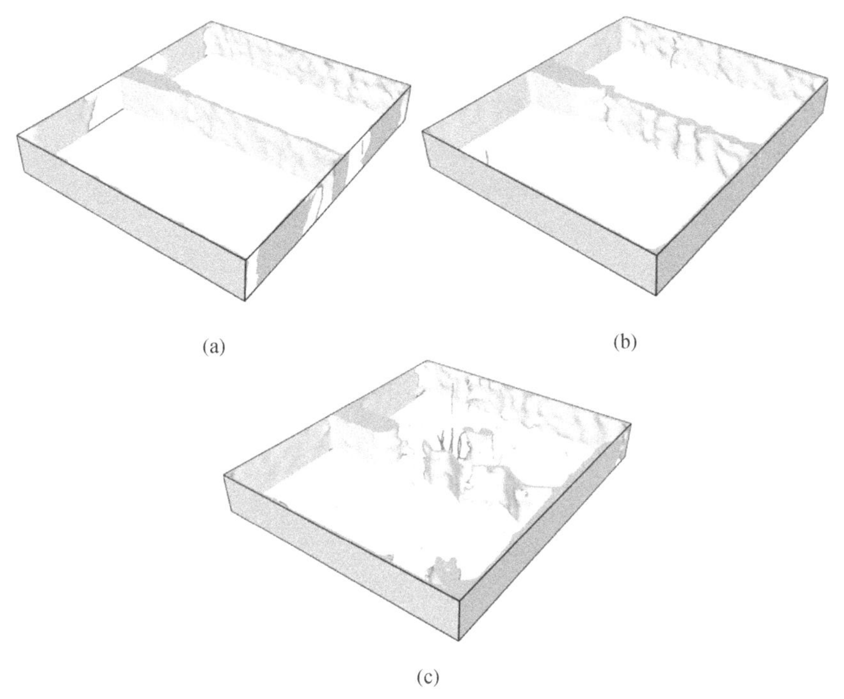

(a)　(b)　(c)

图 4-27　不同温度下{01$\bar{1}$0}双晶钛模型位于屈服点时的位错分布(见彩插)

(a) 300K；(b) 600 K；(c) 800 K

表 4-5　不同温度下{01$\bar{1}$0}双晶钛模型位于屈服点时位错的数量和长度

温度/K	混合位错		1/3<1$\bar{1}$00>型位错	
	数量/segs	长度/Å	数量/segs	长度/Å
300	0	0	2	64
600	0	0	3	68
800	11	236	5	95

4.5 小　　结

本节通过分子动力学方法分别研究了单轴拉伸下含预置裂纹的{10$\bar{1}$2}孪晶面、{11$\bar{2}$2}孪晶面和{01$\bar{1}$0}堆垛层错面的双晶结构纳米孪晶钛裂纹扩展的微观机理，得出如下结论。

(1)含{10$\bar{1}$2}孪晶面的纳米孪晶钛的裂纹扩展变形机制为：混合位错滑移导致的孪晶界迁移扭折和非混合位错形核增殖导致的 FCC 相变共同主导变形过程。不同温度下拉伸变形机制基本相似，然而随着温度的升高，弹性模量减小，屈服应变增大，模型内的原子活动更加剧烈，导致无序原子团的形核及孪晶界扭折的加剧。同时，模型内位错激活提前，位错密度升高。

(2)含$\{11\bar{2}2\}$孪晶面的纳米孪晶钛的裂纹扩展变形机制为:裂纹尖端孪晶形核增殖导致的孪晶界迁移和孪晶界空位间隙导致的裂纹沿晶界扩展共同主导变形过程,材料表现出明显的脆性。不同温度下模型单轴拉伸的变形过程基本相似,然而随着温度的升高,裂纹尖端处新的孪晶形核增殖需要的应变减小。

(3)含$\{01\bar{1}0\}$堆垛层错面的纳米孪晶钛的裂纹扩展在不同温度下表现为两种变形机制:在室温下,裂纹尖端处孔洞的形成加速了裂纹扩展,模型表现出脆性断裂行为。随着温度的升高,层错的湮灭、扭折和 FCC 相变的生成共同主导变形过程,模型裂纹扩展过程发生脆韧转变。

第5章 钛金属多晶结构裂纹扩展行为

5.1 引 言

第4章分析了晶界取向对纳米孪晶钛裂纹扩展的影响，而实际生产中纳米孪晶钛通常是以多晶结构存在的，复杂多样的孪晶界和晶界分布对纳米孪晶钛的力学性能，尤其是裂纹扩展机制，有着不可忽视的重要影响。首先，观察分析TC4-DT钛合金表面多晶结构的晶体形貌和应变分布。基于实验观察结果以及第3章中讨论的尺寸效应对纳米孪晶钛力学性能影响的研究结果，本章选择力学性能最优的模型，即平均晶粒尺寸为20 nm且平均孪晶片层厚度为5.0 nm的纳米孪晶钛，作为初始模型。其次，依据第4章研究成果，分别研究300 K、600 K和800 K三种典型温度下模型晶体表面裂纹和晶体内部裂纹对纳米孪晶钛裂纹扩展变形规律的影响，阐述多晶结构纳米孪晶钛裂纹扩展变形行为。

5.2 钛合金多晶微观组织实验分析

5.2.1 实验材料及方法

本节选取TC4-DT钛合金并进行激光冲击强化(Laser Shock Peening, LSP)，TC4-DT钛合金中的主要成分见表5-1。在进行LSP处理之前，首先，使用线切割法从板材上加工出尺寸为20 mm(轧制方向)×20 mm(横向)×6 mm(法线方向)的试样。其次，依次采用粒度为600#、800#、1 000#、1 200#、1 600#、2 000#的金相砂纸对切割试样的表面进行粗磨，随后使用金相磨抛机进行精磨。最后，试样表面接近镜面效果，如图5-1所示。

表5-1 钛合金TC4-DT中的主要成分

元素	Al	V	Fe	C	O	N
质量分数/(%)	5.60～6.30	3.60～4.40	0.25	0.05	0.03	0.03

对于打磨完成后的试样进行金相观察。首先把需要观测的表面浸入腐蚀液(氢氟酸∶硝酸∶水=1∶3∶10)中，腐蚀15 s。随后采用金相显微镜，对TC4-DT试样表面进行观测并拍摄光学形貌照片，如图5-2所示。试样中主要存在大面积的α相和针织状α′相，其中α′相在β相冷却时成核长大。

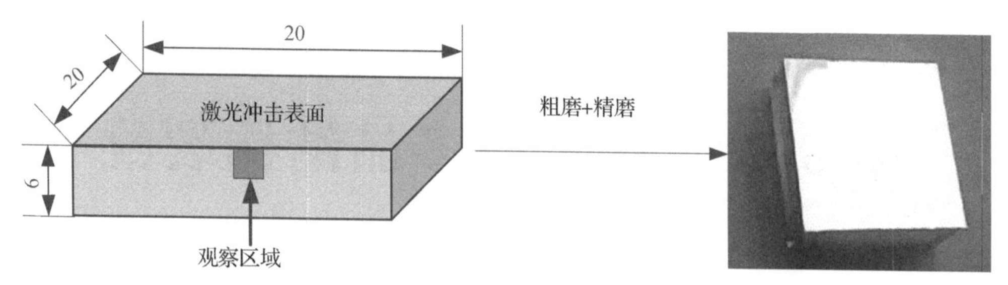

图 5-1　符合 LSP 处理要求的试样表面(单位:mm)

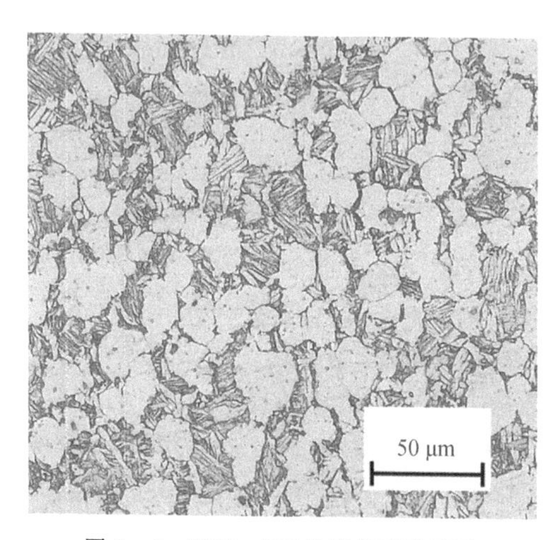

图 5-2　TC4-DT 的光学形貌照片

LSP 实验采用 YD60-R200B 型激光冲击强化设备。该设备工作频率为 1～5 Hz,波长为 1 064 nm,脉宽为 20 ns,最大输出能量为 6 J。本节的 LSP 主要技术参数设置见表 5-2。设计激光冲击路径如图 5-3(a)所示,LSP 处理后的试样表面形貌如图 5-3(b)所示,可以发现,材料表面粗糙度较大,但是塑性变形均匀。

表 5-2　LSP 主要技术参数设置

参　　数	参 数 值
温度/℃	25
光斑尺寸/mm	2.2
能量/J	3
搭接率/(%)	50

对 LSP 冲击后的试样进行切样(见图 5-1),观察区域尺寸为 6 mm×6 mm,厚度为 3 mm。依次进行镶样、打磨、机械抛光、电解抛光。图 5-4 所示分别为 LSP 处理后的初始试样表面和经过电解抛光后的试样表面,可以发现二者表面粗糙度区别明显。

试样表面微观组织观测采用了 SU3500 型钨灯丝扫描电子显微镜,如图 5-5 所示。仪器的主要规格及技术指标:第一,分辨率在 30 kV 下为 3 nm,在 3 kV 下为 7 nm。第二,扫描电子显微镜(SEM)放大倍数为 $5\sim3\times10^5$ 倍和 $7\sim8\times10^5$ 倍。第三,该设备配有牛津能谱和电子背散射衍射(Electron Backscattered Diffraction，EBSD)。

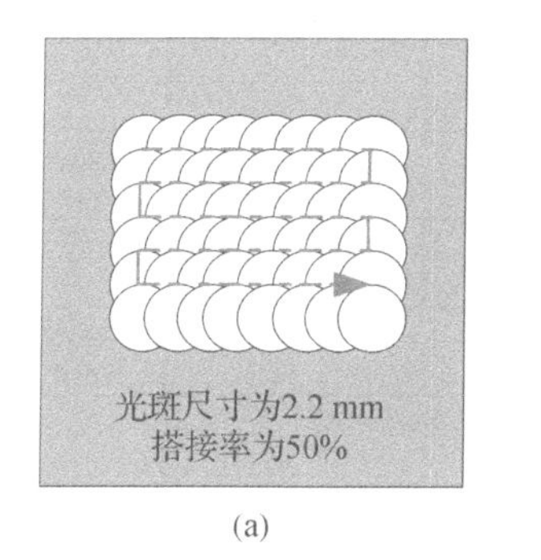

(a)

(b)

图5-3 LSP试样形貌

(a)冲击路径示意图；(b) LSP处理后的试样

图5-4 LSP处理后试样表面与电解抛光后试样表面

图5-5 SU3500型钨灯丝扫描电子显微镜

5.2.2 微观组织结构特征

图5-6和图5-7分别给出了原样和LSP处理后的TC4-DT钛合金的表面电镜形貌和EBSD。观察晶体形貌可以发现，相较于原样，LSP试样表层的晶粒尺寸分布更加均匀。

基于图 5-7(b)，图 5-8 给出了 LSP 试样的晶粒反极图(Inverse Pole Figures，IPF)。可以发现，靠近表面的晶粒更加细化，符合 LSP 处理的一般结果。同时可以观察到部分晶粒内部存在大量孪晶界和亚晶界等面缺陷。

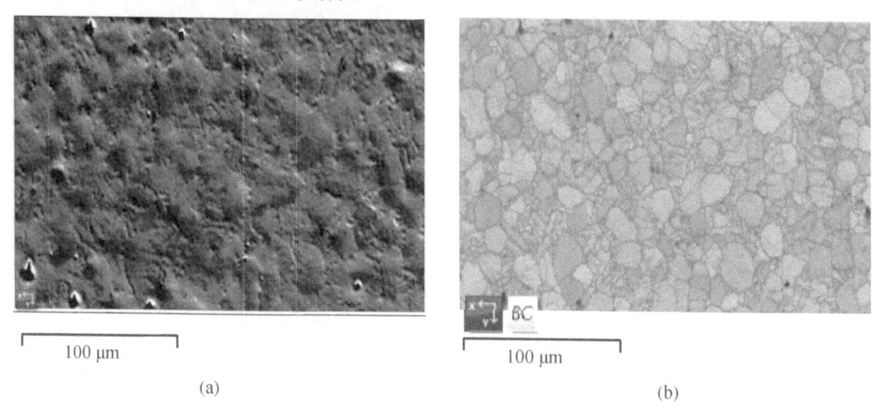

图 5-6　原样 TC4-DT 表面电镜形貌照片和 EBSD

(a)电子形貌照片；(b) EBSD

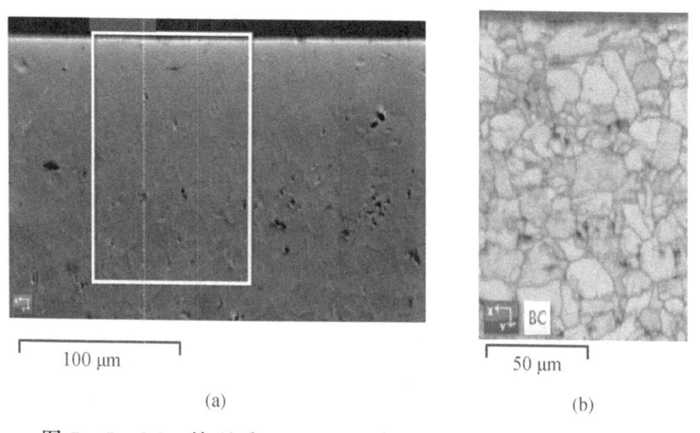

图 5-7　LSP 处理后 TC4-DT 表面电子形貌照片和 EBSD

(a)电子形貌照片；(b) EBSD

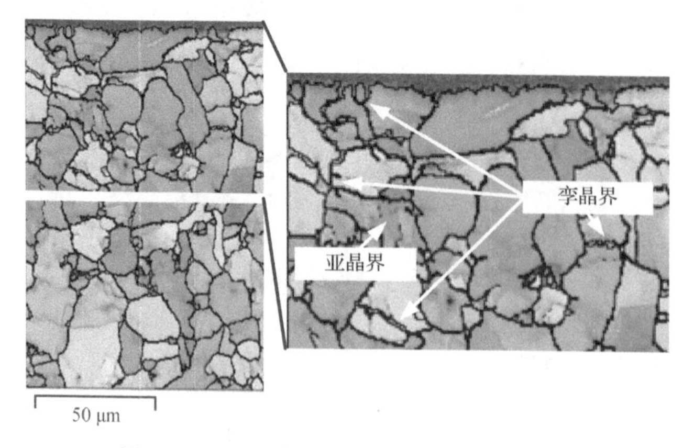

图 5-8　LSP 处理后 TC4-DT 的晶粒 IPF

图 5－9(a)～(c)分别显示了原样和 LSP 处理后试样的晶粒取向散布(Grain Orientation Spread, GOS)图及 LSP 处理后试样的平均取向差(Kernel Average Misorientation, KAM)图。首先,GOS 图显示了大部分晶粒的变形情况,其原理是通过测量晶格旋转程度确定晶粒的应变值。对比图 5－9(a)(b)可以看出,相较于原样,LSP 试样内部的晶粒变形程度更大。其次,KAM 值越大,代表塑性变形程度越大。对比图 5－9(b)(c)可以看出,3 J 能量冲击后试样的 KAM 图中塑性变形较大区域与 GOS 图中变形较大晶粒相互对应。结合图 5－8 可以发现,晶粒中应变集中区域主要位于孪晶界、亚晶界等缺陷处和晶界-缺陷、晶界-晶界交汇处。这些缺陷萌生和发展的过程是从纳观到宏观的跨尺度行为。然而,受限于原位观测实验设备的时间空间尺度,针对原子尺度缺陷演化及其对材料力学性能的影响机制,尚难以通过实验手段给出探究和解释。因此,本章后续将基于分子动力学方法建立钛金属多晶原子结构模型,开展裂纹扩展模拟,以揭示缺陷演化的原子尺度机制。

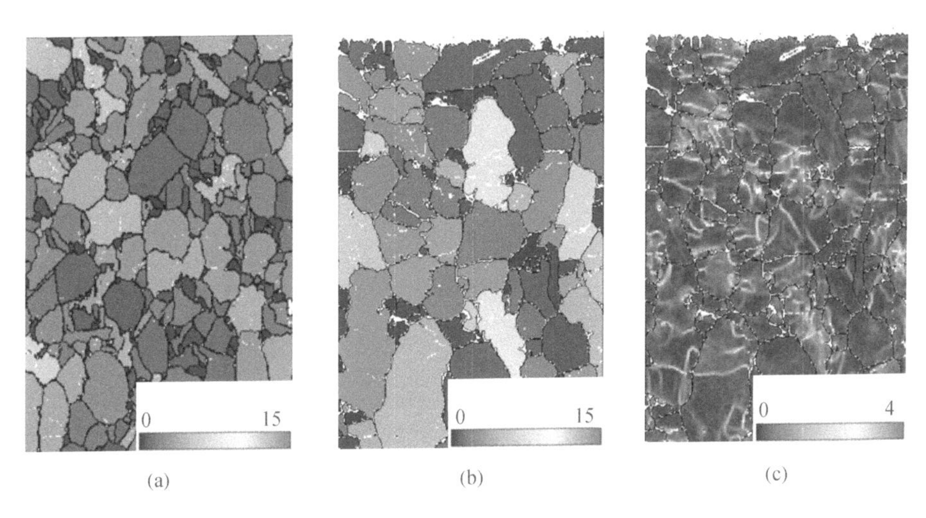

图 5－9　原样和 LSP 试样的 GOS 图和 KAM 图

(a) 原样 GOS 图;(b) LSP 试样 GOS 图;(c) LSP 试样 KAM 图

5.3　多晶结构纳米孪晶钛晶体表面裂纹扩展行为

5.3.1　仿真模型及控制条件

图 5－10 所示为晶体表面含预置裂纹的纳米孪晶钛原子结构示意图,平均晶粒尺寸为 20 nm 且平均孪晶片层厚度为 5.0 nm。晶体模型整体尺寸沿 X、Y、Z 轴均为 80 nm×60 nm×10 nm,同一晶体内$\{10\bar{1}2\}$和$\{11\bar{2}2\}$孪晶片层厚度基本相同。初始裂纹尺寸为 18 nm×5 nm×10 nm,模型内共有 2.70×10^{6} 个原子。

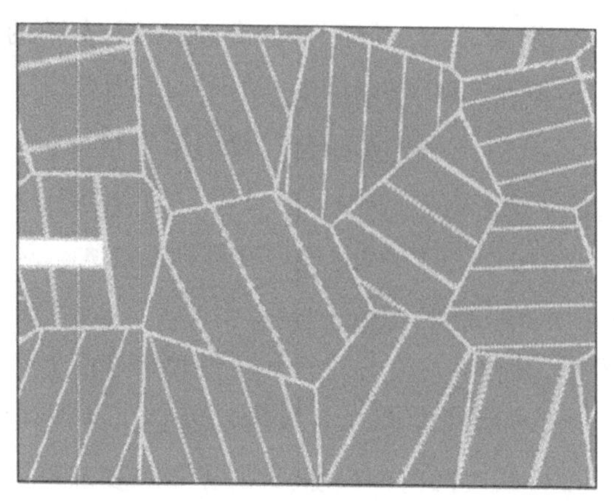

图 5-10　晶体表面含预置裂纹的纳米孪晶钛原子结构示意图

在单轴拉伸前首先进行弛豫处理，本节弛豫处理的各项仿真参数设定数值见表 5-3。

表 5-3　弛豫过程仿真参数

参　数	参 数 值
系综	NPT
系统温度/K	300、600、800
系统压强/Pa	0
弛豫时间/fs	15 000

图 5-11 所示为 5 种不同温度下纳米孪晶钛模型弛豫过程中原子系统内总能量的变化，可以看到能量变化趋势基本一致。随着弛豫时间的延长，系统总能量不断增大，2 500～2 700 fs 后各温度下总能量达到平衡状态。

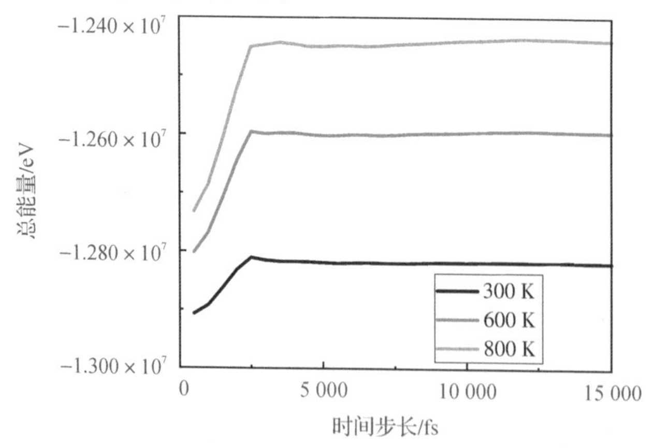

图 5-11　5 种不同温度下弛豫过程中模型的总能量变化曲线

弛豫结束后，以 $10^9\ s^{-1}$ 的应变速率沿 Y 轴方向对模型进行单轴拉伸，拉伸过程中原子系统的温度分别为 300 K、600 K 和 800 K。在整个模拟过程中，模型的 X 轴方向与 Y 轴拉伸方向采用非周期性边界，Z 轴方向设置为周期性边界条件，拉伸模拟单位时间步长为 1 fs。单轴拉伸过程中的具体参数见表 5-4。

表 5－4　单轴拉伸过程仿真参数

参　　数	参　数　值
系综	NVT
系统温度/K	300、600、800
应变率/s^{-1}	10^9
拉伸方向	Y 轴正向
最大拉伸应变/(%)	35
拉伸时间/fs	350 000

5.3.2　裂纹扩展仿真结果分析

图 5－12 给出了 300 K、600 K 和 800 K 下纳米孪晶钛晶体表面裂纹扩展过程的应力-应变曲线。可以看出，单轴拉伸载荷下，裂纹扩展过程大致相同，均包含弹性变形和塑性变形两个阶段。当材料经历弹性变形时，随着温度的升高，材料的弹性模量逐渐减小，这是由于温度上升加剧了系统内原子的热运动，原子间的相互吸引力降低。随着应变的增加，应力增大到屈服点后逐渐下降。在 300 K、600 K 和 800 K 下，屈服点对应的屈服应变分别为 3.9%、3.4%和 3.2%，屈服应力分别为 2.31 GPa、1.99 GPa 和 1.64 GPa，可以发现屈服应力和屈服应变均随着温度的升高而降低。进入塑性变形阶段，应力逐渐下降。相较于 600 K 和 800 K，300 K 时应力下降速度更快，代表此时裂纹扩展具有一定的脆性特征，随着温度升高，脆性降低，韧性升高。

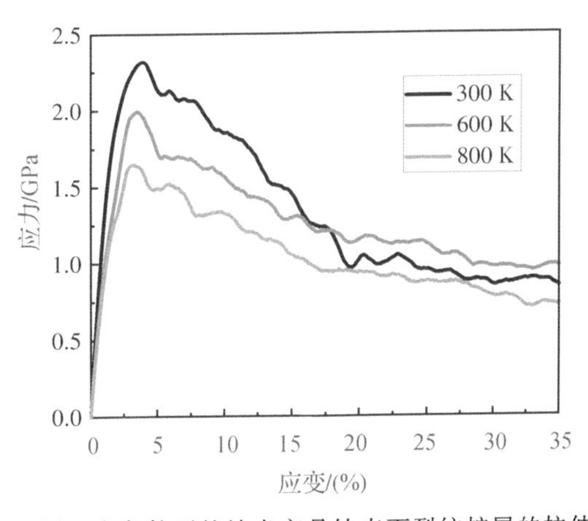

图 5－12　不同温度条件下的纳米孪晶钛表面裂纹扩展的拉伸力学性能

图 5－13 给出了温度为 300 K 时，单轴拉伸载荷下纳米孪晶钛晶体表面裂纹的扩展变形过程。当应变为 2.0%时，如图 5－13(a)所示，裂纹尖端两侧受到拉力并开始变形，裂纹开口变大。裂纹所处晶粒内部的孪晶界发生了明显的迁移、扩散和断裂现象。同时其余各个晶粒内均可以观察到少量 Burgers 矢量 1/3<$1\bar{1}00$>位错在孪晶界迁移扭折处和孪晶界-晶界交汇处形核发射，并伴随层错的生成。当应变为 3.6%时，如图 5－13(b)所示，应力到

达屈服点。裂纹尖端产生部分位错,裂纹所处的晶粒内同时出现位错形核运动、孪晶界迁移断裂和无序原子团形核三种晶体缺陷运动。随着位错逐渐运动至孪晶界和无序原子团,位错相互缠结产生应力集中。应力集中造成各缺陷附近 HCP 原子的排列方式改变,进而导致无序原子团的体积增大。其余完整晶粒内,当位错滑移到晶界处时,晶界对位错的运动产生阻碍作用,令其无法穿过晶界继续滑移。当应变大于 3.8%时,纳米孪晶钛裂纹扩展进入塑性变形阶段。当应变为 7.9%时,如图 5-13(c)所示,裂纹尖端和晶体表面均发生明显的塑性变形。裂纹尖端两侧出现位错及其伴随层错大量形核增殖,导致孪晶界的迁移湮灭和位错塞积。晶体内其余晶粒中位错及其伴随层错形核增殖剧烈,而层错逐渐集中并形成 FCC 相变。这些晶体缺陷结构逐渐产生应力集中并促进无序原子团的生成。无序原子团处原子排列具有不稳定性,从而导致原子间隙的生成,而裂纹尖端因无序原子团的生成变得尖锐。当应变为 17.6%时,如图 5-13(d)所示,裂纹尖端前方的晶界内原子间隙不断聚集生成孔洞。随着应变的增大,孔洞沿着晶界生长,扩大成为新的子裂纹。当应变为 27.3%时,如图 5-13(e)所示,主裂纹冲破晶界势垒并扩展至子裂纹处,两种裂纹发生合并,形成开口更大且更尖锐的新裂纹,同时裂纹开口由于应力集中生成一层无序原子。当应变为 33.6%时,如图 5-13(f)所示,裂纹开口加大,然而裂纹尖端由于位错阻滞效应扩展缓慢,新的孔洞在模型内部晶界上生成。综上,室温环境下纳米孪晶钛表面裂纹扩展机制可总结为沿晶界脆性断裂。

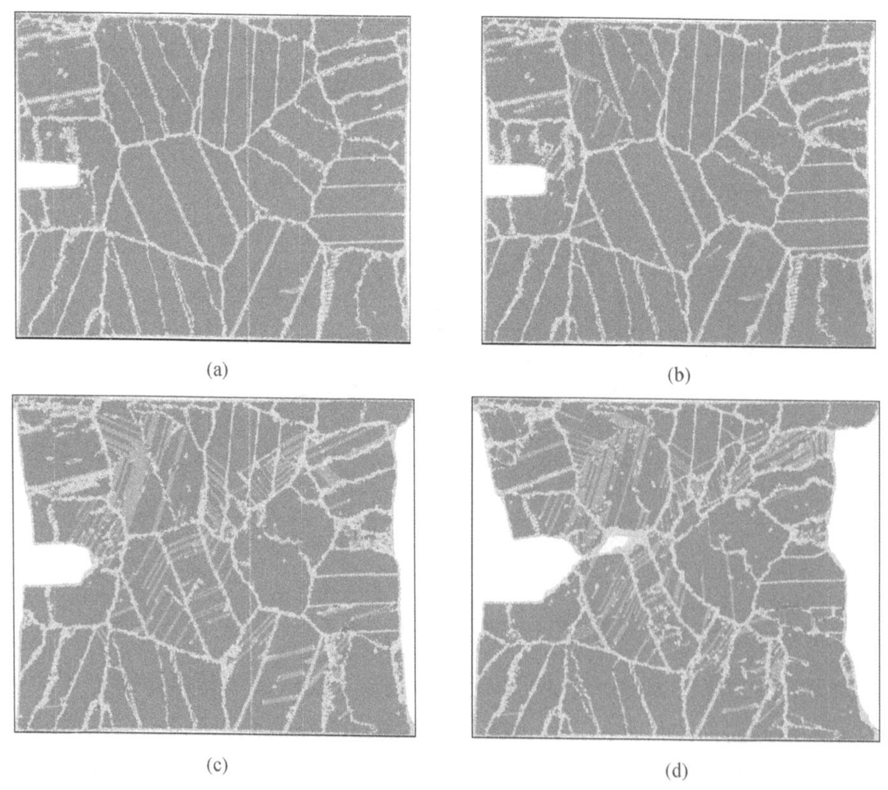

图 5-13 温度为 300 K 时纳米孪晶钛晶体表面裂纹的扩展变形过程

(a) 应变为 2.0%;(b) 应变为 3.6%;(c) 应变为 7.9%;(d) 应变为 17.6%

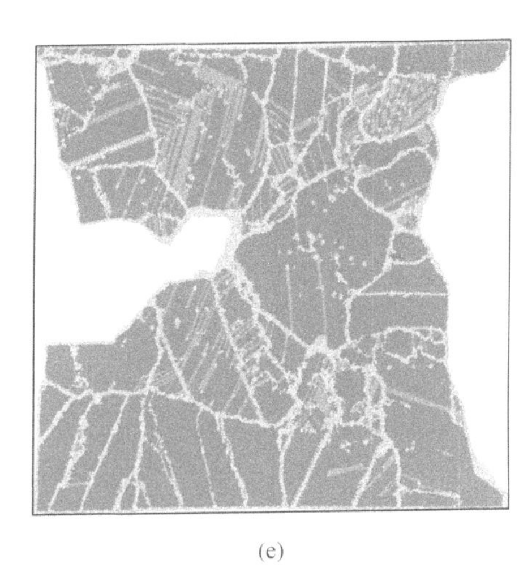

(e)

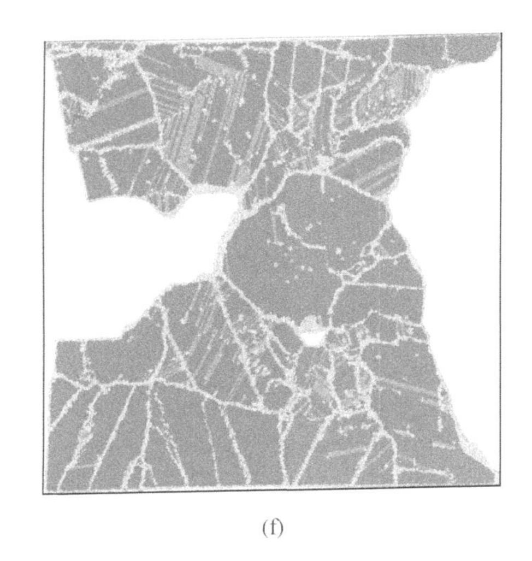

(f)

续图 5-13 温度为 300 K 时纳米孪晶钛晶体表面裂纹的扩展变形过程

(e) 应变为 27.3%;(f) 应变为 33.6%

图 5-14 给出了温度为 600 K 时,在单轴拉伸载荷下纳米孪晶钛晶体表面裂纹的扩展变形过程。当应变为 2.0%时,如图 5-14(a)所示,Burgers 矢量 $1/3\langle 1\bar{1}00\rangle$ 位错在裂纹尖端处、孪晶界、孪晶界-晶界交汇处形核发射,部分孪晶界和晶界迁移扩散。当应变为 3.4%时,如图 5-14(b)所示,应力到达屈服点。裂纹尖端生成位错及其伴随层错,同时部分位错发生相互缠结。可以发现,300 K 与 600 K 下纳米孪晶钛晶体表面裂纹扩展的弹性阶段变形基本相同,然而随着温度的升高,裂纹尖端的无序原子团数目增多,微观组织演化也更为复杂。当应变为 7.9%时,如图 5-14(c)所示,裂纹扩展过程已经进入塑性变形阶段。裂纹尖端前方出现大量取向一致的层错组织,同时晶粒内密集的位错形核运动导致其伴随层错集中生成 FCC 相变。当应变为 17.6%时,如图 5-14(d)所示,裂纹开口继续增大。然而与 300 K 不同,裂纹尖端运动方向前方的晶界上并未因应变的增加生成孔洞。此时,裂纹尖端扩展不仅受到位错缠结的阻碍,同时受到高势垒状态晶界的阻碍。位错缠结和晶界势垒二者的共同阻碍作用致使裂纹尖端钝化。当应变继续增大到 27.3%和 33.6%时,如图 5-14(e)(f)所示,可以看到裂纹开口不断增大,裂纹尖端和两侧楔形表面发生蠕变,裂纹扩展受阻严重,但是仍保持沿着晶界扩展的趋势。

图 5-15 给出了温度为 800 K 时,在单轴拉伸载荷下纳米孪晶钛晶体表面裂纹的扩展变形过程。对比可知,在 800 K 与 600 K 两种高温环境中,裂纹扩展变形过程基本一致。当应变小于 3.2%时,如图 5-15(a)(b)所示,裂纹扩展变形处于弹性变形阶段,裂纹上下两侧受力变形导致开口扩张,孪晶界迁移、扩散和断裂,位错及其伴随层错形核增殖。当应变大于 3.2%时,如图 5-15(c)~(f)所示,裂纹扩展变形进入塑性阶段。相较于 300 K 时裂纹发生的脆性断裂,在 600 K 和 800 K 等高温环境下,裂纹扩展前方的晶界上不再产生孔洞,取而代之的是位错缠结和晶界势垒对裂纹扩展的阻碍作用,提高了材料的韧性。模型内孪晶

界、晶界周围的原子活动更加剧烈，HCP 晶格向 FCC、BCC、Other 等其他晶格的变形更加剧烈，易于产生晶界迁移和晶粒旋转现象，导致材料的弹性模量、屈服强度均减小。裂纹受阻后，裂纹尖端发生钝化进一步延缓裂纹扩展，裂纹开口两侧发生蠕变。可以发现，虽然裂纹扩展受阻，但其裂纹扩展的总体方向依然受到晶界路径的影响。因此，高温环境下纳米孪晶钛表面裂纹扩展机制可总结为沿晶界蠕变断裂。

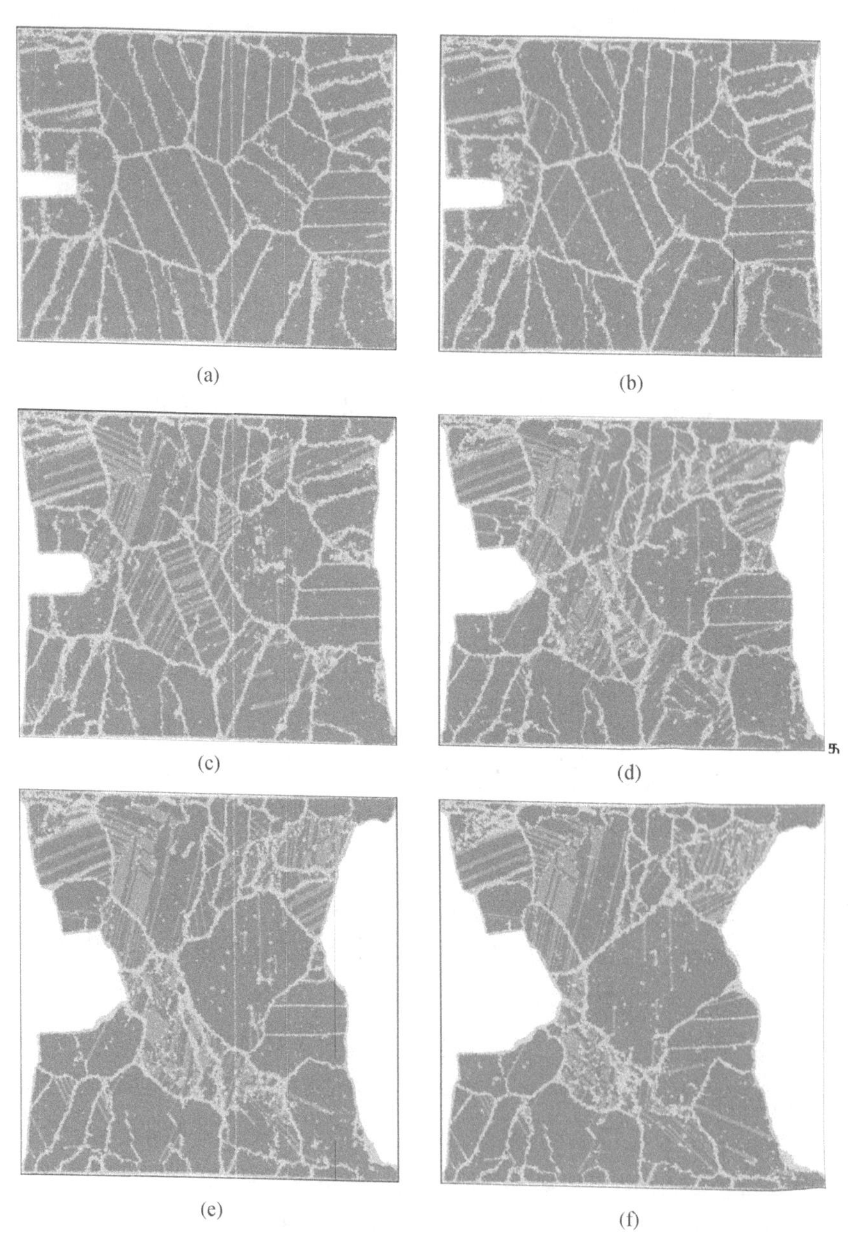

图 5-14　温度为 600 K 时纳米孪晶钛晶体表面裂纹的扩展变形过程

(a) 应变为 2.0%；(b) 应变为 3.4%；(c) 应变为 7.9%；(d) 应变为 17.6%；(e) 应变为 27.3%；(f) 应变为 33.6%

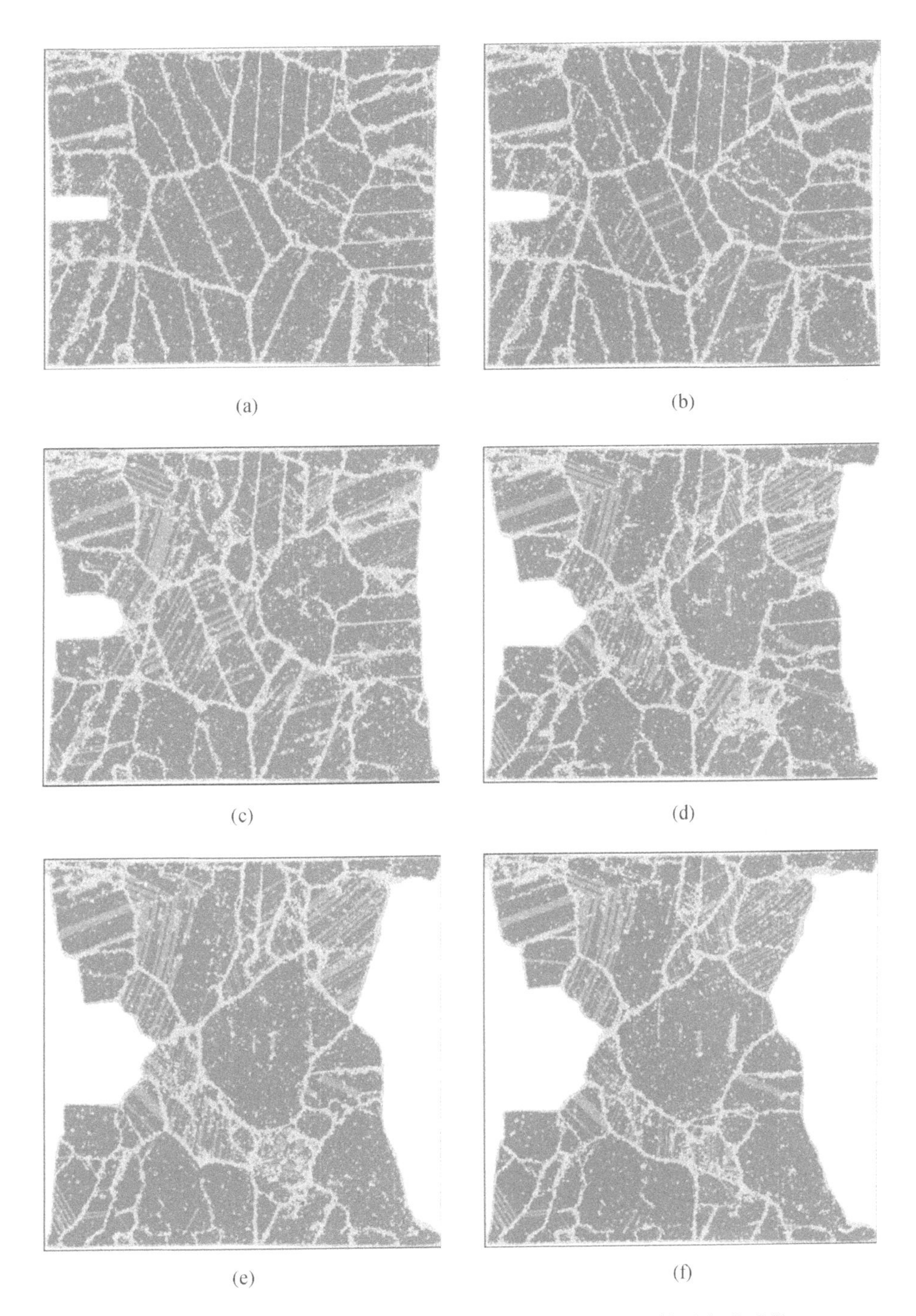

图 5－15　温度为 800 K 时纳米孪晶钛晶体表面裂纹的扩展变形过程

(a) 应变为 2.0%；(b) 应变 3.2%；(c) 应变为 7.9%；(d) 应变为 17.6%；(e) 应变为 27.3%；(f) 应变 33.6%

如图 5－16 所示，采用 DXA 对 300 K、600 K 和 800 K 下晶体表面裂纹扩展变形位于屈服点时的模型内位错类型进行分析。

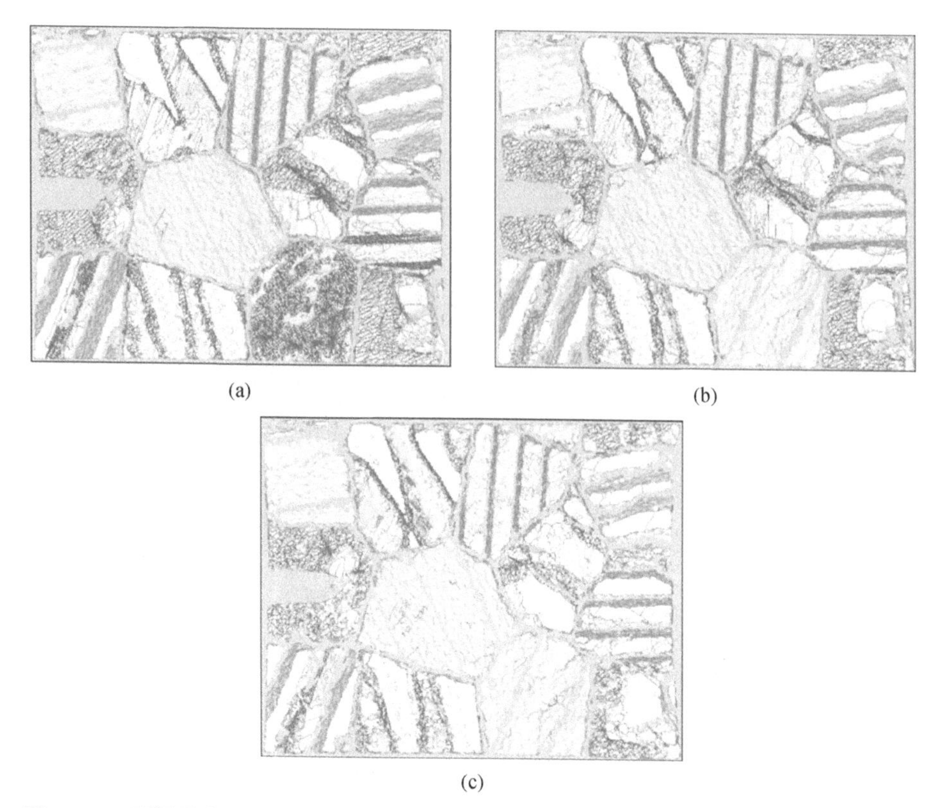

图 5-16　不同温度下纳米孪晶钛晶体表面裂纹扩展位于屈服点时位错结构分布(见彩插)

(a) 300 K;(b) 600 K;(c) 800 K

模型内主要存在 6 种晶向族的位错类型,分别为 $1/3\langle 1\bar{2}10\rangle$(绿色)、$\langle 0001\rangle$(藏青色)、$\langle 1\bar{1}00\rangle$(粉色)、$1/3\langle 1\bar{1}00\rangle$(橙色)、$1/3\langle 1\bar{2}13\rangle$(黄色)5 种非混合位错和混合位错(红色)。位错形核增殖位置主要集中于裂纹开口两侧、裂纹尖端、孪晶界、晶界-孪晶界交汇处等应力集中区域,这些区域内能量较高,原子活动剧烈。随着温度的升高,裂纹尖端处位错形核增殖减少,这是由于热效应不仅影响着位错形核,同时影响着位错湮灭,位错形核是在有限温度下热激活的[190]。位错缠结的减少使得晶体对裂纹初步扩展的阻碍作用下降,导致屈服应变随温度的升高而逐渐减小。同时,室温脆性断裂比高温蠕变断裂需要克服更大的应力,因此屈服应力随温度提升逐渐减小。

5.4　多晶结构纳米孪晶钛晶体内部裂纹扩展行为

5.4.1　仿真模型及控制条件

图 5-17 所示为晶体内部含预置裂纹的纳米孪晶钛原子结构示意图,平均晶粒尺寸为 20 nm 且平均孪晶片层厚度为 5.0 nm。模型尺寸沿 X、Y、Z 轴均为 80 nm×60 nm×10 nm,同一晶体内$\{10\bar{1}2\}$和$\{11\bar{2}2\}$孪晶片层厚度基本相同。初始裂纹尺寸设置为18 nm×5 nm×10 nm,模型内共有 2.70×10^6 个原子。

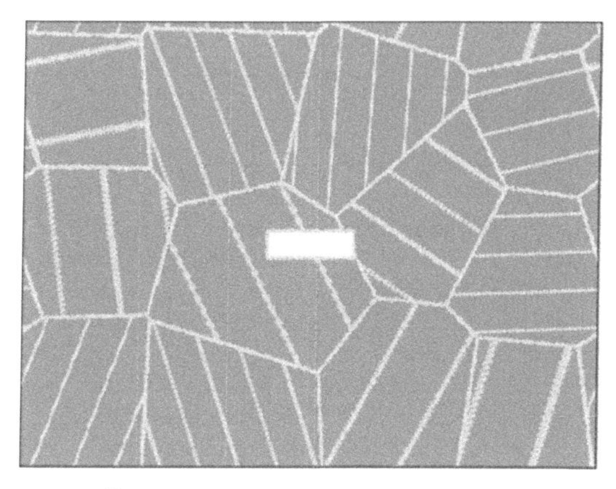

图5-17 晶体内部含预置裂纹的纳米孪晶钛原子结构示意图

在单轴拉伸前首先进行弛豫处理,本节弛豫处理的各项参数设定数值见表5-3。图5-18所示为3种不同温度下纳米孪晶钛模型弛豫过程中原子系统内总能量的变化,可以看到能量变化趋势基本一致。随着弛豫时间的增加,系统总能量不断增大,2 500～2 700 fs后总能量达到最大值后开始减小,最终达到平衡状态。弛豫结束后对模型进行单轴拉伸,单轴拉伸过程中具体参数见表5-4。

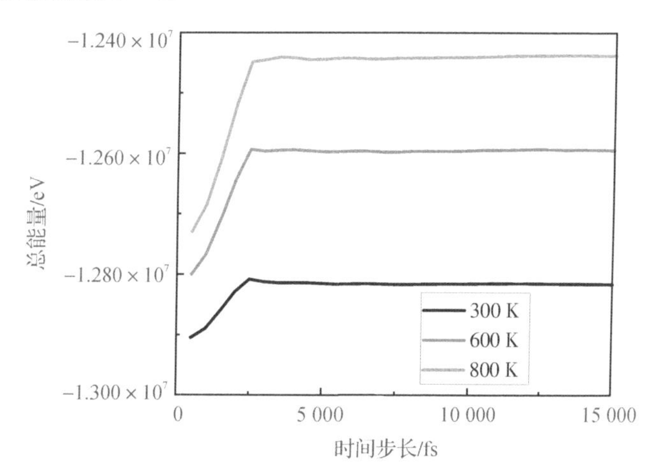

图5-18 不同温度下弛豫过程中模型的总能量变化曲线

5.4.2 裂纹扩展仿真结果分析

图5-19给出了300 K、600 K和800 K下纳米孪晶钛模型晶体内部裂纹扩展过程的应力-应变曲线。

可以看出,在拉伸载荷下纳米孪晶钛模型晶体内部裂纹扩展过程大致相同,均需经过弹性变形阶段和塑性变形阶段。在弹性阶段,随着温度的升高,材料的弹性模量逐渐减小。应力增大到屈服点后逐渐下降,屈服点对应的屈服应变值分别为3.2%、3%和2.8%,屈服应力分别为2.29 GPa、1.94 GPa和1.61GPa。进入塑性变形阶段,应力逐渐下降。300 K下应力下降速度快于600 K和800 K下的应力下降速度,材料表现出一定的脆性特征,而随着温度升高，材料脆性降低，韧性增大。

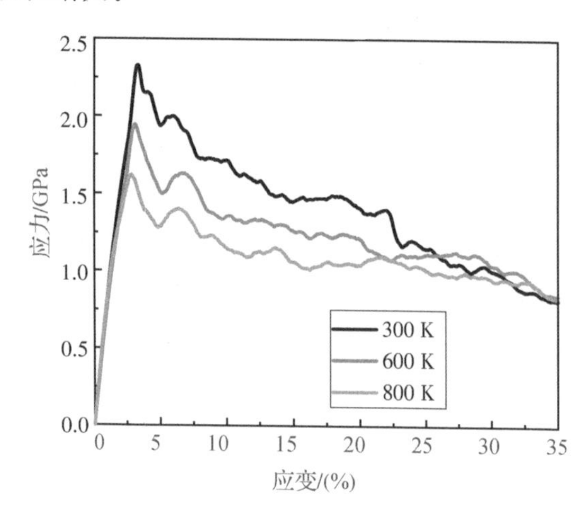

图 5-19　不同温度下的纳米孪晶钛晶体内部裂纹扩展的拉伸力学性能

图 5-20 给出了温度为 300 K 时，在单轴拉伸载荷下纳米孪晶钛晶体内部裂纹的扩展变形过程。当应变为 2.0%时，如图 5-20(a)所示，不同于晶体表面裂纹扩展，晶体内部裂纹的基本形貌，如裂纹尖端、裂纹开口等，并未发生明显变化。当应变为 3.2%时，如图 5-20(b)所示，应力到达屈服点。在裂纹左侧，裂纹尖端位于晶粒内部。可以看到，由于应力集中的影响，裂纹尖端生成少量位错及其伴随层错，同时位错运动被孪晶界阻碍。裂纹尖端附近 HCP 原子的排列方式发生改变，产生少量无序原子团。在裂纹右侧，裂纹尖端位于晶界上。由于沿着晶界发生脆性断裂需要更大的应力，因此裂纹尖端附近并未生成明显的缺陷结构。当应变大于 3.2%时，纳米孪晶钛裂纹扩展变形进入塑性阶段。当应变为 8.0%时，如图 5-20(c)所示，裂纹和表面发生明显塑性变形。在裂纹左侧，裂纹尖端及邻近的孪晶界上生成大量位错及其伴随层错，位错-位错、位错-孪晶界之间发生复杂的相互作用，进而造成位错缠结和无序原子团的产生，二者共同阻碍了裂纹的扩展。在裂纹右侧，可以观察到位错等缺陷结构的生成较少。裂纹右侧的无序原子团体积明显小于左侧的无序原子团体积，证明原子结构相对稳定。此时裂纹尖端大致沿着晶界扩展。当应变为 17.7%时，如图 5-20(d)所示，在初始裂纹左侧，裂纹尖端的扩展受阻严重，裂纹扩展演化为蠕变断裂。在初始裂纹右侧，裂纹逐渐沿晶界扩展，裂纹尖端变得尖锐。同时，晶界结构因应力集中导致稳定性降低，右侧裂纹尖端前方的晶界上出现孔洞，形成子裂纹。当应变为 27.5%时，如图 5-20(e)所示，在初始裂纹左侧，裂纹扩展依旧以蠕变为主。在初始裂纹右侧，主裂纹冲破晶界势垒扩展至子裂纹处，两者发生合并，形成开口更大、尖端更不规整且更尖锐的新裂纹。当应变为 33.5%时，如图 5-20(f)所示，在初始裂纹左侧，裂纹扩展至晶界，裂纹尖端逐渐尖锐。同时材料左侧自由表面塑性变形剧烈，可以看到裂纹萌生并出现沿晶界扩展的趋势。在初始裂纹右侧，裂纹依旧沿晶界扩展。

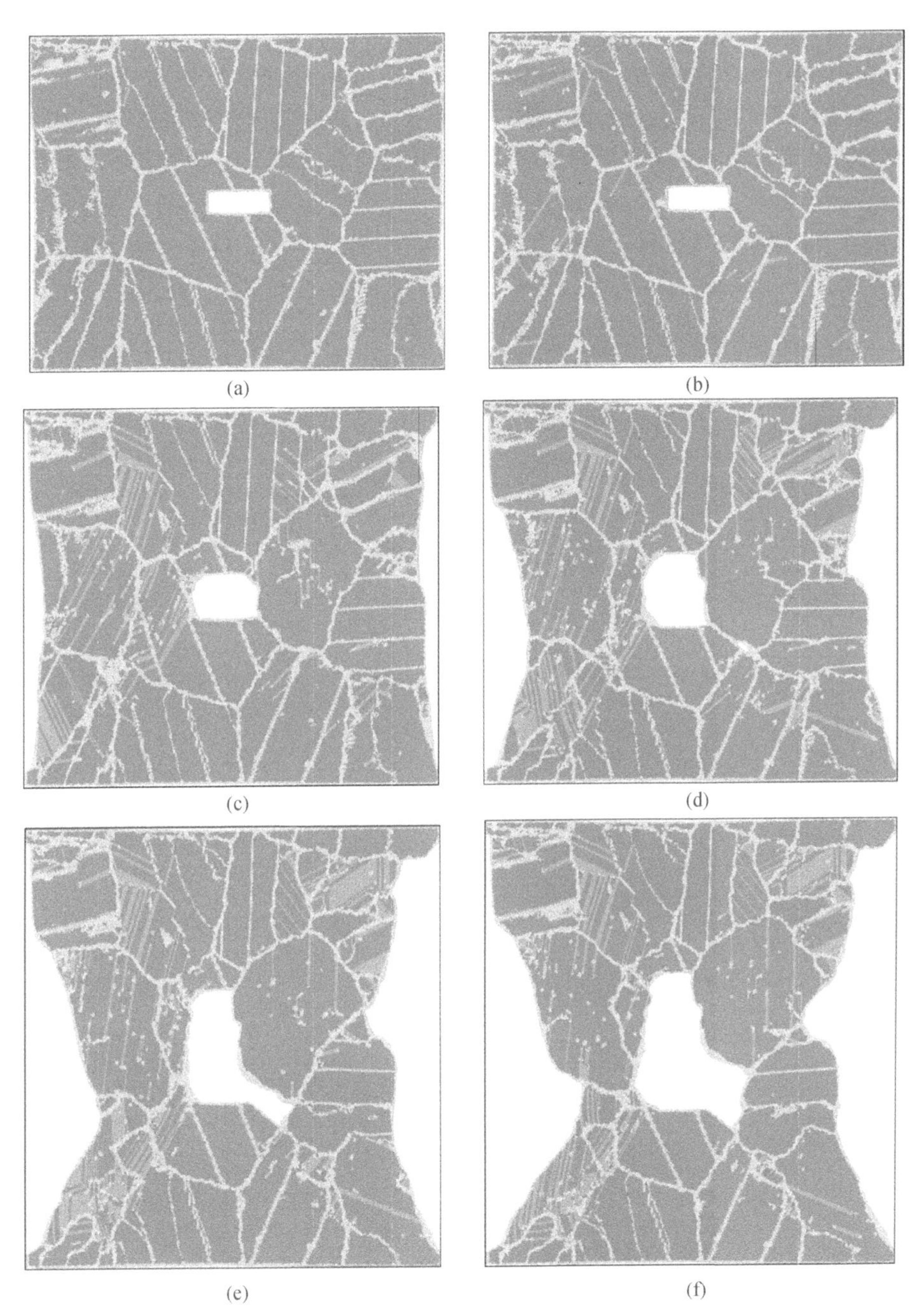

(a)　(b)　(c)　(d)　(e)　(f)

图 5 - 20　温度 300 K 时纳米孪晶钛晶体内部裂纹的扩展变形过程

(a) 应变 2.0%;(b) 应变 3.2%;(c) 应变 8.0%;(d) 应变 17.7%;(e) 应变 27.5%;(f) 应变 33.5%

图 5 - 21 给出了温度为 600 K 时,在单轴拉伸载荷下纳米孪晶钛晶体内部裂纹扩展变形过程。在弹性变形阶段,如图 5 - 21(a)(b)所示,与 300 K 时相比,600 K 时的裂纹左侧尖端产生更多的位错及其伴随层错,而裂纹右侧基本保持不变。当应变为 8.0%时,如图 5 - 21(c)所示,裂纹扩展过程进入塑性变形阶段。在裂纹左侧,裂纹尖端发生蠕变断裂。相

较于 300 K 时，600 K 时晶体内无序原子团体积增大，其中原子间隙、空隙导致裂纹尖端更为尖锐。在裂纹右侧，裂纹开始沿着晶界扩展。当应变为 17.7％时，如图 5－21(d)所示，裂纹开口继续增大，裂纹蠕变为更大的空洞。然而与 300 K 时不同，高温时晶界上并未因应变的增加而生成孔洞。此时，裂纹左侧尖端扩展受到位错缠结和孪晶界的阻碍发生蠕变，裂纹右侧尖端沿晶界迅速扩展。当应变继续增大到 27.5％和 33.5％时，如图 5－21(e)(f)所示，可以看到裂纹蠕变形成的孔洞继续增大，同时裂纹右侧趋于在位错缠结较少的晶界交叉点处扩展。

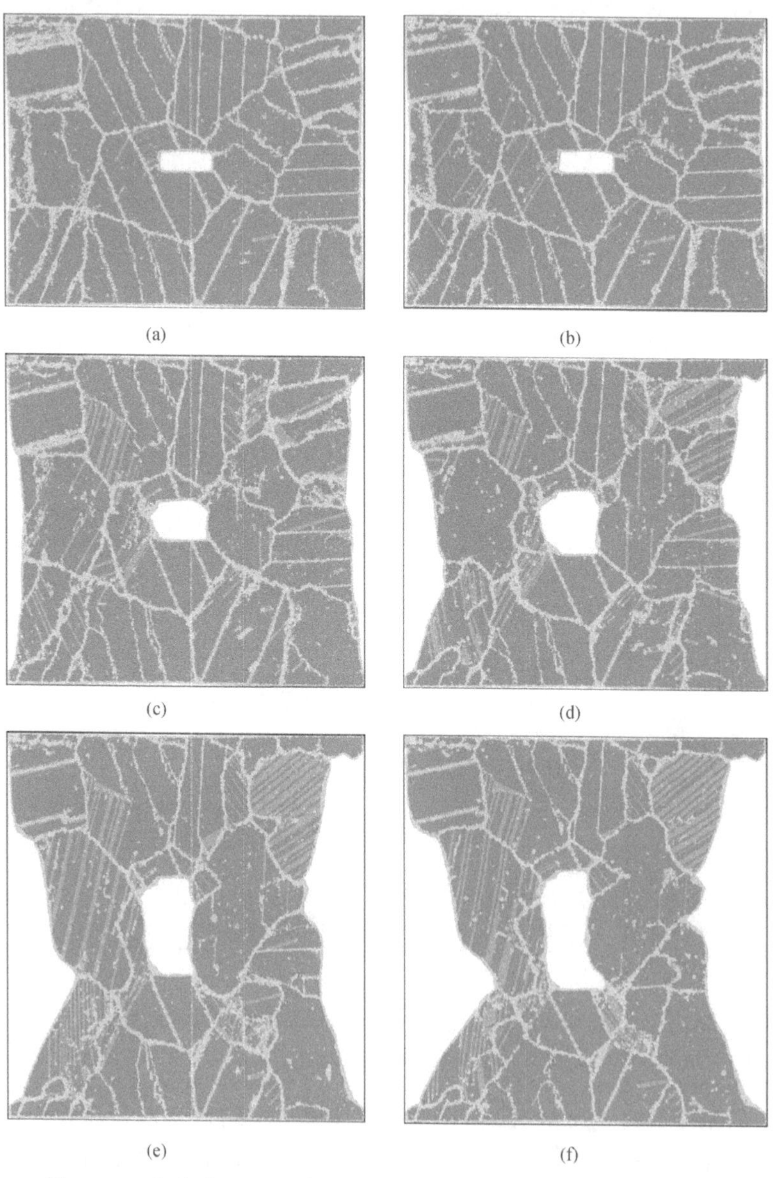

图 5－21　温度为 600 K 时纳米孪晶钛晶体内部裂纹的扩展变形过程

(a) 应变为 2.0％；(b) 应变为 3.0％；(c) 应变为 8.0％；(d) 应变为 17.7％；(e) 应变为 27.5％；(f) 应变为 33.5％

图 5 - 22 给出了温度为 800 K 时，在单轴拉伸载荷下纳米孪晶钛晶体内部裂纹的扩展变形过程。

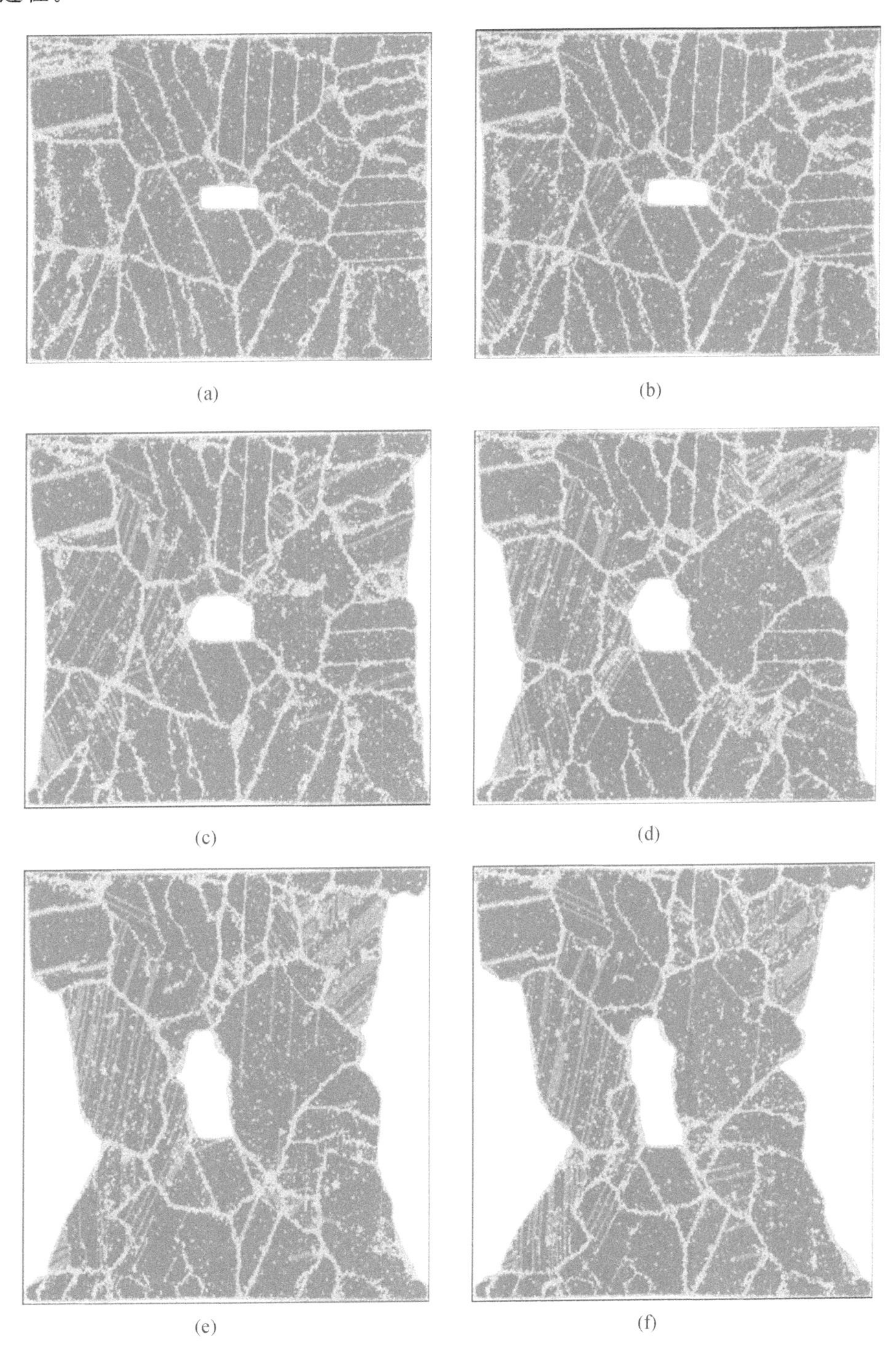

图 5 - 22　温度为 800 K 时纳米孪晶钛晶体内部裂纹的扩展变形过程

(a) 应变为 2.0%；(b) 应变为 2.8%；(c) 应变为 8.0%；(d) 应变 17.7%；(e) 应变为 27.5%；(f) 应变 33.5%

对比 800 K 与 600 K 两种高温环境中纳米孪晶钛晶体内部裂纹的扩展变形可知，两种情况下裂纹扩展过程基本一致。在弹性阶段，如图 5－22(a)(b)所示，裂纹扩展过程中裂纹尖端形状、开口大小基本保持不变，晶体内主要的微观组织变形为孪晶界迁移、扩散和断裂，位错及其伴随层错形核增殖。当应变大于 2.8%时，纳米孪晶钛晶体内部裂纹的扩展变形进入塑性阶段。相较于 300 K 时裂纹一端发生脆性断裂而另一端发生蠕变断裂的现象，高温环境下裂纹两端的扩展均以蠕变断裂为主。如图 5－22(c)～(f)所示，裂纹扩展过程中晶界不再产生孔洞，使材料发生脆性断裂，位错缠结和孪晶界的阻碍作用致使裂纹逐渐蠕变为孔洞。因此，高温环境下纳米孪晶钛晶体内部裂纹的扩展机制可总结为沿晶界蠕变断裂。

如图 5－23 所示，采用 DXA 对 300 K、600 K 和 800 K 三种温度下纳米孪晶钛晶体内部裂纹扩展变形进行到屈服点时的位错类型进行分析。

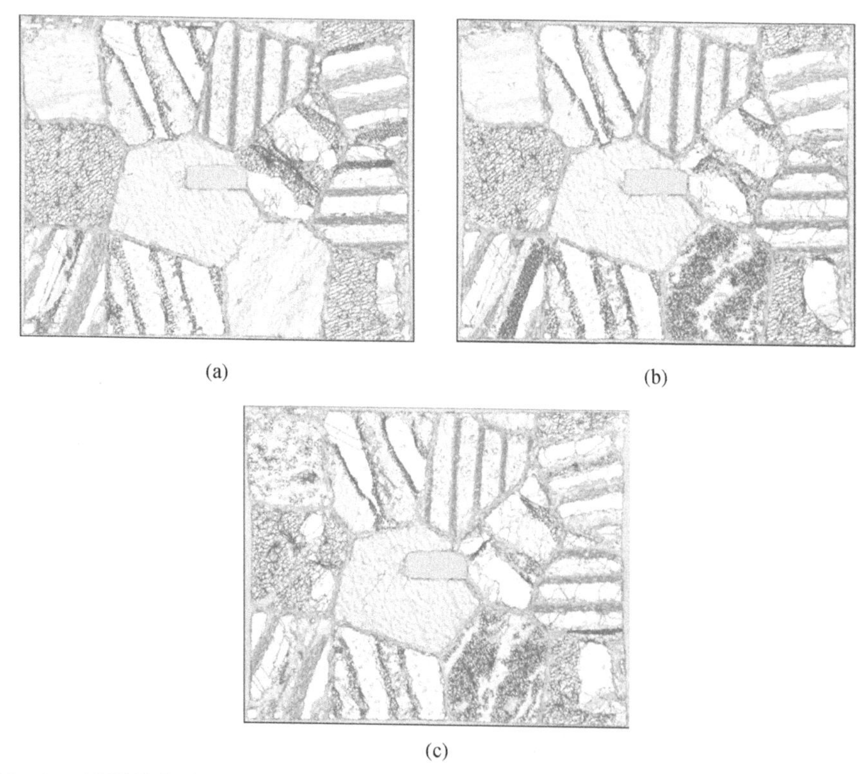

图 5－23　不同温度时纳米孪晶钛晶体内部裂纹扩展位于屈服点时的位错结构分布(见彩插)

(a) 300 K；(b) 600 K；(c) 800 K

模型内主要存在 6 种晶向族的位错类型，分别为 $1/3\langle 1\bar{2}10\rangle$(绿色)、$\langle 0001\rangle$(藏青色)、$\langle 1\bar{1}00\rangle$(粉色)、$1/3\langle 1\bar{1}00\rangle$(橙色)、$1/3\langle 1\bar{2}13\rangle$(黄色)5 种非混合位错和混合位错(红色)。可以看到，位错形核增殖位置主要集中于裂纹开口两侧、裂纹尖端、孪晶界、晶界-孪晶界交汇处等应力集中区域，应力集中区域内能量较高，原子活动剧烈，易于位错的形核。不同温度下裂纹左侧尖端处位错形核数量变化不大，但是高温时位错更易穿过孪晶界面继续运动，这是由于热效应影响着孪晶界的稳定性，进而影响了其对位错运动和裂纹扩展的阻碍作用。同时，温度的升高导致裂纹右侧尖端相邻的晶界处无序原子团增多。这些因素共同导致屈服应变随着温度的升高而减小。另外，由于室温时脆性断裂比高温蠕变断裂需要克服更大的应力，因此屈服应力随温度的升高而减小。

5.5 小 结

本章采用分子动力学方法分别模拟了不同温度下纳米孪晶钛金属中晶体表面裂纹和晶体内部裂纹单轴拉伸后的扩展行为，可以得到以下结论。

(1)针对晶体表面裂纹扩展，研究结果表明：室温下表面裂纹的扩展行为以脆性断裂为主，裂纹初始扩展时首先受到位错缠结的阻碍作用，随后裂纹尖端扩展至晶界。裂纹尖端前方的应力集中剧烈区域容易生成孔洞，而孔洞不断生长演化为子裂纹，并最终与主裂纹合并，加速了裂纹扩展。高温时晶界孔洞生长受阻，位错缠结和晶界势垒的共同阻碍作用导致裂纹扩展速度变缓，裂纹发生蠕变断裂。

(2)针对晶体内部裂纹扩展，预置裂纹两端分别设置在晶粒内和晶界上，研究结果表明：对于位处晶粒内的裂纹尖端，不同温度下裂纹扩展均受到位错缠结和孪晶界的共同阻碍而发生蠕变断裂；对于位处晶界上的裂纹尖端，室温下裂纹尖端前方的晶界由于应力集中而生成孔洞，导致裂纹扩展以沿晶界脆性断裂为主。高温时位错缠结和晶界势垒的共同阻碍作用导致裂纹扩展机制转变为蠕变断裂。

(3)对比晶体表面和晶体内部裂纹扩展过程可以发现，晶体内部裂纹扩展时裂纹尖端面临着更加复杂的缺陷结构等微观组织演化。同时，晶体内部裂纹扩展会通过影响材料表面的平整性来诱发晶体表面裂纹的扩展。

第6章　复合材料常温循环弹塑性细观力学模型

6.1　引　　言

复合材料出色的力学性能使其在多个领域成为替代传统材料的最佳选择，在航空发动机叶片、压力管道和压力容器等诸多工程应用中发挥着重要作用。在复杂循环载荷作用下，复合材料易产生塑性变形，严重危害设备运行安全，缩短使用寿命。为确保复合材料结构件在循环加载条件下的运行安全，需要建立细观循环弹塑性本构关系，来描述复合材料循环弹塑性力学响应。

循环弹塑性变形是材料疲劳寿命预测和结构设计的关键因素，用来描述常温环境循环加载下材料产生非弹性变形的循环积累过程。传统细观力学模型通常只能考虑规则的圆形截面或球体夹杂，应用范围受到极大限制。应用商业有限元软件处理复合材料纤维基体界面处的大梯度场和非线性问题时，要求使用非常细密的网格，求解效率低。FVDAM 是近年发展起来的复合材料精细化分析方法，由于其在模拟塑性问题、损伤问题、表面能效应和多物理场行为等领域具有显著优势，因此逐渐替代传统的有限元方法。同时，FVDAM 理论的半解析框架、快速收敛和高稳定性等特点，使其特别适用于分析复合材料的循环弹塑性行为。

本章针对传统细观力学方法模拟复合材料常温循环载荷工况下力学响应精度低、收敛性差的问题，将循环弹塑性本构模型引入参数化有限体积细观力学理论，综合两者在计算精度与效率方面的优势，提出了循环弹塑性 FVDAM（Cyclic Elasto - plasticity FVDAM，CEP - FVDAM）模型，突破了传统 FVDAM 无法模拟历史相关塑性变形的限制，进一步完善了 FVDAM 体系，高效且准确地模拟了复合材料的热力学循环弹塑性行为。进一步通过子胞变量计算，推导了复合材料循环弹塑性细观应力-应变场，并通过有限元仿真验证了 CEP - FVDAM 模型的有效性。最后，通过在建模过程中引入热残余应力与偏轴角度因素，分析了复合材料冷却固化与铺层工艺对其常温循环弹塑性力学性能的影响，为复合材料结构常温环境下的疲劳寿命预测与材料设计提供了理论基础。

6.2　循环弹塑性 CEP - FVDAM 细观力学模型

复合材料结构在常温循环加载工况下会受到率无关循环弹塑性累积与热残余应力的影响，而传统 FVDAM 模型中由于缺少循环弹塑性信息项而无法对该现象进行建模。因此，为了获得连续纤维增强复合材料常温循环加载下准确的力学响应，本章提出了循环弹塑性 CEP－FVDAM 模型。

6.2.1 传统 FVDAM 模型

FVDAM 的计算对象是复合材料中的重复单胞(Repeating Unit Cell，RUC)。重复单胞是细观力学理论中的重要基本概念，它是基于复合材料周期性假设所提出的理论模型，代表复合材料重复结构的最小单元。重复单胞体现了复合材料结构的连续介质统计平均性，其本身具有多尺度关联性，实现了材料宏观均匀性和细观非均匀性的连接。

基于重复单胞理论的复合材料多尺度关系如图 6－1 所示，在长纤维增强复合材料结构体中，纤维可以看作基体材料中的周期性排列，所处空间为宏观坐标系 $x(x_1,x_2,x_3)$，特征尺寸为 D，周期性排列中最小的重复性结构是重复单胞，所处空间为细观尺度坐标系 $y(y_1,y_2,y_3)$，特征尺寸为 d。为确保重复单胞的力学响应能准确代表复合材料的力学响应，d 与 D 的比值应满足 $d/D \ll 1$，对于 x_0 处的位移 $u_i(x_0)$ 与力 $t_i(x_0)$，其周期性边界条件为

$$u_i(x_0+\boldsymbol{d})=u_i(x_0)+\bar{\varepsilon}_{ij}d_j,\quad t_i(x_0+\boldsymbol{d})+t_i(x_0)=0 \tag{6-1}$$

式中：$\boldsymbol{d}$ 为重复单胞的特征尺寸向量；d_j 为 j 方向特征尺寸；$\bar{\varepsilon}_{ij}$ 为远场应变。

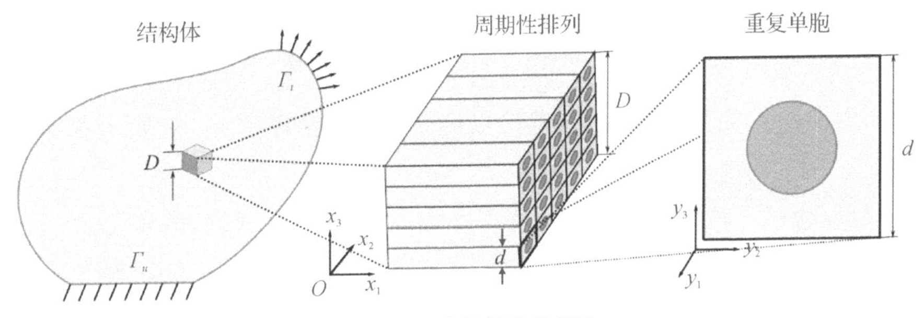

图 6－1 重复单胞的提取

为了计算重复单胞的力学响应，需要将单胞进一步划分成子胞进行离散化，并给每个子胞赋予纤维、基体不同的力学性能。由于长纤维增强复合材料在平行纤维方向的尺寸远大于其他方向的尺寸，所以其受力情况可简化为广义平面应变问题。在这种假设下，仍然可以沿纤维方向 y_1 加载，但 y_1 并不对其他方向的应力、应变分量产生影响，因此几何角度上采用 y_2-y_3 平面的二维单胞便足以模拟长纤维增强复合材料的力学响应。在传统 FVDAM 理论中，二维单胞模型采用矩形网格进行离散，如图 6－2(a)所示，单胞被划分成了 48×48 个矩形子胞。然而这样的矩形子胞划分，会使得纤维和基体分界处产生由网格几何形状导致的应力集中现象。因此，这里采用参数化 FVDAM 理论，如图 6－2(b)所示，对单胞进行凸四边形参数化子胞离散，使得纤维和基体之间的弧形界面更为光滑，最大限度地避免由应力集中导致的计算不收敛问题。由于采用了参数化网格，每个子胞都需要在参考坐标系 $\eta-\xi$ 和物理坐标系 y_2-y_3 下进行转换，在规则的参考坐标系下进行计算能有效降低计算难度，而计算的结果则要转换到材料所处的物理坐标系中进行分析。为了更清晰地说明这个

过程，取出第 q 个子胞，如图 6－3 所示，右侧实际坐标系下的四边形子胞顶点记作 $(y_2, y_3)^{(q,m)}$，其中 $m\,(m=1,2,3,4)$ 代表子胞四个面的编号，F_m 代表子胞的第 m 个面，其单位法向量 $\boldsymbol{n}^{(q,m)}=[n_2^{(q,m)}\ \ n_3^{(q,m)}]$：

$$n_2^{(q,m)}=\frac{y_3^{(q,m+1)}-y_3^{(q,m)}}{l_m^{(q)}},\quad n_3^{(q,m)}=\frac{y_2^{(q,m+1)}-y_2^{(q,m)}}{l_m^{(q)}} \tag{6-2}$$

式中：$l_m^{(q)}=\sqrt{[y_2^{(q,m+1)}-y_2^{(q,m)}]^2+[y_3^{(q,m+1)}-y_3^{(q,m)}]^2}$。

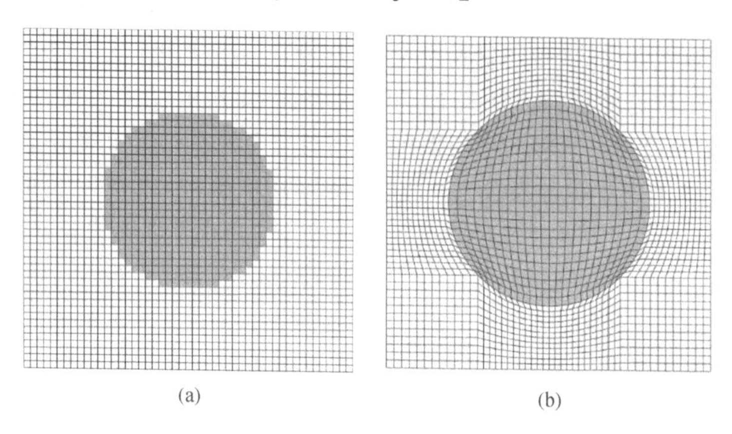

图 6－2　矩形网格与参数化网格离散单胞模型

(a)矩形网格离散单胞；(b)参数化网格离散单胞

图 6－3 为第 q 个四边形子胞由参考坐标 $\eta-\xi$ 到实际坐标系 y_2-y_3 的转换关系，可写作如下形式：

$$\left.\begin{aligned}y_2^{(q)}(\eta,\xi)&=N_1(\eta,\xi)y_2^{(q,1)}+N_2(\eta,\xi)y_2^{(q,2)}+N_3(\eta,\xi)y_2^{(q,3)}+N_4(\eta,\xi)y_2^{(q,4)}\\ y_3^{(q)}(\eta,\xi)&=N_1(\eta,\xi)y_3^{(q,1)}+N_2(\eta,\xi)y_3^{(q,2)}+N_3(\eta,\xi)y_3^{(q,3)}+N_4(\eta,\xi)y_3^{(q,4)}\end{aligned}\right\} \tag{6-3}$$

式中：

$$\left.\begin{aligned}N_1(\eta,\xi)&=(1/4)(1-\eta)(1-\xi),N_2(\eta,\xi)=(1/4)(1+\eta)(1-\xi)\\ N_3(\eta,\xi)&=(1/4)(1+\eta)(1+\xi),N_4(\eta,\xi)=(1/4)(1-\eta)(1+\xi)\end{aligned}\right\} \tag{6-4}$$

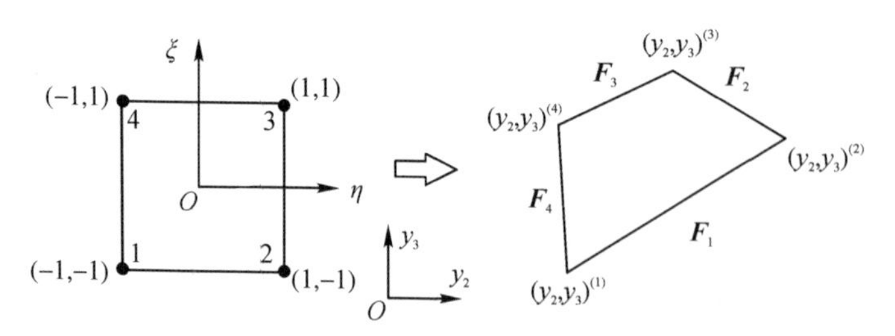

图 6－3　参数化映射

均匀化假设下，复合材料是匀质的各向异性材料，单胞在宏观上表现为匀质材料的一个点。对于匀质材料，外界加载会在材料内部形成恒定应变场 $\bar{\varepsilon}_{ij}$。在细观尺度上，材料是由纤维和基体组成的非均匀材料，会在单胞内形成一个不均匀的场。因此对于第 q 个子胞而

言，其位移 $u_i^{(q)}$ 是由宏观尺度 x 上的均匀化位移和细观尺度 y 上的扰动位移组成的，即

$$u_i^{(q)}(x,y)=\bar{\varepsilon}_{ij}x_j+u_i^{'(q)}(y) \tag{6-5}$$

在上述子胞位移方程的基础上进行微分，得到实际坐标系 y_2-y_3 中子胞应变和位移的关系式：

$$\varepsilon_{ij}^{(q)}=\bar{\varepsilon}_{ij}+\varepsilon_{ij}^{'(q)}=\bar{\varepsilon}_{ij}+\frac{1}{2}\left[\frac{\partial u_i^{'(q)}}{\partial y_j}+\frac{\partial u_j^{'(q)}}{\partial y_i}\right] \tag{6-6}$$

式中：$\varepsilon_{ij}^{'(q)}$ 代表细观扰动应变分量，可由位移扰动分量 $u_i^{'(q)}$ 求偏导得到。因此，在 FVDAM 理论中，扰动位移量 $u_i^{'(q)}$ 是根本的未知求解量。

扰动位移 $u_i^{'(q)}$ 在实际坐标系 y_2-y_3 中的偏导需要与参考坐标系 $\eta-\xi$ 下的扰动偏导建立联系。根据坐标变化原理，扰动位移在两个坐标系之间的转换通过雅可比矩阵 $\boldsymbol{J}^{(q)}$ 及逆矩阵 $\boldsymbol{J}^{-1(q)}$ 进行表达，即

$$\left.\begin{aligned}\begin{bmatrix}\dfrac{\partial u_i^{'(q)}}{\partial \eta}\\[2mm]\dfrac{\partial u_i^{'(q)}}{\partial \xi}\end{bmatrix}&=\boldsymbol{J}^{(q)}\begin{bmatrix}\dfrac{\partial u_i^{'(q)}}{\partial y_2}\\[2mm]\dfrac{\partial u_i^{'(q)}}{\partial y_3}\end{bmatrix}\\ \begin{bmatrix}\dfrac{\partial u_i^{'(q)}}{\partial y_2}\\[2mm]\dfrac{\partial u_i^{'(q)}}{\partial y_3}\end{bmatrix}&=\boldsymbol{J}^{-1(q)}\begin{bmatrix}\dfrac{\partial u_i^{'(q)}}{\partial \eta}\\[2mm]\dfrac{\partial u_i^{'(q)}}{\partial \xi}\end{bmatrix}\end{aligned}\right\} \tag{6-7}$$

式中：$\boldsymbol{J}^{(q)}$ 的表达式为

$$\boldsymbol{J}^{(q)}=\begin{bmatrix}\dfrac{\partial y_2^{(q)}}{\partial \eta} & \dfrac{\partial y_3^{(q)}}{\partial \eta}\\[2mm]\dfrac{\partial y_2^{(q)}}{\partial \xi} & \dfrac{\partial y_3^{(q)}}{\partial \xi}\end{bmatrix} \tag{6-8}$$

将式(6-3)中的坐标变换关系代入式(6-8) $\boldsymbol{J}^{(q)}$ 的表达式中，推导出雅可比矩阵的具体形式为

$$\boldsymbol{J}^{(q)}=\begin{bmatrix}A_1^{(q)}+A_2^{(q)}\xi & A_4^{(q)}+A_5^{(q)}\xi\\ A_3^{(q)}+A_2^{(q)}\eta & A_6^{(q)}+A_5^{(q)}\eta\end{bmatrix} \tag{6-9}$$

式中：系数 $A_1^{(q)}\sim A_6^{(q)}$ 的具体表达式为

$$A_1^{(q)}=\frac{1}{4}\left[-y_2^{(q,1)}+y_2^{(q,2)}+y_2^{(q,3)}-y_2^{(q,4)}\right]$$

$$A_2^{(q)}=\frac{1}{4}\left[y_2^{(q,1)}-y_2^{(q,2)}+y_2^{(q,3)}-y_2^{(q,4)}\right]$$

$$A_3^{(q)}=\frac{1}{4}\left[-y_2^{(q,1)}-y_2^{(q,2)}+y_2^{(q,3)}+y_2^{(q,4)}\right]$$

$$A_4^{(q)}=\frac{1}{4}\left[-y_3^{(q,1)}+y_3^{(q,2)}+y_3^{(q,3)}-y_3^{(q,4)}\right]$$

$$A_5^{(q)}=\frac{1}{4}[y_3^{(q,1)}-y_3^{(q,2)}+y_3^{(q,3)}-y_3^{(q,4)}]$$

$$A_6^{(q)}=\frac{1}{4}[-y_3^{(q,1)}-y_3^{(q,2)}+y_3^{(q,3)}+y_3^{(q,4)}]$$

根据有限体积理论，在 FVDAM 中，用体积平均意义下的平均雅可比矩阵 $\overline{\boldsymbol{J}}^{(q)}$ 及其逆矩阵 $\hat{\boldsymbol{J}}^{(q)}$ 替代式(6-7)中的 $\boldsymbol{J}^{(q)}$ 和 $\boldsymbol{J}^{-1(q)}$，即

$$\left.\begin{aligned}\begin{bmatrix}\dfrac{\partial u_i^{'(q)}}{\partial\eta}\\ \dfrac{\partial u_i^{'(q)}}{\partial\xi}\end{bmatrix}&=\overline{\boldsymbol{J}}^{(q)}\begin{bmatrix}\dfrac{\partial u_i^{'(q)}}{\partial y_2}\\ \dfrac{\partial u_i^{'(q)}}{\partial y_3}\end{bmatrix}\\ \begin{bmatrix}\dfrac{\partial u_i^{'(q)}}{\partial y_2}\\ \dfrac{\partial u_i^{'(q)}}{\partial y_3}\end{bmatrix}&=\hat{\boldsymbol{J}}^{(q)}\begin{bmatrix}\dfrac{\partial u_i^{'(q)}}{\partial\eta}\\ \dfrac{\partial u_i^{'(q)}}{\partial\xi}\end{bmatrix}\end{aligned}\right\}\tag{6-10}$$

式中：平均雅可比矩阵 $\overline{\boldsymbol{J}}^{(q)}$ 可由式(6-9)积分平均求得，即

$$\overline{\boldsymbol{J}}^{(q)}=\frac{1}{4}\int_{-1}^{1}\int_{-1}^{1}\boldsymbol{J}^{(q)}\mathrm{d}\eta\mathrm{d}\xi=\frac{1}{4}\int_{-1}^{1}\int_{-1}^{1}\begin{bmatrix}A_1^{(q)}+A_2^{(q)}\xi & A_4^{(q)}+A_5^{(q)}\xi\\ A_3^{(q)}+A_2^{(q)}\eta & A_6^{(q)}+A_5^{(q)}\eta\end{bmatrix}\mathrm{d}\eta\mathrm{d}\xi\tag{6-11}$$

将式(6-11)求得的 $\overline{\boldsymbol{J}}^{(q)}$ 矩阵求逆即可得到 $\hat{\boldsymbol{J}}^{(q)}$ 的表达式：

$$\hat{\boldsymbol{J}}^{(q)}=\frac{1}{A_7^{(q)}}\begin{bmatrix}A_6^{(q)} & -A_4^{(q)}\\ -A_3^{(q)} & A_1^{(q)}\end{bmatrix}\triangleq\begin{bmatrix}\hat{J}_{22}^{(q)} & \hat{J}_{23}^{(q)}\\ \hat{J}_{32}^{(q)} & \hat{J}_{33}^{(q)}\end{bmatrix}\tag{6-12}$$

式中：$A_7^{(q)}=A_1^{(q)}A_6^{(q)}-A_3^{(q)}A_4^{(q)}$，$A_1^{(q)}\sim A_6^{(q)}$ 的具体表达形式与式(6-9)相同。

至此，每个子胞内的扰动位移 $u_i^{'}$ 的 1 阶偏导在实际坐标系和参考坐标系之间的转换关系已由平均雅可比矩阵 $\overline{\boldsymbol{J}}^{(q)}$ 及逆矩阵 $\hat{\boldsymbol{J}}^{(q)}$ 建立完成，矩阵中的每个元素都可由已知的每个子胞顶点坐标求得。

通过平均雅可比矩阵建立参数化映射之后，子胞每个面上的力和扰动位移均采用积分平均的方式进行表达，面平均力与平均扰动位移之间的关系通过子胞局部刚度矩阵联系起来。进一步通过施加平均力和扰动位移之间的连续条件及周期性边界条件得到单胞的总体刚度方程组。求解总体刚度方程组得到每个子胞表面的平均扰动位移，进而确定每个子胞的应力、应变及位移场等物理量，便是传统 FVDAM 模型求解过程。然而传统 FVDAM 模型在子胞应力应变计算中，并未考虑循环载荷所引起的局部场量累积效应，无法模拟复合材料的循环弹塑性力学行为。

6.2.2 CEP-FVDAM 局部刚度矩阵

针对传统 FVDAM 无法考虑循环载荷引起的材料塑性应变累积问题，本节提出改进的

子胞局部刚度矩阵，在子胞界面引入面平均循环弹塑性应力、应变项，建立 CEP－FVDAM 模型，其具体推导流程在本节详细阐述。

首先将子胞的扰动位移 $u_i^{'(q)}$ 进行勒让德二阶近似展开，有

$$u_i^{'(q)}=W_{i(00)}^{(q)}+\eta W_{i(10)}^{(q)}+\xi W_{i(01)}^{(q)}+\frac{1}{2}(3\eta^2-1)W_{i(20)}^{(q)}+\frac{1}{2}(3\xi^2-1)W_{i(02)}^{(q)} \tag{6-13}$$

式中：$W_{i(..)}^{(q)}$ 为待求解的位移微变量；$W_{i(00)}^{(q)}$ 称为 0 阶位移微变量；$W_{i(10)}^{(q)}$、$W_{i(01)}^{(q)}$ 称为 1 阶位移微变量；$W_{i(20)}^{(q)}$、$W_{i(02)}^{(q)}$ 称为 2 阶位移微变量。

将式(6－10)中的扰动位移 $u_i^{'(q)}$ 替换为式(6－13)中的勒让德二阶近似式，在参考坐标系 $\eta-\xi$ 中对式(6－10)中子胞扰动位移的偏导 $\frac{\partial u_i^{'(q)}}{\partial\eta}$ 和 $\frac{\partial u_i^{'(q)}}{\partial\xi}$ 在第 $m\,(m=1,2,3,4)$ 个面上进行积分平均，即 $m=1,3$ 时，$\xi=\mp1$，$m=2,4$ 时，$\eta=\pm1$，得到第 q 个子胞第 m 个面扰动位移在积分平均意义下的坐标变换关系，即

$$\begin{bmatrix}\dfrac{\partial \hat{u}_i^{'(q)}}{\partial y_2}\\[2ex]\dfrac{\partial \hat{u}_i^{'(q)}}{\partial y_3}\end{bmatrix}^{(m)}=\hat{\boldsymbol{J}}^{(q)}\begin{bmatrix}\dfrac{\partial \hat{u}_i^{'(q)}}{\partial \eta}\\[2ex]\dfrac{\partial \hat{u}_i^{'(q)}}{\partial \xi}\end{bmatrix}^{(m)}=\hat{\boldsymbol{J}}^{(q)}\boldsymbol{A}_m\boldsymbol{W}_i^{(q)} \tag{6-14}$$

$$\left.\begin{aligned}\boldsymbol{A}_1&=\begin{bmatrix}1&0&0&0\\0&1&0&3\end{bmatrix}\\\boldsymbol{A}_2&=\begin{bmatrix}1&0&3&0\\0&1&0&0\end{bmatrix}\\\boldsymbol{A}_3&=\begin{bmatrix}1&0&0&0\\0&1&0&-3\end{bmatrix}\\\boldsymbol{A}_4&=\begin{bmatrix}1&0&-3&0\\0&1&0&0\end{bmatrix}\end{aligned}\right\} \tag{6-15}$$

$$\boldsymbol{W}_i^{(q)}=[W_{i(10)}^{(q)}\quad W_{i(01)}^{(q)}\quad W_{i(20)}^{(q)}\quad W_{i(02)}^{(q)}]^{\mathrm{T}} \tag{6-16}$$

将式(6－13)采用类似的方法在 $\eta-\xi$ 坐标系下子胞的每个面上进行积分，得出第 q 个子胞的第 m 个面上的平均扰动位移 $\hat{u}_i^{'(q,m)}$ 与位移微变量 $W_{i(..)}^{(q)}$ 的关系式为

$$\left.\begin{aligned}\hat{u}_i^{'(q,1)}&=\frac{1}{2}\int_{-1}^{1}u_i^{'(q)}(\eta,-1)\mathrm{d}\eta=W_{\mathrm{i}(00)}^{(q)}-W_{\mathrm{i}(01)}^{(q)}+W_{\mathrm{i}(02)}^{(q)}\\\hat{u}_i^{'(q,2)}&=\frac{1}{2}\int_{-1}^{1}u_i^{'(q)}(1,\xi)\mathrm{d}\xi=W_{\mathrm{i}(00)}^{(q)}-W_{\mathrm{i}(10)}^{(q)}+W_{\mathrm{i}(20)}^{(q)}\\\hat{u}_i^{'(q,3)}&=\frac{1}{2}\int_{-1}^{1}u_i^{'(q)}(\eta,1)\mathrm{d}\eta=W_{\mathrm{i}(00)}^{(q)}+W_{\mathrm{i}(01)}^{(q)}+W_{\mathrm{i}(02)}^{(q)}\\\hat{u}_i^{'(q,4)}&=\frac{1}{2}\int_{-1}^{1}u_i^{'(q)}(-1,\xi)\mathrm{d}\xi=W_{\mathrm{i}(00)}^{(q)}+W_{\mathrm{i}(10)}^{(q)}+W_{\mathrm{i}(20)}^{(q)}\end{aligned}\right\} \tag{6-17}$$

第 q 个子胞的第 m 个面上的平均力 $\hat{t}_i^{'(q,m)}$ 可以表示为

$$\left.\begin{aligned}\hat{t}_i^{(q,1)}&=\frac{1}{2}\int_{-1}^{1}t_i^{(q)}(\eta,-1)\mathrm{d}\eta\\ \hat{t}_i^{(q,2)}&=\frac{1}{2}\int_{-1}^{1}t_i^{(q)}(1,\xi)\mathrm{d}\xi\\ \hat{t}_i^{(q,3)}&=\frac{1}{2}\int_{-1}^{1}t_i^{(q)}(\eta,1)\mathrm{d}\eta\\ \hat{t}_i^{(q,4)}&=\frac{1}{2}\int_{-1}^{1}t_i^{(q)}(-1,\xi)\mathrm{d}\xi\end{aligned}\right\}\tag{6-18}$$

式中：由柯西公式可得第 q 个子胞的第 m 个面 $t_i^{(q,m)}=\sigma_{ij}^{(q,m)}n_j^{(q,m)}$；$[n_1^{(q,m)},n_2^{(q,m)},n_3^{(q,m)}]$ 为第 m 个面的单位法向量。

在子胞面平均应力计算过程中引入面平均循环弹塑性应变项 $\hat{\varepsilon}_{\mathrm{kl}}^{\mathrm{cep}(q,m)}$，通过广义胡克定律推导出第 q 个子胞的第 m 个面的平均应力 $\hat{\sigma}_{ij}^{(q,m)}$ 表达式为

$$\hat{\sigma}_{ij}^{(q,m)}=C_{ijkl}^{(q)}\left[\hat{\varepsilon}_{\mathrm{kl}}^{(q,m)}-\hat{\varepsilon}_{\mathrm{kl}}^{\mathrm{cep}(q,m)}\right]-\hat{\sigma}_{\mathrm{kl}}^{\mathrm{th}(q,m)}\tag{6-19}$$

式中：$\hat{\varepsilon}_{\mathrm{kl}}^{\mathrm{cep}(q,m)}$ 为面平均循环弹塑性应变；$\hat{\sigma}_{\mathrm{kl}}^{\mathrm{th}(q,m)}=\Gamma_{ij}^{(q)}\Delta T=C_{ij\mathrm{kl}}^{(q)}\alpha_{\mathrm{kl}}^{(q)}\Delta T$，为面平均热残余应力；$\alpha_{\mathrm{kl}}^{(q)}$ 为热膨胀系数；ΔT 表示温度变化量；$\hat{\varepsilon}_{ij}^{(q,m)}$ 为面平均总应变，采用与式(6－6)类似的分解方法，其表达式为

$$\hat{\varepsilon}_{ij}^{(q,m)}=\bar{\varepsilon}_{ij}+\hat{\varepsilon}_{ij}^{\prime(q,m)}=\bar{\varepsilon}_{ij}+\frac{1}{2}\left(\frac{\partial u_i'}{\partial y_j}+\frac{\partial u_j'}{\partial y_i}\right)^{(q,m)}\tag{6-20}$$

式中：$C_{ijkl}^{(q)}$ 为第 q 个子胞弹性矩阵 $\boldsymbol{C}^{(q)}$ 中的元素，将各组分材料均定义为正交各向异性，每个子胞的弹性矩阵最多有 9 个独立的弹性常数，即

$$\boldsymbol{C}^{(q)}=\begin{bmatrix}C_{11}^{(q)}&C_{12}^{(q)}&C_{13}^{(q)}&&&\\C_{12}^{(q)}&C_{22}^{(q)}&C_{23}^{(q)}&&&\\C_{13}^{(q)}&C_{23}^{(q)}&C_{33}^{(q)}&&&\\&&&C_{44}^{(q)}&&\\&&&&C_{55}^{(q)}&\\&&&&&C_{66}^{(q)}\end{bmatrix}\tag{6-21}$$

进一步，引入新的面循环弹塑性应力项 $\hat{\sigma}_{ij}^{\mathrm{cep}(q,m)}$，推导面平均应力与位移微变量关系式，将式(6－14)代入式(6－20)，并将其与弹性矩阵[见式(6－21)]一同代入式(6－19)，求得第 m 个面的平均应力 $\hat{\sigma}_{ij}^{(q,m)}$ 和位移变量 $\boldsymbol{W}_i^{(q)}=[W_{i(10)}^{(q)}\quad W_{i(01)}^{(q)}\quad W_{i(20)}^{(q)}\quad W_{i(02)}^{(q)}]^{\mathrm{T}}$ 的关系。由广义平面应变假设可知，y_1 为独立方向，因此只需给出其余方向的面平均应力表达式，同时，为方便计算，将其表达式分为面内和面外两部分。

面内：

$$\begin{bmatrix}\hat{\sigma}_{12}\\ \hat{\sigma}_{13}\end{bmatrix}^{(q,m)}=\boldsymbol{C}_{\mathrm{out}}^{(q)}\begin{bmatrix}2\bar{\varepsilon}_{12}\\2\bar{\varepsilon}_{13}\end{bmatrix}+\boldsymbol{C}_{\mathrm{out}}^{(q)}\hat{\boldsymbol{J}}^{(q)}\boldsymbol{A}_m\boldsymbol{W}_1^{(q)}-\begin{bmatrix}\hat{\sigma}_{12}^{\mathrm{cep}}\\ \hat{\sigma}_{13}^{\mathrm{cep}}\end{bmatrix}^{(q,m)}\tag{6-22}$$

面外：

$$\begin{bmatrix}\hat{\sigma}_{22}\\ \hat{\sigma}_{33}\\ \hat{\sigma}_{23}\end{bmatrix}^{(q,m)}=\begin{bmatrix}C_{12}\\ C_{13}\\ 0\end{bmatrix}^{(q)}\bar{\varepsilon}_{11}+\boldsymbol{C}_{\text{in}}^{(q)}\begin{bmatrix}\bar{\varepsilon}_{22}\\ \bar{\varepsilon}_{33}\\ 2\bar{\varepsilon}_{23}\end{bmatrix}+\boldsymbol{C}_{\text{in}}^{(q)}\bar{E}\begin{bmatrix}\hat{\boldsymbol{J}}^{(q)}\boldsymbol{A}_m & \boldsymbol{0}\\ \boldsymbol{0} & \hat{\boldsymbol{J}}^{(q)}\boldsymbol{A}_m\end{bmatrix}\begin{bmatrix}\boldsymbol{W}_2^{(q)}\\ \boldsymbol{W}_3^{(q)}\end{bmatrix}-\begin{bmatrix}\hat{\sigma}_{22}^{\text{th}}\\ \hat{\sigma}_{33}^{\text{th}}\\ 0\end{bmatrix}^{(q,m)}-\begin{bmatrix}\hat{\sigma}_{22}^{\text{cep}}\\ \hat{\sigma}_{33}^{\text{cep}}\\ \hat{\sigma}_{23}^{\text{cep}}\end{bmatrix}^{(q,m)} \tag{6-23}$$

式中：$\boldsymbol{A}_m$ 与式(6-15)中相同，即

$$\boldsymbol{C}_{\text{in}}^{(q)}=\begin{bmatrix}C_{22}^{(q)} & C_{23}^{(q)} & 0\\ C_{23}^{(q)} & C_{33}^{(q)} & 0\\ 0 & 0 & C_{44}^{(q)}\end{bmatrix},\quad \boldsymbol{C}_{\text{out}}^{(q)}=\begin{bmatrix}C_{66}^{(q)} & 0\\ 0 & C_{55}^{(q)}\end{bmatrix},\quad \bar{\boldsymbol{E}}=\begin{bmatrix}1 & 0 & 0 & 0\\ 0 & 0 & 0 & 1\\ 0 & 1 & 1 & 0\end{bmatrix} \tag{6-24}$$

将式(6-22)和式(6-23)代入式(6-18)，引入子胞平均意义下的平衡方程：

$$\int_S \boldsymbol{t}^{(q)}\mathrm{d}S=\sum_{m=1}^{4} l_m^{(q)}\hat{\boldsymbol{t}}^{(q,m)}=\boldsymbol{0} \tag{6-25}$$

采用三个平衡方程定义子胞面内面外三个循环弹塑性项 $Z^{\text{cep}(q)}$，将其写为位移微变量和面平均循环弹塑性应力的形式，即

$$\left.\begin{aligned}
&[C_{66}^{(q)}(\hat{J}_{22}^{(q)})^2+C_{55}^{(q)}(\hat{J}_{32}^{(q)})^2]W_{1(20)}^{(q)}+[C_{66}^{(q)}(\hat{J}_{23}^{(q)})^2+C_{55}^{(q)}(\hat{J}_{33}^{(q)})^2]W_{1(02)}^{(q)}=\\
&\sum_{m=1}^{4}l_m^{(q)}(n_2\hat{\sigma}_{12}^{\text{cep}}+n_3\hat{\sigma}_{13}^{\text{cep}})^{(q,m)}/(12|\bar{\boldsymbol{J}}^{(q)}|)\triangleq Z_{\text{out}}^{\text{cep}(q)}\\
&\{C_{22}^{(q)}[\hat{J}_{22}^{(q)}]^2+C_{44}^{(q)}[\hat{J}_{32}^{(q)}]^2\}W_{2(20)}^{(q)}+\{C_{22}^{(q)}[\hat{J}_{23}^{(q)}]^2+C_{44}[\hat{J}_{33}]^2\}W_{2(02)}^{(q)}+\\
&\hat{J}_{22}^{(q)}\hat{J}_{32}^{(q)}[C_{23}^{(q)}+C_{44}^{(q)}]W_{3(20)}^{(q)}+\hat{J}_{23}^{(q)}\hat{J}_{33}^{(q)}[C_{23}^{(q)}+C_{44}^{(q)}]W_{2(02)}^{(q)}=\\
&\sum_{m=1}^{4}l_m^{(q)}(n_2\hat{\sigma}_{22}^{\text{cep}}+n_3\hat{\sigma}_{23}^{\text{cep}})^{(q,m)}/(12|\bar{J}^{(q)}|)\triangleq Z_{\text{in2}}^{\text{cep}(q)}\\
&\{C_{33}^{(q)}[\hat{J}_{32}^{(q)}]^2+C_{44}^{(q)}[\hat{J}_{22}^{(q)}]^2\}W_{3(20)}^{(q)}+\{C_{33}^{(q)}[\hat{J}_{33}^{(q)}]^2+C_{44}^{(q)}[\hat{J}_{23}^{(q)}]^2\}W_{3(02)}^{(q)}+\\
&\hat{J}_{22}^{(q)}\hat{J}_{32}^{(q)}[C_{32}^{(q)}+C_{44}^{(q)}]W_{2(20)}^{(q)}+\hat{J}_{23}^{(q)}\hat{J}_{33}^{(q)}[C_{32}^{(q)}+C_{44}^{(q)}]W_{2(02)}^{(q)}=\\
&\sum_{m=1}^{4}l_m^{(q)}(n_2\hat{\sigma}_{32}^{\text{cep}}+n_3\hat{\sigma}_{33}^{\text{cep}})^{(q,m)}/(12|\bar{J}^{(q)}|)\triangleq Z_{\text{in3}}^{\text{cep}(q)}
\end{aligned}\right\} \tag{6-26}$$

式中：子胞四个面的平均循环弹塑性应力可由下式求得

$$\left.\begin{aligned}\hat{\sigma}_{ij}^{\text{cep}(q,1)} &= \frac{1}{2}\int_{-1}^{1}\sigma_{ij}^{\text{cep}(q)}(\eta,-1)\mathrm{d}\eta \\ \hat{\sigma}_{ij}^{\text{cep}(q,2)} &= \frac{1}{2}\int_{-1}^{1}\sigma_{ij}^{\text{cep}(q)}(1,\xi)\mathrm{d}\xi \\ \hat{\sigma}_{ij}^{\text{cep}(q,3)} &= \frac{1}{2}\int_{-1}^{1}\sigma_{ij}^{\text{cep}(q)}(\eta,-1)\mathrm{d}\eta \\ \hat{\sigma}_{ij}^{\text{cep}(q,4)} &= \frac{1}{2}\int_{-1}^{1}\sigma_{ij}^{\text{cep}(q)}(-1,\xi)\mathrm{d}\xi\end{aligned}\right\} \tag{6-27}$$

利用式(6－17)可将1阶和2阶位移微变量用面平均扰动位移 $\hat{u}_i^{\prime(q,m)}$ 和0阶位移微变量表示为

$$\begin{bmatrix} W_{i(10)}^{(q)} \\ W_{i(01)}^{(q)} \\ W_{i(20)}^{(q)} \\ W_{i(02)}^{(q)} \end{bmatrix} = \frac{1}{2}\begin{bmatrix} 0 & 1 & 0 & -1 \\ -1 & 0 & 1 & 0 \\ 0 & 1 & 0 & 1 \\ 1 & 0 & 1 & 0 \end{bmatrix}\begin{bmatrix} \hat{u}_i^{\prime(q,1)} - W_{i(00)}^{(q)} \\ \hat{u}_i^{\prime(q,2)} - W_{i(00)}^{(q)} \\ \hat{u}_i^{\prime(q,3)} - W_{i(00)}^{(q)} \\ \hat{u}_i^{\prime(q,4)} - W_{i(00)}^{(q)} \end{bmatrix} \tag{6-28}$$

将0阶位移微变量与子胞循环弹塑性进行关联，采用式(6－28)，将2阶位移微变量用面平均扰动位移和0阶位移微变量进行表达，并代入式(6－26)中，即可将0阶位移微变量用子胞循环弹塑性项与面平均扰动位移表示。为方便计算，同样将其分为面内和面外两部分。

面外：

$$[W_{1(00)}^{(q)}] = \boldsymbol{\Phi}_{\text{out}}^{-1(q)}\ \boldsymbol{\Theta}_{\text{out}}^{(q)}\begin{bmatrix} \hat{u}_1^{\prime(q,2)} + \hat{u}_1^{\prime(q,4)} \\ \hat{u}_1^{\prime(q,1)} + \hat{u}_1^{\prime(q,3)} \end{bmatrix} - \boldsymbol{\Phi}_{\text{out}}^{-1(q)}\ Z_{\text{out}}^{\text{cep}(q)} \tag{6-29}$$

面内：

$$\begin{bmatrix} W_{2(00)}^{(q)} \\ W_{3(00)}^{(q)} \end{bmatrix} = \boldsymbol{\Phi}_{\text{in}}^{-1(q)}\ \boldsymbol{\Theta}_{\text{in}}^{(q)}\begin{bmatrix} \hat{u}_2^{(q,2)} + \hat{u}_2^{(q,4)} \\ \hat{u}_2^{(q,1)} + \hat{u}_2^{(q,3)} \\ \hat{u}_3^{(q,2)} + \hat{u}_3^{(q,4)} \\ \hat{u}_3^{(q,1)} + \hat{u}_3^{(q,3)} \end{bmatrix} - \boldsymbol{\Phi}_{\text{out}}^{-1(q)}\begin{bmatrix} Z_{\text{in2}}^{\text{cep}(q)} \\ Z_{\text{in3}}^{\text{cep}(q)} \end{bmatrix} \tag{6-30}$$

式中：$\boldsymbol{\Phi}_{\text{in}}^{(q)}$，$\boldsymbol{\Theta}_{\text{in}}^{(q)}$，$\boldsymbol{\Phi}_{\text{out}}^{(q)}$，$\boldsymbol{\Phi}_{\text{out}}^{(q)}$ 的具体表达式见附录。

进一步，将1阶和2阶位移微变量进行子胞循环弹塑性和面平均扰动位移的关联，将式(6－29)和(6－30)代入式(6－28)中，可得

$$\boldsymbol{W}^{(q)} = \overline{\boldsymbol{B}}^{(q)}\ [\hat{\boldsymbol{u}}^{\prime(q,1)}\hat{\boldsymbol{u}}^{(q,2)}\hat{\boldsymbol{u}}^{(q,3)}\hat{\boldsymbol{u}}^{\prime(q,4)}]^{\mathrm{T}} + \boldsymbol{N}^{(q)}\ \boldsymbol{\Phi}^{-1(q)}\ \boldsymbol{Z}^{\text{cep}(q)} \tag{6-31}$$

式中：对于面外加载，$\boldsymbol{W}^{(q)} = [\boldsymbol{W}_1^{(q)}]$，$\hat{\boldsymbol{u}}^{\prime(q,m)} = [\hat{u}_1^{\prime(q,m)}]$，$\boldsymbol{Z}^{\text{cep}(q)} = [Z_{\text{out}}^{\text{cep}(q)}]$；对于面内加载，$\boldsymbol{W}^{(q)} = [\boldsymbol{W}_2^{(q)}\ \boldsymbol{W}_3^{(q)}]^{\mathrm{T}}$，$\hat{\boldsymbol{u}}^{\prime(q,m)} = [\hat{u}_2^{\prime(q,m)}\ \hat{u}_3^{\prime(q,m)}]^{\mathrm{T}}$，$\boldsymbol{Z}^{\text{cep}(q)} = [Z_{\text{in2}}^{\text{cep}(q)}\ Z_{\text{in3}}^{\text{cep}(q)}]^{\mathrm{T}}$。两种情况下的矩阵 $\overline{\boldsymbol{B}}^{(q)}$ 的具体表达式见附录。

最终,可推导出改进的循环弹塑性局部刚度矩阵 $\boldsymbol{K}^{\mathrm{cep}(q)}$,将式(6-31)中位移微变量 $\boldsymbol{W}^{(q)}$ 的表达式代回式(6-22)和式(6-23)中,便可得到面平均应力 $\hat{\sigma}_{ij}^{(q,m)}$ 与面平均扰动位移 $\hat{u}_i^{\prime(q,m)}$ 之间的关系式。最终,采用柯西公式 $\hat{t}_i^{(q,m)}=\hat{\sigma}_{ij}^{(q,m)}n_j^{(q,m)}$ 即可将第 q 子胞的面平均力 $\hat{\boldsymbol{t}}^{(q)}$ 和面平均扰动位移 $\hat{\boldsymbol{u}}^{\prime(q)}$ 的关系表达为

$$\hat{\boldsymbol{t}}^{(q)}=\boldsymbol{N}^{(q)}\boldsymbol{C}^{(q)}\bar{\boldsymbol{\varepsilon}}+\boldsymbol{K}^{\mathrm{cep}(q)}\hat{\boldsymbol{u}}^{\prime(q)}+\bar{\boldsymbol{A}}^{(q)}\boldsymbol{N}^{(q)}\boldsymbol{\Phi}^{-1(q)}\boldsymbol{Z}^{\mathrm{cep}(q)}-\boldsymbol{N}^{(q)}\boldsymbol{C}^{(q)}(\hat{\sigma}^{\mathrm{th}}+\hat{\sigma}^{\mathrm{cep}})^{(q)} \tag{6-32}$$

式中:子胞面平均力矩阵 $\hat{\boldsymbol{t}}^{(q)}=\left[\hat{\boldsymbol{t}}^{(q,1)}\quad\hat{\boldsymbol{t}}^{(q,2)}\quad\hat{\boldsymbol{t}}^{(q,3)}\quad\hat{\boldsymbol{t}}^{(q,4)}\right]^{\mathrm{T}}$,$\hat{\boldsymbol{t}}^{(q,m)}=\left[\hat{t}_1\quad\hat{t}_2\quad\hat{t}_3\right]^{(q,m)}$;子胞面平均位移矩阵 $\hat{\boldsymbol{u}}^{\prime(q)}=\left[\hat{\boldsymbol{u}}^{\prime(q,1)}\quad\hat{\boldsymbol{u}}^{\prime(q,2)}\quad\hat{\boldsymbol{u}}^{\prime(q,3)}\quad\hat{\boldsymbol{u}}^{\prime(q,4)}\right]^{\mathrm{T}}$,$\hat{\boldsymbol{u}}^{\prime(q,m)}=\left[\hat{u}_1^{\prime}\quad\hat{u}_2^{\prime}\quad\hat{u}_3^{\prime}\right]^{(q,m)}$;$\hat{\boldsymbol{\sigma}}^{\mathrm{th}(q)}$ 和 $\hat{\boldsymbol{\sigma}}^{\mathrm{cep}(q)}$ 分别为子胞的面平均热应力和面平均循环弹塑性应力;$\boldsymbol{\Phi}^{(q)}$ 和 $\bar{\boldsymbol{A}}^{(q)}$ 矩阵包含子胞材料和结构尺寸的信息;$\boldsymbol{Z}^{\mathrm{cep}(q)}$ 为循环弹塑性力矢量;$\boldsymbol{N}^{(q)}$ 为子胞面单位法向量矩阵;$\boldsymbol{K}^{\mathrm{cep}(q)}$ 即为改进的循环弹塑性局部刚度矩阵,其由16个子矩阵 $\boldsymbol{K}_{ij}^{\mathrm{cep}(q)}$ 组成,每个子矩阵 $\boldsymbol{K}_{ij}^{\mathrm{cep}(q)}$ 为包含子胞几何和力学性质的3×3矩阵。

6.2.3 总体刚度矩阵组装与均匀化

依据改进的循环弹塑性局部刚度矩阵 $\boldsymbol{K}^{\mathrm{cep}(q)}$,采用相邻子胞面、力和位移的连续性方程组装整体刚度矩阵,有

$$\left.\begin{aligned}&\hat{\boldsymbol{u}}^{\prime(q-1,2)}=\hat{\boldsymbol{u}}^{\prime(q,4)},\quad\hat{\boldsymbol{u}}^{\prime(\bar{q}-1,3)}=\hat{\boldsymbol{u}}^{\prime(\bar{q},1)}\\&\hat{\boldsymbol{t}}^{(q-1,2)}+\hat{\boldsymbol{t}}^{(q,4)}=\boldsymbol{0},\quad\hat{\boldsymbol{t}}^{(\bar{q}-1,3)}+\hat{\boldsymbol{t}}^{(\bar{q},1)}=\boldsymbol{0}\end{aligned}\right\} \tag{6-33}$$

式中:q 和 $\bar{q}$ 分别为左右和上下相邻子胞。应用单胞周期性边界条件,并固定单胞四个角处的面平均扰动位移,即可消除总体刚度矩阵的奇异性,形成单胞的系统方程:

$$\boldsymbol{K}^{\mathrm{global}}\hat{\boldsymbol{U}}^{\prime}=\Delta\boldsymbol{C}\bar{\boldsymbol{\varepsilon}}+\boldsymbol{\Gamma}+\boldsymbol{G}_{\mathrm{cep}} \tag{6-34}$$

式中:$\Delta\boldsymbol{C}$ 代表相邻子胞局部刚度矩阵的差异;$\boldsymbol{\Gamma}$ 和 $\boldsymbol{G}_{\mathrm{cep}}$ 包含了热效应和循环弹塑性信息。

求解方程式(6-34)得到每个子胞的面平均扰动位移 $\hat{\boldsymbol{U}}^{\prime}$。将其代入式(6-31)求得位移微变量 $\boldsymbol{W}_i$,进而求解出单胞内的局部场量。

在子胞层面引入循环弹塑性影响后,子胞平均应变和宏观应变可以通过Hill应变集中矩阵 $\boldsymbol{A}^{(q)}$ 联系起来:

$$\bar{\boldsymbol{\varepsilon}}^{(q)}=\boldsymbol{A}^{(q)}\bar{\boldsymbol{\varepsilon}}+\boldsymbol{D}_{\mathrm{cep}}^{(q)} \tag{6-35}$$

式中:子胞平均应变 $\bar{\boldsymbol{\varepsilon}}^{(q)}$ 可采用子胞四个面上的应变求和再平均得到。因此,在不考虑循环弹塑性和热残余应力的条件下,通过依次施加不同方向的单位宏观应变,即可计算矩阵 $\boldsymbol{A}^{(q)}$ 中的每一列。矩阵 $\boldsymbol{D}_{\mathrm{cep}}^{(q)}=\bar{\boldsymbol{\varepsilon}}^{(q)}-\boldsymbol{A}^{(q)}\bar{\boldsymbol{\varepsilon}}$ 包含热和循环弹塑性贡献的向量,在循环弹塑性变形计算过程中不断迭代,直至收敛,即可求得每个子胞内的平均应力和应变。采用均匀化理论,宏观应力可由每个子胞内平均应力的体积加权平均求得:

$$\bar{\boldsymbol{\sigma}}=\frac{1}{V}\int\boldsymbol{\sigma}(x)\mathrm{d}V=\frac{1}{V}\sum_{q=1}^{N_q}\int_{V_q}\bar{\boldsymbol{\sigma}}^{(q)}(x)\mathrm{d}V^{(q)}=\sum_{q=1}^{N_q}v^{(q)}\bar{\boldsymbol{\sigma}}^{(q)} \tag{6-36}$$

式中：$v^{(q)}=V^{(q)}/V$，代表体积分数。

最后，复合材料的宏观本构方程可以写作如下形式：

$$\overline{\boldsymbol{\sigma}}=\boldsymbol{C}^{*}\overline{\boldsymbol{\varepsilon}}-(\overline{\boldsymbol{\sigma}}^{\mathrm{th}}+\overline{\boldsymbol{\sigma}}^{\mathrm{cep}}) \tag{6-37}$$

式中：$\boldsymbol{C}^{*}=\sum_{q=1}^{N_q}v^{(q)}\boldsymbol{C}^{(q)}\boldsymbol{A}^{(q)}$ 代表均匀化的刚度矩阵；体积平均意义下的循环弹塑性应力 $\overline{\boldsymbol{\sigma}}^{\mathrm{cep}}$ 和热应力 $\overline{\boldsymbol{\sigma}}^{\mathrm{th}}$ 由下式求得：

$$\overline{\boldsymbol{\sigma}}^{\mathrm{th}}+\overline{\boldsymbol{\sigma}}^{\mathrm{cep}}=-\sum_{q=1}^{N_q}v^{(q)}[\boldsymbol{C}^{(q)}\boldsymbol{D}_{\mathrm{cep}}^{(q)}-\boldsymbol{\Gamma}^{(q)}\Delta T-\overline{\boldsymbol{\sigma}}^{\mathrm{cep}(q)}] \tag{6-38}$$

由此获得复合材料的宏观循环弹塑性力学响应。

6.2.4 CEP - FVDAM 子胞循环弹塑性演化

式(6-34)中的矩阵 $\boldsymbol{G}$ 表示循环弹塑性贡献，它是每个子胞面平均循环弹塑性应变的整合。由经典塑性增量理论可知，每个子胞的塑性应变可由上一步的塑性应变和当前步的塑性应变增量步叠加求得：

$$\boldsymbol{\varepsilon}^{\mathrm{cep}(q)}(\eta,\xi)=\boldsymbol{\varepsilon}^{\mathrm{cep}(q)}(\eta,\xi)\big|_{\mathrm{previous}}+\mathrm{d}\boldsymbol{\varepsilon}^{\mathrm{cep}(q)}(\eta,\xi) \tag{6-39}$$

在传统 FVDAM 模型中，子胞内塑性应变仅与加载历史中的最大应变相关，在未超过加载历史峰值的情况下不会产生累积塑性变形，无法描述循环载荷工况时，材料会发生塑性变形累积的现象。因此本节引入 Abdel - Karim - Ohno[191-192] 循环弹塑性流动演化方程[见式(6-39)]中的循环弹塑性应变增量 $\mathrm{d}\varepsilon^{\mathrm{cep}(q)}(\eta,\xi)$，建立 CEP - FVDAM 模型，将传统 FV-DAM 模型扩展至循环弹塑性领域。

针对子胞中的每个积分点，在小应变假设下，总应变 $\boldsymbol{\varepsilon}$ 是弹性变形 $\boldsymbol{\varepsilon}^{\mathrm{e}}$ 和循环弹塑性变形 $\boldsymbol{\varepsilon}^{\mathrm{cep}}$ 的叠加，背应力 α 也可分为 N 部分的叠加：

$$\boldsymbol{\varepsilon}=\boldsymbol{\varepsilon}^{\mathrm{e}}+\boldsymbol{\varepsilon}^{\mathrm{cep}} \tag{6-40}$$

$$\boldsymbol{\alpha}=\sum_{i=1}^{N}\boldsymbol{\alpha}^{(i)} \tag{6-41}$$

利用胡克定律和与 Mises 型屈服面有关的流动法则 $F=0$，将式(6-40)中的函数 $\boldsymbol{\varepsilon}^{\mathrm{e}}$ 和 $\boldsymbol{\varepsilon}^{\mathrm{cep}}$ 写成如下形式：

$$\boldsymbol{\sigma}=\boldsymbol{C}:\boldsymbol{\varepsilon}^{\mathrm{e}} \tag{6-42}$$

$$\dot{\boldsymbol{\varepsilon}}^{\mathrm{cep}}=\dot{\lambda}\frac{\partial F}{\partial\boldsymbol{\sigma}} \tag{6-43}$$

$$F=\sqrt{\frac{3}{2}(\boldsymbol{s}-\boldsymbol{a}):(\boldsymbol{s}-\boldsymbol{a})}-Y \tag{6-44}$$

式中：(:) 表示内积计算；$\boldsymbol{C}$ 是刚度矩阵；$\dot{\lambda}$ 可以使用 $\dot{F}=0$ 和 $F=0$ 计算；$\boldsymbol{s}$ 和 $\boldsymbol{a}$ 是 $\boldsymbol{\sigma}$ 和 $\boldsymbol{\alpha}$ 的偏量。因此，在偏量空间中，$\boldsymbol{a}$ 是屈服面的中心，Y 表示屈服面的半径。

在非弹性变形的过程中，屈服面在偏量空间内会发生移动和膨胀，因此 $\boldsymbol{a}$ 和 Y 的值会根据加载历史不断演化，这里主要考虑由屈服面中心移动导致的随动硬化模型，因此 Y 在后续推导中为常数。由于 $\boldsymbol{a}$ 是 $\boldsymbol{\alpha}$ 的偏量，可将其表示为 N 部分的叠加：

$$\boldsymbol{a}=\sum_{i=1}^{N}\boldsymbol{a}^{(i)} \tag{6-45}$$

$\boldsymbol{a}$ 的演化由下式描述：

$$\dot{\boldsymbol{a}}^{(i)}=h^{(i)}\left[\frac{2}{3}\dot{\varepsilon}^{\mathrm{p}}-\mu\frac{\boldsymbol{a}^{(i)}}{r^{(i)}}\dot{p}-H(f^{(i)})\langle\dot{\lambda}^{(i)}\rangle\frac{\boldsymbol{a}^{(i)}}{r^{(i)}}\right] \tag{6-46}$$

$$\dot{\lambda}^{(i)}=\dot{\boldsymbol{\varepsilon}}^{\mathrm{cep}}:\frac{\boldsymbol{a}^{(i)}}{r^{(i)}}-\mu^{(i)}\dot{p} \tag{6-47}$$

式中：$h^{(i)}=\zeta^{(i)}r^{(i)}$，$\zeta^{(i)}$ 和 $r^{(i)}$ 为随动硬化参数；$\mu^{(i)}$ 为放大系数，范围为 0～1；$\mu^{(i)}=1$ 时模型退化为 AF 模型，$\mu^{(i)}=0$ 时，模型退化为 Ohno - WangI 模型，$r^{(i)}$ 可通过单向拉伸试验确定；⟨⟩为 Macaulay 运算符（即，$x\geqslant 0$ 时，$\langle x\rangle=x$；$x<0$ 时，$\langle x\rangle=0$）；$f^{(i)}=3/2[\boldsymbol{a}^{(i)}:\boldsymbol{a}(i)]-[r^{(i)}]^2$ 代表了一个临界面，限制了动态恢复项的过渡演化。$\dot{p}$ 代表累积塑性变形，其表达式为

$$\dot{p}=\sqrt{\frac{2}{3}\dot{\boldsymbol{\varepsilon}}^{\mathrm{cep}}:\dot{\boldsymbol{\varepsilon}}^{\mathrm{cep}}} \tag{6-48}$$

在定义了复合材料子胞积分点的循环弹塑性流动演化方程后，为了求解这个非线性问题，需要将式(6 - 40)～式(6 - 46)在每个子胞中对时间 t 进行离散。本章推导的复合材料循环弹塑性模型中，假设每个子胞材料属性均为各向同性，复合材料各向异性由 FVDAM 耦合基体与纤维的共同作用体现。因此子胞累积塑性应变计算与传统各向同性材料的数值计算方法相同，式(6 - 40)～式(6 - 46)可离散为如下形式：

$$\boldsymbol{\varepsilon}_{n+1}=\boldsymbol{\varepsilon}_{n+1}^{\mathrm{e}}+\boldsymbol{\varepsilon}_{n+1}^{\mathrm{cep}} \tag{6-49}$$

$$\boldsymbol{\varepsilon}_{n+1}^{\mathrm{cep}}=\boldsymbol{\varepsilon}_{n}^{\mathrm{cep}}+\Delta\boldsymbol{\varepsilon}_{n+1}^{\mathrm{cep}} \tag{6-50}$$

$$\boldsymbol{\sigma}_{n+1}=\boldsymbol{C}:(\boldsymbol{\varepsilon}_{n+1}-\boldsymbol{\varepsilon}_{n+1}^{\mathrm{cep}}) \tag{6-51}$$

$$\Delta\boldsymbol{\varepsilon}_{n+1}^{\mathrm{cep}}=\sqrt{\frac{3}{2}}\Delta p_{n+1}\boldsymbol{n}_{n+1} \tag{6-52}$$

$$\boldsymbol{n}_{n+1}=\sqrt{\frac{3}{2}}\frac{\boldsymbol{s}_{n+1}-\boldsymbol{a}_{n+1}}{Y} \tag{6-53}$$

$$F_{n+1}=\frac{3}{2}(\boldsymbol{s}_{n+1}-\boldsymbol{a}_{n+1}):(\boldsymbol{s}_{n+1}-\boldsymbol{a}_{n+1})-Y^2 \tag{6-54}$$

$$\boldsymbol{a}_{n+1}=\sum_{i=1}^{M}\boldsymbol{a}_{n+1}^{(i)} \tag{6-55}$$

$$\boldsymbol{a}_{n+1}^{(i)}=\theta_{n+1}^{(i)}\left(\boldsymbol{a}_{n}^{(i)}+\frac{2}{3}h^{(i)}\Delta\boldsymbol{\varepsilon}_{n+1}^{\mathrm{cep}}\right) \tag{6-56}$$

式中：下标 n 和 $n+1$ 分别表示时刻 t_n 和 t_{n+1}；$\theta_{n+1}^{(i)}$ 的具体表达式由径向回退方法求得，具体过程在后续推导给出。

至此，问题可以描述为：已知 t_n 时刻的变量 $\boldsymbol{\sigma}_n$，$\boldsymbol{a}_n^{(i)}$，$\boldsymbol{\varepsilon}_n$，$\boldsymbol{\varepsilon}_n^{\mathrm{cep}}$，$p_n$，$Y$，求 $\boldsymbol{\sigma}_{n+1}$ 使其满足离散方程[见式(6 - 49)～式(6 - 56)]。

使用回退映射方法进行求解，回退映射方法由弹性预测和塑性校正两个步骤组成。弹性预测意味着假设应变增量是弹性增量，因此 t_{n+1} 时刻的试应力 $\boldsymbol{\sigma}_{n+1}^{*}$ 为

$$\boldsymbol{\sigma}_{n+1}^{*}=\boldsymbol{C}:(\boldsymbol{\varepsilon}_{n+1}-\boldsymbol{\varepsilon}_{n+1}^{\mathrm{cep}}) \tag{6-57}$$

检查试应力是否超过屈服面：

$$F_{n+1}^{*}=\frac{3}{2}(\boldsymbol{s}_{n+1}^{*}-\boldsymbol{a}_{n+1}^{*}):(\boldsymbol{s}_{n+1}^{*}-\boldsymbol{a}_{n+1}^{*})-Y^{2} \tag{6-58}$$

若 $F_{n+1}^{*}<0$,弹性预测正确,$\boldsymbol{\sigma}_{n+1}=\boldsymbol{\sigma}_{n+1}^{*}$。

若 $F_{n+1}^{*}\geqslant 0$,弹性预测错误,塑性变形发生,真实应力 $\boldsymbol{\sigma}_{n+1}$ 需要回退到屈服面,根据式(6-50)、式(6-51)和式(6-57)可得

$$\boldsymbol{\sigma}_{n+1}=\boldsymbol{\sigma}_{n+1}^{*}-\boldsymbol{C}:\Delta\boldsymbol{\varepsilon}_{n+1}^{\text{cep}} \tag{6-59}$$

式中:$\boldsymbol{C}:\Delta\boldsymbol{\varepsilon}_{n+1}^{\text{cep}}$ 为塑形矫正部分。

根据式(6-59),若 $\Delta\boldsymbol{\varepsilon}_{n+1}^{\text{cep}}$ 已知,容易计算出 $\boldsymbol{\sigma}_{n+1}$。为计算 $\Delta\boldsymbol{\varepsilon}_{n+1}^{\text{cep}}$,首先利用式(6-59)的偏量形式和 $\boldsymbol{C}:\Delta\boldsymbol{\varepsilon}_{n+1}^{\text{cep}}=2G\Delta\boldsymbol{\varepsilon}_{n+1}^{\text{cep}}$ 关系,并代入式(6-55),得

$$\boldsymbol{s}_{n+1}-\boldsymbol{a}_{n+1}=\boldsymbol{s}_{n+1}^{*}-2G\Delta\boldsymbol{\varepsilon}_{n+1}^{\text{cep}}-\sum_{i=1}^{M}\boldsymbol{a}_{n+1}^{(i)} \tag{6-60}$$

式中:G 是剪切模量。

将(6-56)写作如下形式:

$$\boldsymbol{a}_{n+1}^{(i)}=\theta_{n+1}^{(i)}\left[\boldsymbol{a}_{n}^{(i)}+\frac{2}{3}r^{(i)}\zeta^{(i)}\Delta\boldsymbol{\varepsilon}_{n+1}^{\text{cep}}\right] \tag{6-61}$$

式中:$\zeta^{(i)}=h^{(i)}/r^{(i)}$。

利用式(6-52)和(6-53)消除式(6-61)和式(6-60)中的 $\Delta\boldsymbol{\varepsilon}_{n+1}^{\text{cep}}$,将式(6-60)改写成如下形式:

$$\boldsymbol{s}_{n+1}-\boldsymbol{a}_{n+1}=\frac{Y\left[s_{n+1}^{*}-\sum_{i=1}^{M}\theta_{n+1}^{(i)}\boldsymbol{a}_{n}^{(i)}\right]}{Y+\left[3G+\sum_{i=1}^{M}\theta_{n+1}^{(i)}r^{(i)}\zeta^{(i)}\right]\Delta p_{n+1}} \tag{6-62}$$

式中:Δp_{n+1} 可由屈服函数 $F_{n+1}=0$ 求得,即

$$\Delta p_{n+1}=\frac{\left\{\frac{3}{2}\left[s_{n+1}^{*}-\sum_{i=1}^{M}\theta_{n+1}^{(i)}\boldsymbol{a}_{n}^{(i)}\right]:\left[\boldsymbol{s}_{n+1}^{*}-\sum_{i=1}^{M}\theta_{n+1}^{(i)}\boldsymbol{a}_{n}^{(i)}\right]\right\}^{1/2}-Y}{3G+\sum_{i=1}^{M}\theta_{n+1}^{(i)}r^{(i)}\zeta^{(i)}} \tag{6-63}$$

因此,利用式(6-52)和(6-53),$\Delta\boldsymbol{\varepsilon}_{n+1}^{\text{cep}}$ 计算如下:

$$\Delta\boldsymbol{\varepsilon}_{n+1}^{\text{cep}}=\frac{3}{2}\Delta p_{n+1}\frac{\boldsymbol{s}_{n+1}-\boldsymbol{a}_{n+1}}{Y} \tag{6-64}$$

式中:$\boldsymbol{s}_{n+1}-\boldsymbol{a}_{n+1}$ 可由式(6-62)和(6-63)计算,即

$$\boldsymbol{s}_{n+1}-\boldsymbol{a}_{n+1}=\frac{Y\left[\boldsymbol{s}_{n+1}^{*}-\sum_{i=1}^{M}\theta_{n+1}^{(i)}\boldsymbol{a}_{n}^{(i)}\right]}{\left\{\frac{3}{2}\left[\boldsymbol{s}_{n+1}^{*}-\sum_{i=1}^{M}\theta_{n+1}^{(i)}\boldsymbol{a}_{n}^{(i)}\right]:\left[\boldsymbol{s}_{n+1}^{*}-\sum_{i=1}^{M}\theta_{n+1}^{(i)}\boldsymbol{a}_{n}^{(i)}\right]\right\}^{1/2}} \tag{6-65}$$

塑性变形时屈服面会发生移动,应使用特定的硬化规则修正硬化参数。在本章推导的模型中,主要考虑随动硬化现象,将屈服面半径 Y 设为常数,屈服面中心 $\boldsymbol{a}$ 移动。因此,为了计算 Δp_{n+1},采用逐次迭代法。$\theta_{n+1}^{(i)}$ 应在每一步中进行更新,直到达到 Δp_{n+1} 收敛条件,详细过程如下:

本章采用的 Abdel - Karim - Ohno 模型中 $\boldsymbol{a}$ 的演化是 AF 模型和 Ohno Wang Ⅰ模型的线性组合，即

$$\dot{\boldsymbol{a}}^{(i)}=\zeta^{(i)}\left[\frac{2}{3}r^{(i)}\dot{\boldsymbol{\varepsilon}}^{\text{cep}}-\mu\boldsymbol{a}^{(i)}\dot{p}-H(f^{(i)})\langle\dot{\lambda}^{(i)}\rangle\boldsymbol{a}^{(i)}\right] \tag{6-66}$$

式中：⟨⟩表示 Macaulay 运算符；$f^{(i)}=3/2[\boldsymbol{a}^{(i)}:\boldsymbol{a}^{(i)}]-r^{(i)2}$ 表示临界面。

利用 $f^{(i)}=0$ 和 $\dot{f}^{(i)}=0$，$\dot{\lambda}^{(i)}$ 表示为

$$\dot{\lambda}^{(i)}=\dot{\boldsymbol{\varepsilon}}^{\text{cep}}:\frac{\boldsymbol{a}^{(i)}}{r^{(i)}}-\mu\dot{p} \tag{6-67}$$

用 Heaviside 阶跃函数 $H[f^{(i)}]$ 约束$\boldsymbol{a}^{(i)}$ 动态恢复，当 $\boldsymbol{a}^{(i)}$ 超过临界面时 $\{f^{(i)}[a^{(i)}]>0\}$，其值由函数 $f^{(i)}[\boldsymbol{a}^{(i)}]=0$ 确定。从而降低动态恢复的影响，提高预测的精度。

迭代过程中，使用径向回退方法更新式(6 - 61)中的 $\theta_{n+1}^{(i)}$。首先忽略临界面 $f_i=0$，利用式(6 - 66)预测 $\boldsymbol{a}_{n+1}^{(i)}$：

$$\boldsymbol{a}_{n+1}^{\#(i)}=c_{n+1}^{(i)}\left[\boldsymbol{a}_n^{(i)}+\frac{2}{3}r^{(i)}\zeta^{(i)}\Delta\boldsymbol{\varepsilon}_{n+1}^{\text{cep}}\right]=c_{n+1}^{(i)}\boldsymbol{a}_{n+1}^{\#(i)} \tag{6-68}$$

式中

$$c_{n+1}^{(i)}=\frac{1}{1+\mu^{(i)}\zeta^{(i)}\Delta p_{n+1}} \tag{6-69}$$

若 $\boldsymbol{a}_{n+1}^{\#(i)}$ 在临界面以下，$\boldsymbol{a}_{n+1}^{(i)}=\boldsymbol{a}_{n+1}^{\#(i)}$；若 $\boldsymbol{a}_{n+1}^{\#(i)}$ 在临界面以外，通过 $\boldsymbol{a}_{n+1}^{\#(i)}$ 投影到临界面推导 $\boldsymbol{a}_{n+1}^{(i)}$，径向回退过程为

$$\boldsymbol{a}_{n+1}^{(i)}=\tilde{\theta}_{n+1}^{(i)}\boldsymbol{a}_{n+1}^{\#(i)} \tag{6-70}$$

$$\tilde{\theta}_{n+1}^{(i)}=1+H[f_{n+1}^{\#(i)}]\left[\frac{r^{(i)}}{\bar{a}_{n+1}^{\#(i)}}-1\right] \tag{6-71}$$

$$\theta_{n+1}^{(i)}=\tilde{\theta}_{n+1}^{(i)}c_{n+1}^{(i)}=c_{n+1}^{(i)}+H[f_{n+1}^{\#(i)}]\left[\frac{r^{(i)}}{\bar{a}_{n+1}^{\#(i)}}-c_{n+1}^{(i)}\right] \tag{6-72}$$

式中：$\bar{a}_{n+1}^{\#(i)}=(3/2\,\boldsymbol{a}_{n+1}^{\#(i)}:\boldsymbol{a}_{n+1}^{\#(i)})^{1/2}$；$f_{n+1}^{\#(i)}=\bar{a}_{n+1}^{\#(i)}:\bar{a}_{n+1}^{\#(i)}-r^{(i)2}$。

最后，将式(6 - 72)写为如下形式：

$$\theta_{n+1}^{(i)}=\begin{cases}c_{n+1}^{(i)}\ , & f_{n+1}^{\#(i)}\leqslant 0\\ \dfrac{r^{(i)}}{\sqrt{\dfrac{3}{2}\boldsymbol{a}_{n+1}^{*(i)}:\boldsymbol{a}_{n+1}^{*(i)}}}, & f_{n+1}^{\#(i)}>0\end{cases} \tag{6-73}$$

采用上述径向回退过程更新 $\theta_{n+1}^{(i)}$ 后，即可更新 Δp_{n+1}，当满足收敛条件时，可以推导出 $\boldsymbol{\varepsilon}_{n+1}^{\text{cep}}$、$\boldsymbol{a}_{n+1}^{(i)}$ 和 $\boldsymbol{\sigma}_{n+1}$。在本章推导的模型中，第 q 个子胞中的累积塑性应变增量需满足下述收敛条件：

$$|1-\Delta p_{i+1}^{(q)}(k-1)/\Delta p_{i+1}^{(q)}(k)|<10^{-4},\quad k=1,2,3\ldots \tag{6-74}$$

在每个基体子胞中应用上述算法计算循环弹塑性流动演化方程，推导出每个子胞[见式(6 - 39)]中 t_{n+1} 时刻的循环弹塑性应变，进而计算出式(6 - 34)中的循环弹塑性矩阵 $\boldsymbol{G}_{\text{cep}}$ 以及式(6 - 35)中的矩阵 $\boldsymbol{D}_{\text{cep}}^{(q)}$，最后计算出复合材料在常温循环载荷下的弹塑性响应。

整个算法流程如图 6 - 4 所示，包括内外两层循环，外层循环定义了宏观加载过程。如

前所述,复合材料在制作过程中经历了高温冷却固化的过程,在常温环境下必须考虑热残余应力的影响,因此在最外层宏观加载循环中,首先引入一个温度加载 ΔT ,并将其离散成 n 个加载步进行数值计算,降温后再进行宏观机械加载,同时将其离散为 m 步进行数值计算。

算法的内层循环表示在外界温度和循环载荷条件下,计算第 i 步加载中复合材料宏细观响应的过程,通过等效热膨胀系数求得宏观热残余应力 $\bar{\boldsymbol{\sigma}}^{\text{th}}$ 之后,材料的宏细观热力学响应便会作为初始条件输入模型中,在此基础上计算出循环加载下第 q 子胞的循环弹塑性应变 $\boldsymbol{\varepsilon}^{\text{cep}}$ 。在所有子胞中的塑性应变都满足收敛条件后,便可求得当前加载步的细观应力-应变场了,通过体积平均的方式求得复合材料在该加载步的宏观力学响应。

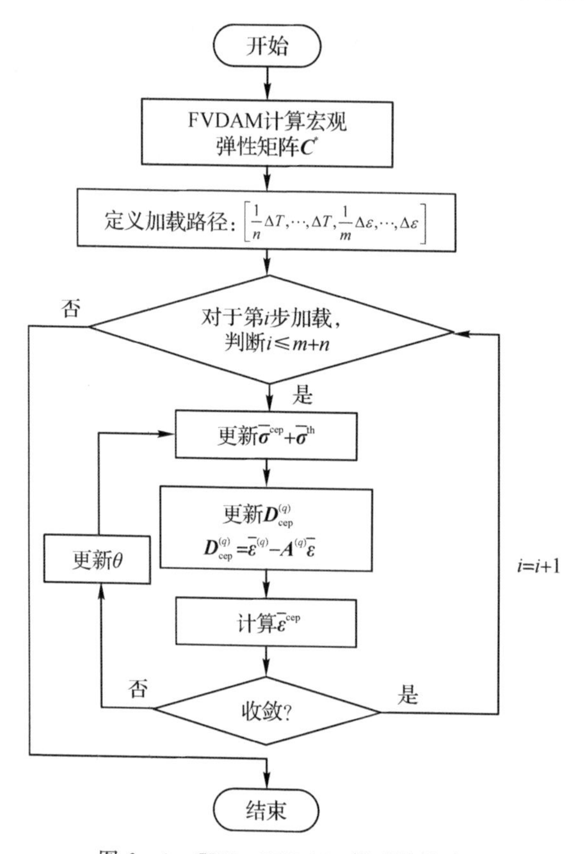

图 6-4　CEP-FVDAM 模型算法流程

6.3　复合材料循环弹塑性细观力学模型有效性验证与数值分析

6.3.1　CEP-FVDAM 与有限元的对比验证

为了验证本章 CEP-FVDAM 模型的有效性,本节采用有限元理论(Finite Element Method, FEM)和 CEP-FVDAM 理论各建立一个纤维体积分数为 30%的单胞模型,如图

6－5 所示，两个模型所采用单胞的几何尺寸和离散化方式完全一致，计算过程均在 MATLAB 环境中，纤维和基体的材料参数见表 6－1，基体材料循环弹塑性本构模型参数见表 6－2。

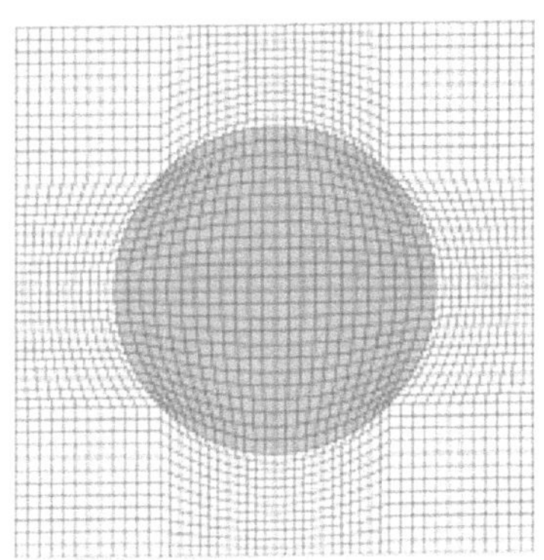

图 6－5　CEP－FVDAM 和 FEM 模型离散化单胞

表 6－1　纤维和基体材料参数

参数名称	基体	纤维
弹性模量 E/GPa	215	400
泊松比 ν	0.33	0.25
热膨胀系数 $\alpha/10^{-6}$ ℃$^{-1}$	8	4.86
屈服应力 Y/MPa	220	∞(纯弹性)

表 6－2　基体材料循环弹塑性本构模型参数

随动硬化参数 $\zeta^{(i)}$	随动硬化参数 $r^{(i)}$
$\zeta^{(1)}=2\ 000$	$r^{(1)}=50$
$\zeta^{(2)}=500$	$r^{(2)}=50$
$\zeta^{(3)}=200$	$r^{(3)}=50$
$\zeta^{(4)}=50$	$r^{(4)}=100$

FEM 理论是细观力学方法中公认的"黄金"标准，基于变分原理或者最小势能原理，建立总体系统平衡方程和单元刚度矩阵，利用单元连续条件将单元刚度矩阵组装起来，得到整体系统的位移和载荷方程；CEP－FVDAM 基于经典力学理论建立局部刚度矩阵和总体刚度矩阵，控制方程为单元内体积平均局部平衡方程，离散后每个单元满足平均意义上的强形式平衡方程。因此，二者从原理上属于两种不同的数值方法，将采用 FEM 得到的计算结果与 CEP－FVDAM 模型进行对比，在有效性验证上更具有说服力。

本章所建模型是针对长纤维增强复合材料的，其塑性是由基体相提供的。因此，为了更好地检验模型模拟复合材料循环弹塑性响应的能力，本节将对复合材料横向应变加载试验进行模拟。在应变控制的复合材料横向加载试验中，控制条件为 22 方向的宏观应变值 $\bar{\varepsilon}_{22}$，其余方向无约束，应变可由胡克定律求得。因此，模型的已知输入条件为宏观六个方向的应变。在进行横向加载之前，对单胞进行 $\Delta T=-550$ ℃ 的温度加载，以模拟复合材料的冷却固化过程。

1.横向单调加载

本节从简单的横向单调加载过程开始，从细观应力场和宏观力学曲线两个方面对模型的有效性进行验证。图 6-6 代表了复合材料经历了 $\Delta T=-550$ ℃ 降温过程后单胞内部产生的局部应力场，可以看出，FEM 和 CEP-FVDAM 的计算结果高度一致，证明了 CEP-FVDAM 模型的有效性。

对复合材料的宏观力学响应进行模拟，除了热残余应力的影响，由于模型在基体相引入了 Abdel-Karim-Ohno 循环弹塑性模型，其塑性响应还应与模型中的加权系数 μ 相关。为了检验模型能否成功捕捉到热残余应力和加权系数的影响，采用三种不同的加权系数（$\mu=0$，$\mu=0.15$，$\mu=1$），分别计算单胞降温前（$\Delta T=0$ ℃）和降温后（$\Delta T=-550$ ℃）的横向加载至 1%应变时的宏观响应曲线。从图 6-7 可以看出，从模型验证角度出发，FEM 和 CEP-FVDAM 的计算结果基本完全重合，验证了 CEP-FVDAM 模型的正确性；从模型模拟能力出发，可以看出经历降温过程的宏观应力在塑性阶段略微大于未经历降温的曲线，说明模型能够捕捉到热残余应力对复合材料宏观力学响应的影响；同时，从不同加权系数在横向宏观加载 $\bar{\varepsilon}_{22}=1\%$ 处的应力值可以看出，随着加权系数的增大，应力逐渐减小，验证了 CEP-FVDAM 模型能够成功捕捉加权系数的影响，这进一步证明了模型的有效性。

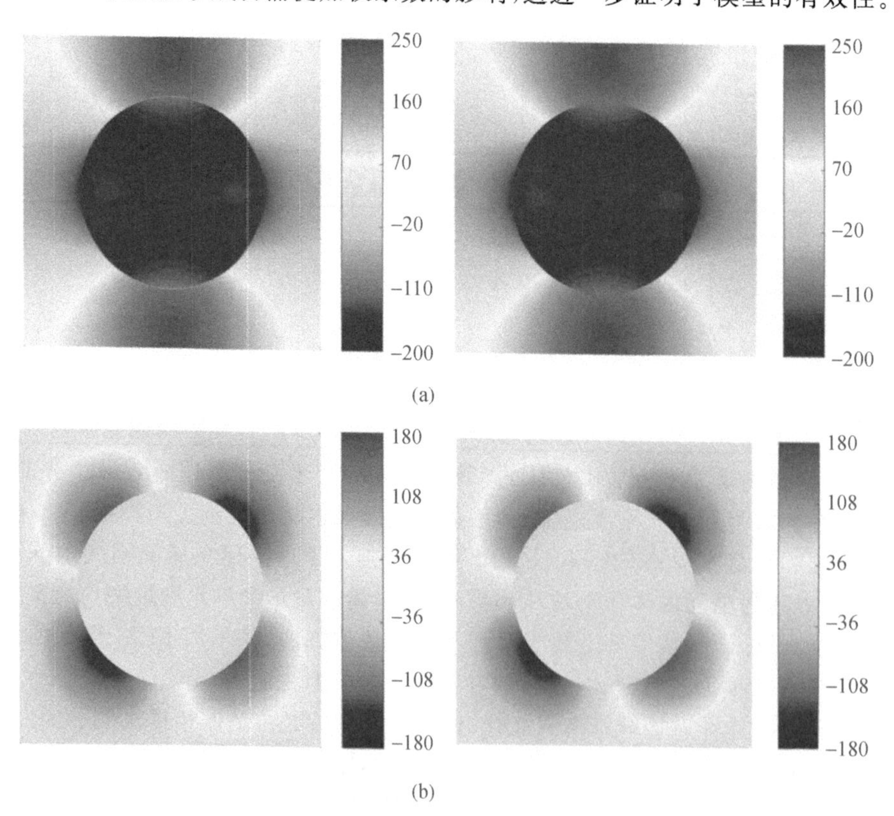

图 6-6 经历 $\Delta T=-550$ ℃ 降温后的单胞局部应力场：FEM(左)；CEP-FVDAM(右)

(a)σ_{22}/MPa；(b)σ_{23}/MPa

为了体现 FEM 和 CEP－FVDAM 收敛性的差异，将图 6－7(b)中 $\Delta T=-550$ ℃ 条件下，横向应变加载 1%处的等效塑性应变场以及 22，23 方向的应力场量绘制到图 6－8 中。从整体上看，CEP－FVDAM 和 FEM 的云图结果高度一致，证明 CEP－FVDAM 模型能够有效模拟复合材料残余应力影响下的细观力学响应。两种方法预测的塑性应变都出现在纤维/基体界面附近，这是由于纤维和基体材料参数不同，导致其分界处产生了应力集中。在处理应力集中区域的大梯度场和非线性问题时，FEM 需要使用非常细密的网格，否则结果容易发散，而 CEP－FVDAM 理论在局部采用了强连续性条件，因而在处理大梯度、强非线性问题时表现更好。

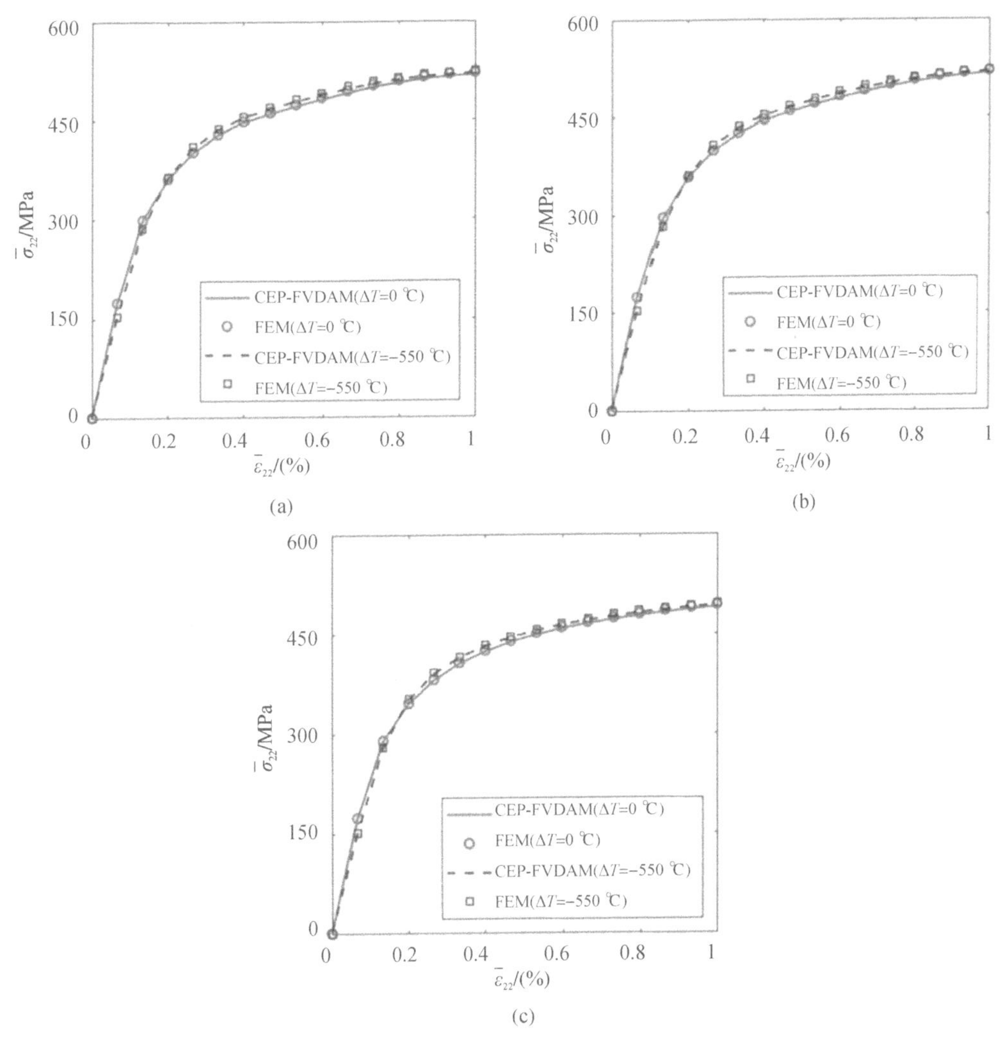

图 6－7　不同放大系数 μ 下宏观热-力耦合响应曲线对比

(a)$\mu=0$；(b)$\mu=0.15$；(c)$\mu=1$

为了体现 CEP－FVDAM 在计算大梯度问题下的优越性，在图 6－8(b)的模拟结果中选取 A、B 两点，A 点(－0.4，0.5)在应力集中区域，B 点(0，0.9)在应力光滑区域。图6－9(a)将 A 点处的应力云图进行放大，FEM 模拟显示，纤维/基体界面附近局部区域的应力场存在小的不连续性，而 CEP－FVDAM 模拟的应力场依然非常光滑，这是因为在纤维/基体界面处产生了较大的应力集中和变形梯度。由于不满足局部平衡方程，因此 FEM 需要在受影响区域进行更详细的网格离散，以避免应力不连续。为了进一步定量分析两种方法收敛性的差异，将 A、B 两点在宏观加载过程中的应力计算结果进行对比，如图 6－9(b)所示，FEM 和 CEP－FVDAM 在 B 点处的结果非常一致，证明了 CEP－FVDAM 模型的可靠性。在 A 点，FEM 计算结果是发散的，而 CEP－FVDAM 的结果保持了良好的收敛性。这是由于 FEM 基于变分原理，满足弱形式平衡方程，在纤维基体附近的强非线性区域对迭代算法要求很高，容易出现收敛性问题；而 CEP－FVDAM 离散后每个子胞满足强形式平衡方程，在非线性区域具有更好的收敛性。

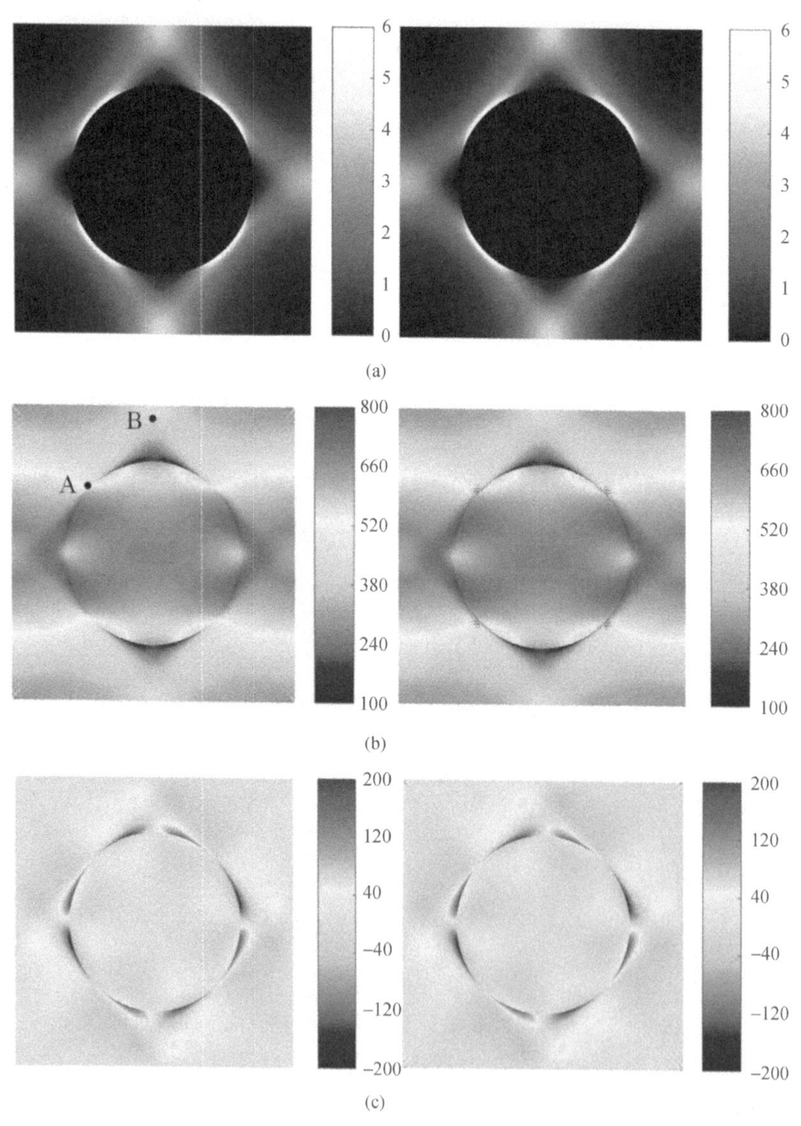

图 6－8　经历 $\Delta T=-550$ ℃ 温度加载和 $\bar{\varepsilon}_{22}=1\%$ 局部应力场($\mu=0.15$)：FEM(左)；CEP－FVDAM(右)

(a) $\varepsilon_{\mathrm{eff}}^{\mathrm{cep}}/(\%)$；(b) σ_{22}/MPa；(c) σ_{23}/MPa

CEP - FVDAM 则基于经典力学理论建立局部刚度矩阵和总体刚度矩阵，控制方程为单元内体积平均局部平衡方程，离散后每个单元满足平均意义上的强形式平衡方程。FEM 的控制方程为最小势能原理，只能满足弱形式平衡方程。

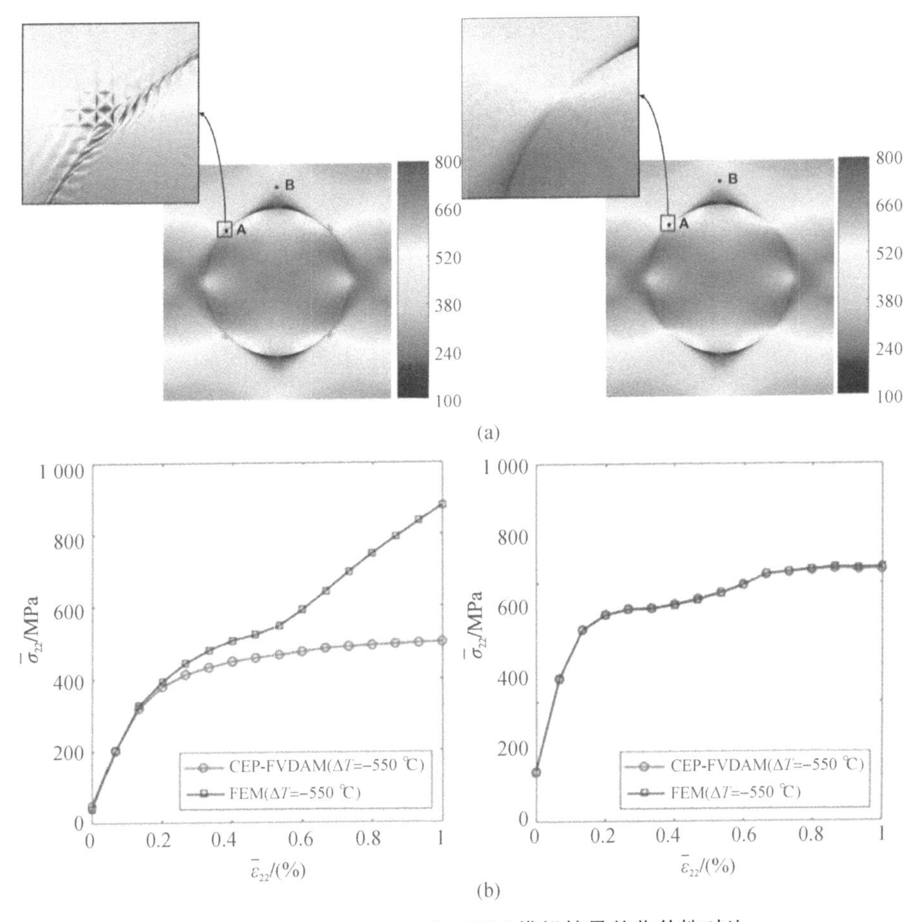

图 6 - 9 CEP - FVDAM 与 FEM 模拟结果的收敛性对比

(a)应力集中区云图对比：FEM(左)；CEP - FVDAM(右)；

(b)横向单调加载下 A 点(左)和 B 点(右)应力-应变曲线对比

2.横向循环加载

在通过单调加载模拟验证了模型的有效性之后，进一步检验 CEP - FVDAM 模型对复合材料在常温循环加载条件下的计算能力。图 6 - 10 代表了计算中具体的循环加载过程，复合材料将受到横向应变循环载荷，载荷值在 1%～2%之间往复。为了体现出残余应力的影响，在机械加载之前对材料进行了 $\Delta T = -550$ ℃ 的温度加载。同时，将未经历冷却过程的循环弹塑性响应模拟结果作为对照。

图 6 - 11 为不同放大系数下 FEM 和 CEP - FVDAM 宏观横向循环弹塑性响应曲线对比，可以看出，考虑热残余应力，CEP - FVDAM 的计算结果与 FEM 高度吻合，证明了 CEP - FVDAM模型预测复合材料常温循环弹塑性行为的可靠性。同时，循环弹塑性累积

的过程很大程度上依赖放大系数 μ，当 $\mu=0$ 时，基体本构模型退化为 Ohno - Wang 模型[193]，循环弹塑性累积可以忽略不计，模拟曲线上的最大应变和最小应力停留在两条水平平行线上，在这种情况下没有棘轮效应；当放大系数增加至 $\mu=0.15$ 时，累积塑性效应逐渐显现，应力峰值开始随循环周次下降；当放大系数增加至 $\mu=1$ 时，基体本构模型退化为 AF 模型，应力随循环周次下降的幅度最显著。通过不同放大系数下的模拟，验证了 CEP - FVDAM 模型能够有效捕捉不同放大系数对复合材料循环弹塑性响应的影响。

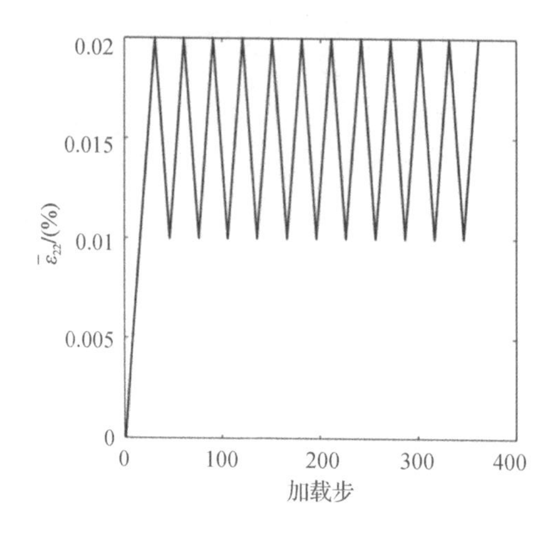

图 6 - 10　循环加载过程

同时，针对横向加载的情况，热残余应力对复合材料的循环弹塑性响应的影响非常小，说明复合材料在不同偏轴角度下对热残余应力的敏感程度是不同的。针对此问题，6.3.2 节将对复合偏轴角度和热残余应力影响进行分析。

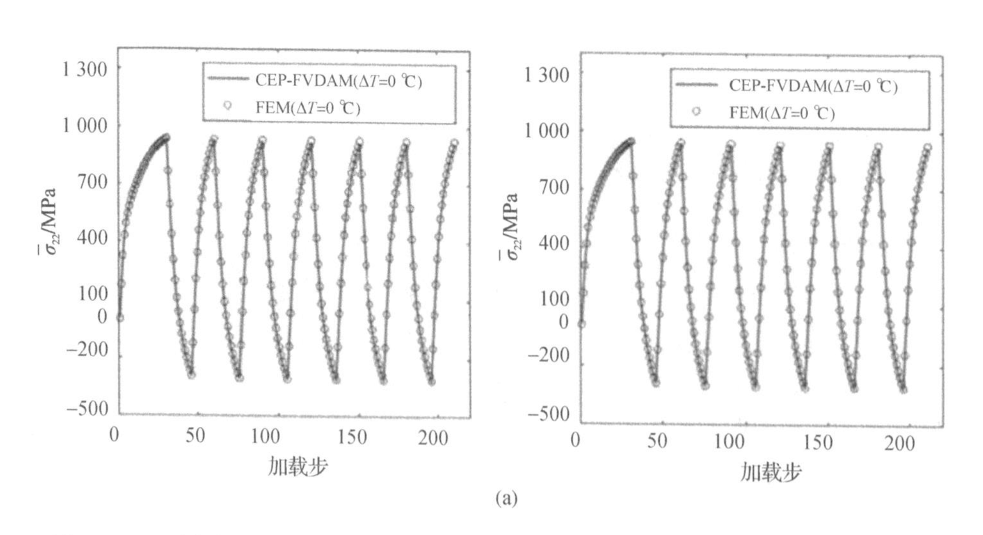

图 6 - 11　不同放大系数下 FEM 和 CEP - FVDAM 的宏观横向循环弹塑性响应曲线对比

(a)$\mu=0$

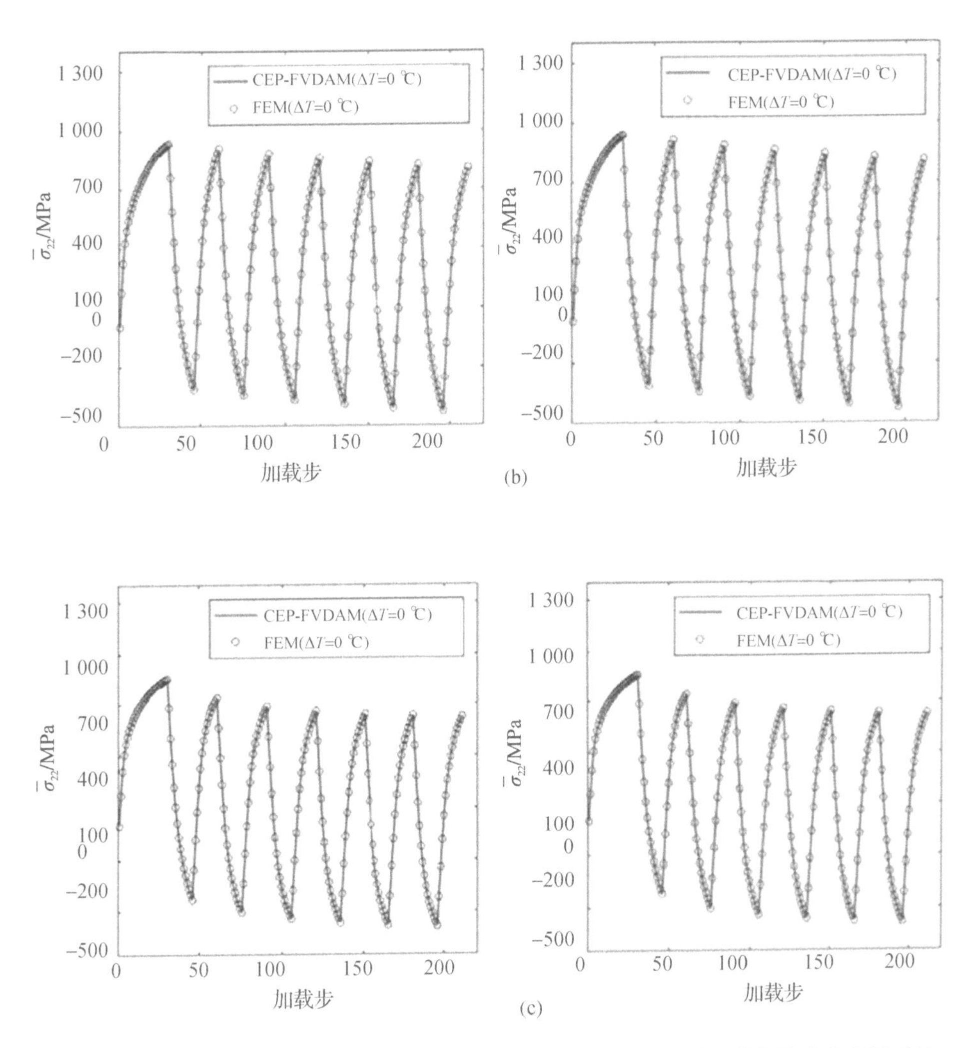

续图 6-11　不同放大系数下 FEM 和 CEP-FVDAM 宏观横向循环弹塑性响应曲线对比

(b)$\mu=0.15$；(c)$\mu=1$

6.3.2　偏轴角度和热残余应力影响分析

本章建立的 CEP-FVDAM 模型是基于材料主方向建立的本构方程，如图 6-12(a)所示，材料主方向坐标系为(1,2,3)。为了达到材料性能设计的目标，复合材料单层板中会出现纤维铺层方向与材料主轴方向呈一定角度的情况，此时材料所受加载形式为偏轴加载，加载方向与材料主方向之间的夹角称为偏轴角度 θ。图 6-12(a)(b)分别表示材料主方向坐标系(1,2,3)和偏轴加载整体坐标(x,y,z)的关系，采用坐标变换准则，将整体坐标系下的应力 $\bar{\boldsymbol{\sigma}}_\theta=[\bar{\sigma}_{xx}\quad\bar{\sigma}_{yy}\quad\bar{\sigma}_{zz}\quad\bar{\sigma}_{yz}\quad\bar{\sigma}_{xz}\quad\bar{\sigma}_{xy}]^{\mathrm{T}}$ 与主方向坐标系下的应力 $\bar{\boldsymbol{\sigma}}=[\bar{\sigma}_{11}\quad\bar{\sigma}_{22}\quad\bar{\sigma}_{33}\quad\bar{\sigma}_{23}\quad\bar{\sigma}_{13}\quad\bar{\sigma}_{12}]^{\mathrm{T}}$ 之间的关系写作如下形式：

$$\begin{bmatrix} \bar{\sigma}_{11} \\ \bar{\sigma}_{22} \\ \bar{\sigma}_{33} \\ \bar{\sigma}_{23} \\ \bar{\sigma}_{13} \\ \bar{\sigma}_{12} \end{bmatrix} = \begin{bmatrix} \cos^2\theta & \sin^2\theta & 0 & 0 & 0 & \sin 2\theta \\ \sin^2\theta & \cos^2\theta & 0 & 0 & 0 & -\sin 2\theta \\ 0 & 0 & 1 & 0 & 0 & 0 \\ 0 & 0 & 0 & \cos\theta & -\sin\theta & 0 \\ 0 & 0 & 0 & \sin\theta & \cos\theta & 0 \\ -\dfrac{\sin 2\theta}{2} & \dfrac{\sin 2\theta}{2} & 0 & 0 & 0 & \cos 2\theta \end{bmatrix} \begin{bmatrix} \bar{\sigma}_{xx} \\ \bar{\sigma}_{yy} \\ \bar{\sigma}_{zz} \\ \bar{\sigma}_{yz} \\ \bar{\sigma}_{xz} \\ \bar{\sigma}_{xy} \end{bmatrix} = \boldsymbol{T}_1 \begin{bmatrix} \bar{\sigma}_{xx} \\ \bar{\sigma}_{yy} \\ \bar{\sigma}_{zz} \\ \bar{\sigma}_{yz} \\ \bar{\sigma}_{xz} \\ \bar{\sigma}_{xy} \end{bmatrix} \tag{6-75}$$

整体坐标系下的应变 $\bar{\boldsymbol{\varepsilon}}_\theta = [\bar{\varepsilon}_{xx} \quad \bar{\varepsilon}_{yy} \quad \bar{\varepsilon}_{zz} \quad 2\bar{\varepsilon}_{yz} \quad 2\bar{\varepsilon}_{xz} \quad 2\bar{\varepsilon}_{xy}]^{\mathrm{T}}$ 通过下式转换为主方向坐标系应变 $\bar{\boldsymbol{\varepsilon}} = [\bar{\varepsilon}_{11} \quad \bar{\varepsilon}_{22} \quad \bar{\varepsilon}_{33} \quad 2\bar{\varepsilon}_{23} \quad 2\bar{\varepsilon}_{13} \quad 2\bar{\varepsilon}_{12}]^{\mathrm{T}}$：

$$\begin{bmatrix} \bar{\varepsilon}_{11} \\ \bar{\varepsilon}_{22} \\ \bar{\varepsilon}_{33} \\ 2\bar{\varepsilon}_{23} \\ 2\bar{\varepsilon}_{13} \\ 2\bar{\varepsilon}_{12} \end{bmatrix} = \begin{bmatrix} \cos^2\theta & \sin^2\theta & 0 & 0 & 0 & \dfrac{\sin 2\theta}{2} \\ \sin^2\theta & \cos^2\theta & 0 & 0 & 0 & -\dfrac{\sin 2\theta}{2} \\ 0 & 0 & 1 & 0 & 0 & 0 \\ 0 & 0 & 0 & \cos\theta & -\sin\theta & 0 \\ 0 & 0 & 0 & \sin\theta & \cos\theta & 0 \\ -\sin 2\theta & \sin 2\theta & 0 & 0 & 0 & \cos 2\theta \end{bmatrix} \begin{bmatrix} \bar{\varepsilon}_{xx} \\ \bar{\varepsilon}_{yy} \\ \bar{\varepsilon}_{zz} \\ 2\bar{\varepsilon}_{yz} \\ 2\bar{\varepsilon}_{xz} \\ 2\bar{\varepsilon}_{xy} \end{bmatrix} = \boldsymbol{T}_2 \begin{bmatrix} \bar{\varepsilon}_{xx} \\ \bar{\varepsilon}_{yy} \\ \bar{\varepsilon}_{zz} \\ 2\bar{\varepsilon}_{yz} \\ 2\bar{\varepsilon}_{xz} \\ 2\bar{\varepsilon}_{xy} \end{bmatrix} \tag{6-76}$$

因此，采用上述坐标变换关系，整体坐标系下的应力-应变关系可表达如下：

$$\bar{\boldsymbol{\sigma}}_\theta = \bar{\boldsymbol{C}}^* \bar{\boldsymbol{\varepsilon}}_\theta - (\bar{\boldsymbol{\sigma}}^{\mathrm{cep}} + \bar{\boldsymbol{\sigma}}^{\mathrm{th}})_\theta \tag{6-77}$$

式中：$\bar{\boldsymbol{C}}^* = \boldsymbol{T}_1^{-1}\boldsymbol{C}^*\boldsymbol{T}_2$ 代表整体坐标系下的复合材料宏观刚度矩阵；$(\bar{\boldsymbol{\sigma}}^{\mathrm{cep}} + \bar{\boldsymbol{\sigma}}^{\mathrm{th}})_\theta = \boldsymbol{T}_1^{-1}(\bar{\boldsymbol{\sigma}}^{\mathrm{cep}} + \bar{\boldsymbol{\sigma}}^{\mathrm{th}})$ 为热应力和塑性应力在整体坐标系下的表达形式。将整体坐标系下施加的宏观应变加载 $\bar{\boldsymbol{\varepsilon}}_\theta$ 作为已知条件，材料主坐标系下的宏观应变加载 $\bar{\boldsymbol{\varepsilon}}$ 通过 $\bar{\boldsymbol{\varepsilon}} = \boldsymbol{T}_2\bar{\boldsymbol{\varepsilon}}_\theta$ 求得，求解式(6－34)、式(6－37)和式(6－77)得到复合材料在整体坐标系下的宏观应力-应变响应。

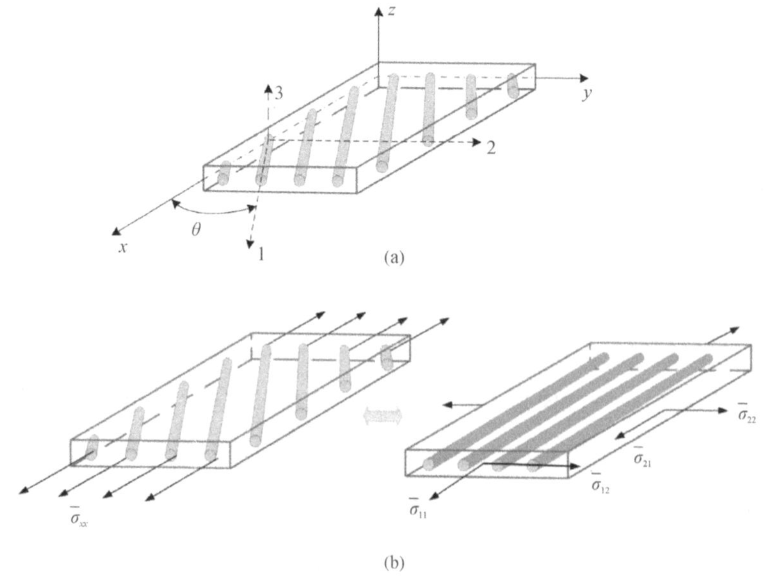

图 6－12　复合材料坐标变换关系

图 6-13 表示复合材料不同偏轴角度下($\theta=0°,15°,30°,45°,60°,75°$)的循环弹塑性响应。结果表明,单向复合材料的循环弹塑性响应与偏轴角度密切相关,在 $\theta=0°$时,加载方向沿纤维方向,复合材料的强度最高,累积塑性变形最小。随着偏轴角度的增大,整体坐标系中的宏观应力先减小后增大。同时,热残余应力在较低的偏轴角度下具有更显著的效果,在中等和高偏轴角度情况下影响较小。总体上,在偏轴加载情况下,由于面外剪切耦合的影响,循环弹塑性累积效应均比较明显,为常温循环加载下的复合材料设计提供了理论依据。

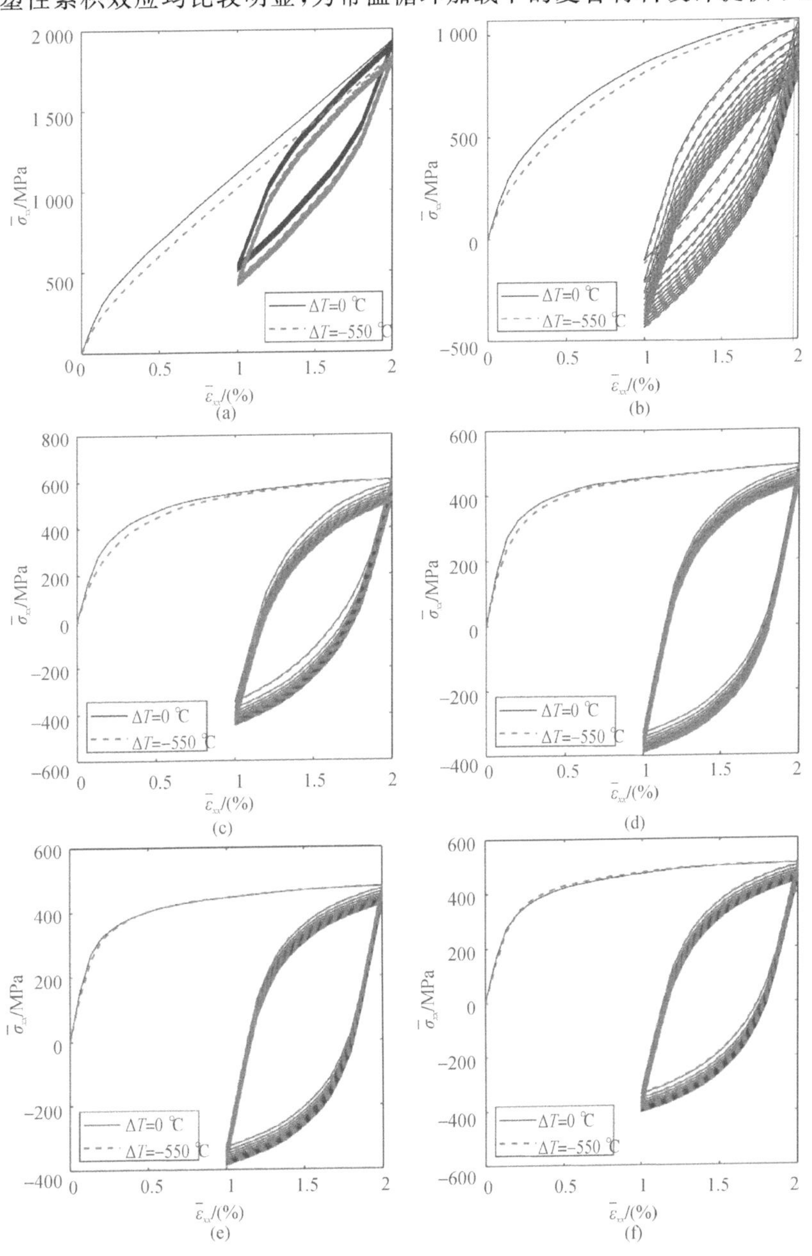

图 6-13 不同偏轴角度下 CEP-FVDAM 预测的复合材料宏观循环弹塑性响应

(a)$\theta=0°$;(b)$\theta=15°$;(c)$\theta=30°$;(d)$\theta=45°$;(e)$\theta=60°$;(f)$\theta=75°$

6.4 小　　结

为了精确描述长纤维增强复合材料在常温循环载荷工况下的塑性累积行为，本章对传统 FVDAM 理论进行扩展，将 Abdel - Karim - Ohno 循环弹塑性流动演化方程引入复合材料单胞模型的基体相，提出改进的 CEP - FVDAM 循环弹塑性细观力学模型，并采用传统 FEM 理论进行了模型验证；针对复合材料铺层偏轴角度的影响，利用坐标变换矩阵将材料主坐标系下的本构模型坐标统一到整体坐标系下；针对复合材料制造中冷却固化过程引起的热残余应力问题，在机械加载前引入温度加载，将细观温度场的影响嵌入局部应力的计算方程，分析热残余应力对不同加载情况和偏轴角度的影响。具体结论如下。

(1)提出了 CEP - FVDAM 循环弹塑性细观力学模型，扩展了传统 FVDAM 理论，对复合材料在单调加载和循环加载条件下的宏细观力学响应进行模拟，计算结果与传统 FEM 理论一致，证明了 CEP - FVDAM 模型的可靠性。同时，针对应力集中区域的大梯度、强非线性行为，CEP - FVDAM 相较 FEM 模型具有更好的收敛性。

(2)建立了包含热残余应力的复合材料循环弹塑性模型，获得了热残余应力对单调加载和循环加载宏细观响应的影响规律。数值模拟结果表明，热残余应力整体上使得宏观应力响应略有增强。在横向加载情况下，热残余应力对复合材料循环弹塑性响应的影响可以忽略不计。在偏轴载荷下，热残余应力的影响更加显著。

(3)获得了偏轴角度对复合材料循环弹塑性响应的影响规律。结果表明，随着偏轴角度的增大，整体坐标系中的宏观应力先减小后增大。在偏轴加载情况下，由于面外剪切耦合的影响，循环弹塑性累积效应整体上均比较明显。

(4)获得了复合材料基体相塑性流动准则中放大系数 μ 对循环弹塑性响应的影响规律。结果表明，循环弹塑性累积的过程在很大程度上依赖放大系数 μ，当 $\mu=0$ 时，循环弹塑性累积可以忽略不计；当放大系数增加至 $\mu=0.15$ 时，累积塑性效应逐渐显现，应力峰值开始随循环周次下降；当放大系数增加至 $\mu=1$ 时，循环弹塑性累积效果最显著。

第7章　复合材料高温循环黏塑性细观力学模型

7.1　引　言

复合材料应用于航空航天等领域，常常暴露在具有高温和复杂循环负荷的恶劣环境中。因此，对于复合材料高端装备的寿命预测和结构设计而言，了解复合材料在高温下对循环载荷的响应至关重要。与常温不同，材料在高温环境下往往会表现出明显的时间相关性，即循环累积非弹性应变值明显依赖于加载率[194]，因此第6章提出的常温下复合材料率无关循环塑性模型不再适用于高温循环加载工况，需要发展高温率相关循环塑性模型，来描述复合材料在高温下表现出的率相关循环塑性累积响应。

为了解决传统FVDAM模型无法模拟复合材料高温循环载荷下力学响应的问题，本章将循环黏塑性本构模型引入FVDAM理论，提出了率相关循环黏塑性FVDAM(Cyclic Visco - plasticity FVDAM，CVP - FVDAM)模型，解决了传统FVDAM模型无法模拟率相关循环黏塑性响应的问题。本章建立的CVP - FVDAM模型能够高效、准确地预测长纤维增强复合材料在高温下随加载速率变化的率相关循环黏塑性宏、细观响应。通过传统有限元数值分析和SCS - 6/ Timetal21s高温试验，验证CVP - FVDAM模型的可靠性与有效性，揭示偏轴角度和加载速率对复合材料高温循环黏塑性的影响规律。

7.2　率相关循环黏塑性CVP - FVDAM细观力学模型

对于高温下CVP - FVDAM率相关循环黏塑性细观力学模型，其参数化和离散化的过程与第6章CEP - FVDAM循环弹塑性细观模型相同，而高温所导致的不同主要体现在：①服役温度与热成型温度相近导致的去热残余应力效应；②基体材料受高温影响体现出的黏塑性响应效应。因此，在计算子胞面平均应力表达式时需要引入第q个子胞第m个面的面平均黏塑性应力$\hat{\sigma}^{cvp}$，并去除热残余应力的影响。为方便表达，将其分为面内分量与面外分量：

$$\left.\begin{aligned}
&\begin{bmatrix}\hat{\sigma}_{12}\\ \hat{\sigma}_{13}\end{bmatrix}^{(q,m)}=\boldsymbol{C}_{\text{out}}^{(q)}\begin{bmatrix}2\bar{\varepsilon}_{12}\\ 2\bar{\varepsilon}_{13}\end{bmatrix}+\boldsymbol{C}_{\text{out}}^{(q)}\hat{\boldsymbol{J}}^{(q)}\boldsymbol{A}_m\boldsymbol{W}_1^{(q)}-\begin{bmatrix}\hat{\sigma}_{12}^{\text{cvp}}\\ \hat{\sigma}_{13}^{\text{cvp}}\end{bmatrix}^{(q,m)}\\
&\begin{bmatrix}\hat{\sigma}_{22}\\ \hat{\sigma}_{33}\\ \hat{\sigma}_{23}\end{bmatrix}^{(q,m)}=\begin{bmatrix}C_{12}\\ C_{13}\\ 0\end{bmatrix}^{(q)}\bar{\varepsilon}_{11}+\boldsymbol{C}_{\text{in}}^{(q)}\begin{bmatrix}\bar{\varepsilon}_{22}\\ \bar{\varepsilon}_{33}\\ 2\bar{\varepsilon}_{23}\end{bmatrix}+\boldsymbol{C}_{\text{in}}^{(q)}\bar{\boldsymbol{E}}\begin{bmatrix}\hat{\boldsymbol{J}}^{(q)}\boldsymbol{A}_m & \boldsymbol{0}\\ \boldsymbol{0} & \hat{\boldsymbol{J}}^{(q)}\boldsymbol{A}_m\end{bmatrix}\begin{bmatrix}\boldsymbol{W}_2^{(q)}\\ \boldsymbol{W}_3^{(q)}\end{bmatrix}-\begin{bmatrix}\hat{\sigma}_{22}^{\text{cvp}}\\ \hat{\sigma}_{33}^{\text{cvp}}\\ \hat{\sigma}_{23}^{\text{cvp}}\end{bmatrix}^{(q,m)}
\end{aligned}\right\}\tag{7-1}$$

式中：$\hat{\sigma}^{\text{cvp}}$ 表示子胞面平均黏塑性应力，其余符号与式(6－22)和式(6－23)中相同。

采用柯西关系式 $\hat{t}^{(q,m)}=\sigma_{ij}^{(q,m)}n_j^{(q,m)}$ 以及单元平均平衡方程，得到针对循环黏塑性问题的子胞面平均力 $\hat{\boldsymbol{t}}^{(q)}$ 和面平均扰动位移 $\hat{\boldsymbol{u}}'^{(q)}$ 的关系：

$$\hat{\boldsymbol{t}}^{(q)}=\boldsymbol{N}^{(q)}\boldsymbol{C}^{(q)}\bar{\varepsilon}+\boldsymbol{K}^{(q)}\hat{\boldsymbol{u}}'^{(q)}+\bar{\boldsymbol{A}}^{(q)}\boldsymbol{N}^{(q)}\boldsymbol{\Phi}^{-1(q)}\boldsymbol{Z}^{\text{cvp}(q)}-\boldsymbol{N}^{(q)}\boldsymbol{C}^{(q)}\hat{\boldsymbol{\sigma}}^{\text{cvp}(q)}\tag{7-2}$$

式中：子胞面平均力矩阵 $\hat{\boldsymbol{t}}^{(q)}=\left[\hat{\boldsymbol{t}}^{(q,1)}\quad\hat{\boldsymbol{t}}^{(q,2)}\quad\hat{\boldsymbol{t}}^{(q,3)}\quad\hat{\boldsymbol{t}}^{(q,4)}\right]^{\text{T}}$，$\hat{\boldsymbol{t}}^{(q,m)}=\left[\hat{t}_1\quad\hat{t}_2\quad\hat{t}_3\right]^{(q,m)}$；子胞面平均位移矩阵 $\hat{\boldsymbol{u}}'^{(q)}=\left[\hat{\boldsymbol{u}}'^{(q,1)}\quad\hat{\boldsymbol{u}}'^{(q,2)}\quad\hat{\boldsymbol{u}}'^{(q,3)}\quad\hat{\boldsymbol{u}}'^{(q,4)}\right]^{\text{T}}$，$\hat{\boldsymbol{u}}'^{(q,m)}=\left[\hat{u}_1'\quad\hat{u}_2'\quad\hat{u}_3'\right]^{(q,m)}$；$\hat{\boldsymbol{\sigma}}^{\text{cvp}(q)}$ 表示子胞的面平均黏塑性应力；$\boldsymbol{\Phi}^{(q)}$ 和 $\bar{\boldsymbol{A}}^{(q)}$ 矩阵包含子胞材料和结构尺寸的信息；$\boldsymbol{Z}^{\text{cvp}(q)}$ 为黏塑性力矢量；$\boldsymbol{N}^{(q)}$ 为子胞面单位法向量矩阵；$\boldsymbol{K}^{(q)}$ 为局部刚度矩阵。

利用相邻子胞力和位移的连续性条件、单胞的周期性条件以及固定单胞四角处的面平均扰动位移，得到单胞的系统方程：

$$\boldsymbol{K}^{\text{global}}\hat{\boldsymbol{U}}'=\Delta\boldsymbol{C}\bar{\boldsymbol{\varepsilon}}+\boldsymbol{G}_{\text{cvp}}\tag{7-3}$$

式中：$\Delta\boldsymbol{C}$ 表示相邻子胞局部刚度矩阵的差异；$\boldsymbol{G}_{\text{cvp}}$ 包含材料的循环黏塑性信息。求解该方程即可得到子胞扰动位移，得到单胞的局部应力应变场。

对于循环黏塑性问题，CVP－FVDAM 理论中子胞平均应变和宏观应变可以通过 Hill 应变集中矩阵 $\boldsymbol{A}^{(q)}$ 和黏塑性矩阵 $\boldsymbol{D}_{\text{cvp}}^{(q)}$ 联系起来：

$$\bar{\boldsymbol{\varepsilon}}^{(q)}=\boldsymbol{A}^{(q)}\bar{\varepsilon}+\boldsymbol{D}_{\text{cvp}}^{(q)}\tag{7-4}$$

式中：矩阵 $\boldsymbol{A}^{(q)}$ 是在不考虑材料黏塑性的条件下，通过依次施加不同方向的单位宏观应变求得的；黏塑性矩阵 $\boldsymbol{D}_{\text{cvp}}^{(q)}=\bar{\boldsymbol{\varepsilon}}^{(q)}-\boldsymbol{A}^{(q)}\bar{\boldsymbol{\varepsilon}}$ 在黏塑性变形计算过程中不断迭代，直至收敛。采用均匀化理论，宏观应力表达为

$$\bar{\boldsymbol{\sigma}}=\frac{1}{V}\int\boldsymbol{\sigma}(x)\mathrm{d}V=\frac{1}{V}\sum_{q=1}^{N_q}\int_{V_q}\bar{\boldsymbol{\sigma}}^{(q)}(x)\mathrm{d}V^{(q)}=\sum_{q=1}^{N_q}v^{(q)}\bar{\boldsymbol{\sigma}}^{(q)}\tag{7-5}$$

式中：$v^{(q)}=V^{(q)}/V$ 表示体积分数。

复合材料的宏观本构方程为

$$\bar{\boldsymbol{\sigma}}=\boldsymbol{C}^*\bar{\boldsymbol{\varepsilon}}+\bar{\boldsymbol{\sigma}}^{\text{cvp}}\tag{7-6}$$

式中：$\boldsymbol{C}^*=\sum_{q=1}^{N_q}v^{(q)}\boldsymbol{C}^{(q)}\boldsymbol{A}^{(q)}$，为复合材料均匀化刚度矩阵。体积平均意义下黏塑性应力可

由下式计算：

$$\overline{\boldsymbol{\sigma}}^{\mathrm{cvp}}=-\sum_{q=1}^{N_q} v^{(q)}\left[\boldsymbol{C}^{(q)} \boldsymbol{D}_{\mathrm{cvp}}^{(q)}-\overline{\boldsymbol{\sigma}}^{\mathrm{cvp}(q)}\right] \tag{7-7}$$

7.2.1　CVP－FVDAM 子胞循环黏塑性演化

复合材料在高温下基体相往往会出现明显的时间相关性，其力学响应会受到加载速率的显著影响，因此，对于高温率相关循环黏塑性问题，CVP－FVDAM 模型中每个子胞的黏塑性应变可以表示为

$$\boldsymbol{\varepsilon}^{\mathrm{cvp}(q)}(\eta,\xi)=\boldsymbol{\varepsilon}^{\mathrm{cvp}(q)}(\eta,\xi)\big|_{\mathrm{previous}}+\dot{\boldsymbol{\varepsilon}}^{\mathrm{cvp}(q)}(\eta,\xi)\mathrm{d}t \tag{7-8}$$

复合材料循环黏塑性建模过程中，在计算式(7－8)子胞黏塑性应变增量时，需引入率相关循环黏塑性本构模型。本章建立的 CVP－FVDAM 模型在每个子胞中引入了循环黏塑性本构模型，以计算循环黏塑性应变 $\boldsymbol{\varepsilon}^{\mathrm{cvp}(q)}(\eta,\xi)$，其控制方程为

$$\boldsymbol{\varepsilon}=\boldsymbol{\varepsilon}^{\mathrm{cvp}}+\boldsymbol{\varepsilon}^{\mathrm{e}} \tag{7-9}$$

$$\boldsymbol{\sigma}=\boldsymbol{C}:\boldsymbol{\varepsilon}_{n+1}^{e} \tag{7-10}$$

$$\dot{\boldsymbol{\varepsilon}}^{\mathrm{cvp}}=\sqrt{\frac{3}{2}}\left\langle\frac{F_y}{K}\right\rangle^{n1}\frac{\boldsymbol{s}-\boldsymbol{\alpha}}{\|\boldsymbol{s}-\boldsymbol{\alpha}\|} \tag{7-11}$$

$$F_y=\sqrt{1.5(\boldsymbol{s}-\boldsymbol{\alpha}):(\boldsymbol{s}-\boldsymbol{\alpha})}-Q \tag{7-12}$$

$$\boldsymbol{\alpha}=\sum_{i=1}^{M} r^{(i)}\boldsymbol{b}^{(i)} \tag{7-13}$$

$$\dot{\boldsymbol{b}}^{(i)}=\frac{2}{3}\xi^{(i)}\dot{\boldsymbol{\varepsilon}}^{\mathrm{cvp}}-\xi^{(i)}\left\{\mu\dot{p}+H[f^{(i)}]\left\langle\dot{\boldsymbol{\varepsilon}}^{\mathrm{cvp}}:\frac{\boldsymbol{\alpha}^{(i)}}{\bar{\alpha}^{(i)}}-\mu\dot{p}\right\rangle\right\}b^{(i)}-\chi\left[\bar{\alpha}^{(i)}\right]^{m-1}\boldsymbol{b}^{(i)} \tag{7-14}$$

式中：在小应变假设下，总应变 $\boldsymbol{\varepsilon}$ 是弹性变形 $\boldsymbol{\varepsilon}^{\mathrm{e}}$ 和循环黏塑性变形 $\boldsymbol{\varepsilon}^{\mathrm{cvp}}$ 的叠加，背应力 $\boldsymbol{\alpha}$ 分为 M 部分的叠加，K 和 n_1 为黏塑性参数，$\bar{\alpha}^{(i)}=\left[\frac{3}{2}\alpha^{(i)}:\alpha^{(i)}\right]^{1/2}$，$f^{(i)}=\bar{\alpha}^{(i)2}-r^{(i)2}=0$ 为动态回复临界面，$\xi^{(i)}$ 和 $r^{(i)}$ 为与温度相关的随动硬化材料参数，$\dot{p}=\left(\frac{2}{3}\dot{\boldsymbol{\varepsilon}}^{\mathrm{cvp}}:\dot{\boldsymbol{\varepsilon}}^{\mathrm{cvp}}\right)^{1/2}$ 为累计塑性应变率，μ 为放大系数，参数 χ 和 m 由单轴循环载荷试验数据拟合得到。

对于大多数可以承受高温的复合材料，其基体相往往采用钛合金等耐高温的金属材料，在高温循环加载下会表现出明显的循环硬化现象，采用各向同性硬化演化法则反映循环硬化的影响：

$$\dot{Q}=\gamma(Q_{\mathrm{sa}}-Q)\dot{p}+\frac{\partial Q}{\partial T}\dot{T} \tag{7-15}$$

式中：Q_{sa} 为材料参数，由试验确定；γ 为控制各向同性变形抗力 Q 演化速率的材料参数；本章仅考虑高温恒温情形下的循环加载，因此 $\dot{T}=0$。

本构方程数值计算中，采用后退欧拉法对上面的控制方程进行离散：

$$\boldsymbol{\varepsilon}_{n+1}=\boldsymbol{\varepsilon}_{n+1}^{\mathrm{cvp}}+\boldsymbol{\varepsilon}_{n+1}^{\mathrm{e}} \tag{7-16}$$

$$\boldsymbol{\varepsilon}_{n+1}^{\mathrm{cvp}}=\boldsymbol{\varepsilon}_{n}^{\mathrm{cvp}}+\Delta\boldsymbol{\varepsilon}_{n+1}^{\mathrm{cvp}} \tag{7-17}$$

$$\boldsymbol{\sigma}_{n+1}=\boldsymbol{C}:(\boldsymbol{\varepsilon}_{n+1}-\boldsymbol{\varepsilon}_{n+1}^{\mathrm{cvp}}) \tag{7-18}$$

$$\boldsymbol{n}_{n+1}=\frac{\boldsymbol{s}_{n+1}-\boldsymbol{\alpha}_{n+1}}{\|\boldsymbol{s}_{n+1}-\boldsymbol{\alpha}_{n+1}\|} \tag{7-19}$$

$$\Delta\boldsymbol{\varepsilon}_{n+1}^{\mathrm{cvp}}=\sqrt{\frac{3}{2}}\Delta p_{n+1}\boldsymbol{n}_{n+1} \tag{7-20}$$

$$\Delta p_{n+1}=\left\langle\frac{F_{y(n+1)}}{K}\right\rangle^{n}\Delta t_{n+1} \tag{7-21}$$

$$F_{y(n+1)}=\sqrt{1.5(\boldsymbol{s}_{n+1}-\boldsymbol{\alpha}_{n+1}):(\boldsymbol{s}_{n+1}-\boldsymbol{\alpha}_{n+1})}-Q_{n+1} \tag{7-22}$$

$$\boldsymbol{\alpha}_{n+1}=\sum_{i=1}^{M}r^{(i)}\boldsymbol{b}_{n+1}^{(i)} \tag{7-23}$$

$$\boldsymbol{b}_{n+1}^{(i)}=\boldsymbol{b}_{n}^{(i)}+\frac{2}{3}\xi^{(i)}\Delta\boldsymbol{\varepsilon}_{n+1}^{\mathrm{cvp}}-\xi^{(i)}\Delta p_{n+1}^{(i)}\boldsymbol{b}_{n+1}^{(i)}-\chi\ [r^{(i)}\bar{b}_{n+1}^{(i)}]^{m-1}\boldsymbol{b}_{n+1}^{(i)} \tag{7-24}$$

$$\bar{b}_{n+1}^{(i)}=\left[\frac{3}{2}b_{n+1}^{(i)}:b_{n+1}^{(i)}\right]^{1/2} \tag{7-25}$$

假设在 t_n 时刻，$\boldsymbol{\sigma}_n$，$\boldsymbol{\varepsilon}_n$，$\boldsymbol{\varepsilon}_n^{\mathrm{cvp}}$，$\boldsymbol{\alpha}_n$，$Q_n$ 等变量已求解得到，$\Delta\varepsilon_{n+1}$ 和 Δt_{n+1} 给定，并假设应变增量全部为弹性应变，可求得在 t_{n+1} 时刻的应力为

$$\boldsymbol{\sigma}_{n+1}^{*}=\boldsymbol{C}:(\boldsymbol{\varepsilon}_{n+1}-\boldsymbol{\varepsilon}_{n}^{\mathrm{cvp}}) \tag{7-26}$$

将式(7-17)和式(7-26)代入式(7-18)，t_{n+1} 时刻的应力可表达为

$$\boldsymbol{\sigma}_{n+1}=\boldsymbol{\sigma}_{n+1}^{*}-\boldsymbol{C}:\Delta\boldsymbol{\varepsilon}_{n+1}^{\mathrm{cvp}} \tag{7-27}$$

通过塑性不可压缩关系 $\boldsymbol{C}:\Delta\boldsymbol{\varepsilon}_{n+1}^{\mathrm{cvp}}=2G\Delta\boldsymbol{\varepsilon}_{n+1}^{\mathrm{cvp}}$ 取式(7-26)的偏分量为

$$\boldsymbol{s}_{n+1}=\boldsymbol{s}_{n+1}^{*}-2G\Delta\boldsymbol{\varepsilon}_{n+1}^{\mathrm{cvp}} \tag{7-28}$$

然后，将式(7-24)改写为

$$\boldsymbol{b}_{n+1}^{(i)}=\theta_{n+1}^{(i)}\left[\boldsymbol{b}_{n}^{(i)}+\frac{2}{3}\xi^{(i)}\Delta\boldsymbol{\varepsilon}_{n+1}^{\mathrm{cvp}}\right] \tag{7-29}$$

式中

$$\theta_{n+1}^{(i)}=\frac{1}{1+\xi^{(i)}\Delta p_{n+1}^{(i)}+\chi\ [r^{(i)}\bar{b}_{n+1}^{(i)}]^{m-1}} \tag{7-30}$$

假设 $\theta_{n+1}^{(i)}=1$，$\boldsymbol{b}_{n+1}^{*(i)}$ 的预测值为

$$\boldsymbol{b}_{n+1}^{*(i)}=\boldsymbol{b}_{n}^{(i)}+\frac{2}{3}\xi^{(i)}\Delta\boldsymbol{\varepsilon}_{n+1}^{\mathrm{cvp}} \tag{7-31}$$

为求出 $\theta_{n+1}^{(i)}=1$，使用回退映射方法，首先忽略临界面 $f_{(i)}=0$，求出试验值 $\boldsymbol{b}_{n+1}^{\#(i)}$：

$$\boldsymbol{b}_{n+1}^{\#(i)}=c_{n+1}^{(i)}\left[\boldsymbol{b}_{n}^{(i)}+\frac{2}{3}\xi^{(i)}\Delta\boldsymbol{\varepsilon}_{n+1}^{\mathrm{cvp}}\right]=c_{n+1}^{(i)}\boldsymbol{b}_{n+1}^{*(i)} \tag{7-32}$$

$$c_{n+1}^{(i)}=\frac{1}{1+\mu^{(i)}\xi^{(i)}\Delta p_{n+1}+\chi\ [r^{(i)}\bar{b}_{n+1}^{(i)}]^{m-1}} \tag{7-33}$$

然后，判断 $\boldsymbol{b}_{n+1}^{\#(i)}$ 是否超出临界面 $f_{n+1}^{\#(i)}=\bar{b}_{n+1}^{\#(i)2}-1=0$，其中，$\bar{b}_{n+1}^{\#(i)}=\left[\frac{3}{2}b_{n+1}^{\#(i)}:b_{n+1}^{\#(i)}\right]^{1/2}$，若超过临界面，则采用下述回退映射方法求出真实 $\boldsymbol{b}_{n+1}^{(i)}$：

$$\boldsymbol{b}_{n+1}^{(i)}=\tilde{\theta}_{n+1}^{(i)}\boldsymbol{b}_{n+1}^{\#(i)} \tag{7-34}$$

$$\tilde{\theta}_{n+1}^{(i)} = 1 + H\left[f_{n+1}^{\#(i)}\right]\left[\frac{1}{\bar{b}_{n+1}^{\#(i)}} - 1\right] \tag{7-35}$$

$$b_{n+1}^{(i)} = \tilde{\theta}_{n+1}^{(i)} \boldsymbol{b}_{n+1}^{\#(i)} = c_{n+1}^{(i)} + H\left[f_{n+1}^{\#(i)}\right]\left[\frac{1}{\bar{b}_{n+1}^{*(i)}} - c_{n+1}^{(i)}\right] \tag{7-36}$$

联立式(7－23)、式(7－28)和式(7－29)，并代入式(7－19)和式(7－20)，可将 $\boldsymbol{s}_{n+1} - \boldsymbol{\alpha}_{n+1}$ 写作 Δp_{n+1} 的非线性方程：

$$\begin{aligned}
\boldsymbol{s}_{n+1} - \boldsymbol{\alpha}_{n+1} &= \boldsymbol{s}_{n+1}^{*} - 2G\Delta\boldsymbol{\varepsilon}_{n+1}^{\mathrm{cvp}} - \sum_{i=1}^{M} r^{(i)} \boldsymbol{b}_{n+1}^{(i)} \\
&= \boldsymbol{s}_{n+1}^{*} - \sum_{i=1}^{M} r_{\theta}^{(i)}{}_{n+1}^{(i)} \boldsymbol{b}_{n}^{(i)} - \left[2G + \frac{2}{3}\sum_{k=1}^{M} r_{\theta}^{(i)}{}_{n+1}^{(i)} \boldsymbol{\xi}^{(i)}\right]\Delta\boldsymbol{\varepsilon}_{n+1}^{\mathrm{cvp}} \\
&= \boldsymbol{s}_{n+1}^{*} - \sum_{i=1}^{M} r_{\theta}^{(i)}{}_{n+1}^{(i)} \boldsymbol{b}_{n}^{(i)} - \left[2G + \frac{2}{3}\sum_{k=1}^{M} r_{\theta}^{(i)}{}_{n+1}^{(i)} \boldsymbol{\xi}^{(i)}\right]\sqrt{\frac{3}{2}}\Delta p_{n+1} \boldsymbol{n}_{n+1} \\
&= \frac{\bar{Y}_{n+1}\left[s_{n+1}^{*} - \sum_{i=1}^{M} r_{\theta}^{(i)}{}_{n+1}^{(i)} b_{n}^{(i)}\right]}{\bar{Y}_{n+1} + \left(3G + \sum_{i=1}^{M} r_{\theta}^{(i)}{}_{n+1}^{(i)} \boldsymbol{\xi}^{(i)}\right)\Delta p_{n+1}}
\end{aligned} \tag{7-37}$$

式中：$\bar{Y}_{n+1} = \sqrt{\frac{3}{2}} \| \boldsymbol{s}_{n+1} - \boldsymbol{\alpha}_{n+1} \|$ 。采用迭代法求解式(7－37)，定义迭代方程：

$$f(\bar{Y}_{n+1}) = \bar{Y}_{n+1} - \bar{Y}_{n+1}^{*} + \left[3G + \sum_{k=1}^{M} r_{\theta}^{(i)}{}_{n+1}^{(i)} \boldsymbol{\xi}^{(i)}\right]\left\langle\frac{\bar{Y}_{n+1} - Q_{n+1}}{K}\right\rangle^{n1}\Delta t_{n+1} = 0 \tag{7-38}$$

式中：$\theta_{n+1}^{(i)}$，Q_{n+1}，$\bar{Y}_{n+1}^{*} = \sqrt{\frac{3}{2}} \| \boldsymbol{s}_{n+1}^{*} - \sum_{i=1}^{M} r_{\theta}^{(i)}{}_{n+1}^{(i)} \boldsymbol{b}_{n}^{(i)} \|$ 都是 Δp_{n+1} 的函数。假定每一次迭代中 $\theta_{n+1}^{(i)}$，Q_{n+1} 均为常值，对式(7－38)采用牛顿迭代法：

$$\frac{\partial f(\bar{Y}_{n+1})}{\partial \bar{Y}_{n+1}} = 1 + n_1\left\langle\frac{\bar{Y}_{n+1} - Q_{n+1}}{K}\right\rangle^{n_1-1}\frac{\Delta t_{n+1}}{K}\left[3G + \sum_{k=1}^{M} r_{\theta}^{(i)}{}_{n+1}^{(i)} \boldsymbol{\xi}^{(i)}\right] \tag{7-39}$$

$$\bar{Y}_{n+1} = \bar{Y}_{n} - \frac{f(\bar{Y}_{n})}{f'(\bar{Y}_{n})} \tag{7-40}$$

迭代出 $\bar{Y}_{n+1}$ 之后，即可求出 Δp_{n+1} 和 $\Delta\boldsymbol{\varepsilon}_{n+1}^{p}$ ：

$$\Delta p_{n+1} = \left\langle\frac{\bar{Y}_{n+1} - Q_{n+1}}{K}\right\rangle^{n1}\Delta t_{n+1} \tag{7-41}$$

$$\Delta\boldsymbol{\varepsilon}_{n+1}^{p} = \sqrt{\frac{3}{2}}\Delta p_{n+1}\boldsymbol{n}_{n+1} = \sqrt{\frac{3}{2}}\Delta p_{n+1}\frac{\boldsymbol{s}_{n+1} - \boldsymbol{\alpha}_{n+1}}{\| \boldsymbol{s}_{n+1} - \boldsymbol{\alpha}_{n+1} \|} \tag{7-42}$$

获得当前加载步的黏塑性应变增量后，代入式(7－8)中得到每个子胞的黏塑性应变，进而求单胞系统方程[见式(7－3)]中含有黏塑性信息的矩阵 $\boldsymbol{G}_{\mathrm{cvp}}$，计算出单胞模型的局部场量和宏观循环黏塑性响应，具体算法流程如图 7－1 所示。

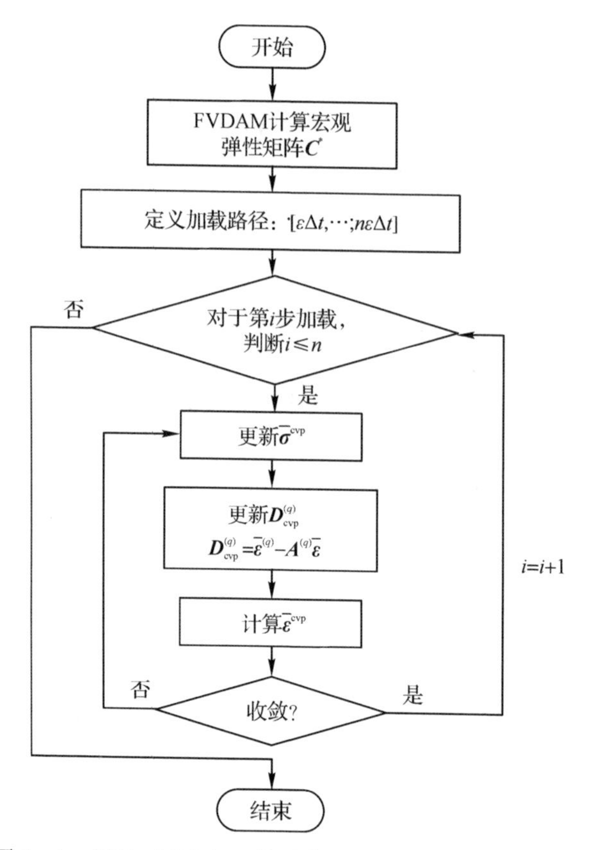

图 7-1 CVP-FVDAM 循环黏塑性细观力学模型算法流程

7.2.2 率相关循环黏塑性材料参数

表 7-1 中列出了本章建立模型中基体材料所使用的循环黏塑性参数及其含义。采用与文献[195]和[196]类似的方式，首先对高温下基体材料 Timetal21s 的循环黏塑性参数进行拟合，下面是其具体拟合方法。

表 7-1 率相关循环黏塑性本构模型参数

参数名称	参数含义
拉伸参数 K，n_1	描述材料率相关响应
温度相关随动硬化参数 $\zeta^{(i)}$，$r^{(i)}$	描述温度相关的随动硬化过程
初始各向同性硬化参数 Q_0	代表材料初始各向同性抗力
稳定各向同性硬化参数 Q_{sa}	材料循环稳定时的各向同性抗力
循环稳定演化速率参数 γ	材料达到循环稳定状态的速度
静力恢复参数 χ，m	静力恢复期间应力松弛对拉伸曲线的影响
放大系数 μ	循环塑性累积效应的强弱程度

拉伸参数 K 和 n_1 根据不同速率的拉伸曲线确定。不同拉伸速率曲线相同应变处应力 σ 和累计塑性应变率 $\dot{p}$ 满足如下关系：

$$K(\dot{p}_1^{1/n_1} - \dot{p}_2^{1/n_1}) = \Delta\sigma \tag{7-43}$$

$$\Delta\sigma = \sigma_1 - \sigma_2 \tag{7-44}$$

采用非线性最小二乘法拟合得到拉伸参数 K 和 n_1。

随动硬化参数 $\xi^{(i)}$ 和 $r^{(i)}$ 由材料的单调拉伸曲线获得，需要注意的是，在此之前须通过对称应变循环加载曲线拟合出各向同性硬化的影响。具体拟合方法为：做出每一循环的最大应力与累积塑性变形的关系曲线，对曲线进行拟合，而后将这部分影响从单调拉伸曲线中去除，得到 $\sigma^* - \varepsilon^{cvp}$ 曲线，确定 $\xi^{(i)}$ 和 $r^{(i)}$：

$$\xi^{(i)} = \frac{1}{\varepsilon^{cvp(i)}} \tag{7-45}$$

$$r^{(i)} = \left[\frac{\sigma^{*(i)} - \sigma^{*(i-1)}}{\varepsilon^{cvp(i)} - \varepsilon^{cvp(i-1)}} - \frac{\sigma^{*(i+1)} - \sigma^{*(i)}}{\varepsilon^{cvp(i+1)} - \varepsilon^{cvp(i)}}\right]\varepsilon^{cvp(i)} \tag{7-46}$$

式中：$\sigma^{*(0)} = \sigma^{(0)}$，是曲线中 $\varepsilon^{cvp} = 0$ 时的 σ 值。

初始各向同性硬化参数 Q_0 由单调拉伸的 $\sigma - \varepsilon^{cvp}$ 曲线 $\varepsilon^{cvp} = 0$ 时对应的应力 σ_0 减去对应的黏性应力 $\sigma_0 - K\dot{\varepsilon}^{1/n} = Q_0$ 得到。本节中为简化模型，稳定各向同性硬化参数 Q_{sa} 采用与初始参数 Q_0 相同的数值。

γ 表征材料在一定应变幅值下循环达到饱和状态的速率，利用单轴循环试验中每一循环的峰值应力 σ_{max} 与峰值处的累积塑性应变 p 进行拟合：

$$\sigma_{max} = f_1 + f_2[1 - \exp(-\gamma p)] \tag{7-47}$$

式中：f_1 和 f_2 为常系数。

本章将 SCS-6/Timetal21s 纤维增强复合材料在高温循环载荷下的试验数据作为参照，根据文献中针对高温下 Timetal21s 基体材料不同速率的单调拉伸试验[197]以及固定应变幅值的循环加载试验[198]，采用上述方法进行参数拟合。同时，模型所需高温下 SCS-6 纤维和 Timetal21s 基体弹性模量值根据相关文献设定[199-200]。表 7-2 为 Timetal21s 在 650 ℃下的材料参数，表 7-3 为 Timetal21s 高温循环黏塑性本构中的随动硬化参数。

表 7-2 Timetal21s 在 650 ℃ 下的材料参数

参　　数	参 数 值
弹性模量 E/GPa	80.7
泊松比 ν	0.365
初始各向同性硬化参数 Q_0 /MPa	45
稳定各向同性硬化参数 Q_{sa} /MPa	45
拉伸参数线性项 K/MPa	5 461
拉伸参数指数项 n_1	2.08
循环稳定演化速率参数 γ	12.2
放大系数 μ	0.5
静力恢复参数线性项 χ	1×10^{-12}
静力恢复参数指数项 m	3.79

表 7－3　Timetal21s 高温循环黏塑性本构中的随动硬化参数

随动硬化参数 $\zeta^{(1)}$	随动硬化参数 $r^{(1)}$
$\zeta^{(1)}=5\ 566.67$	$r^{(1)}=10.36$
$\zeta^{(2)}=2\ 783.33$	$r^{(2)}=22.07$
$\zeta^{(3)}=1\ 325.4$	$r^{(3)}=12.2$
$\zeta^{(4)}=592.2$	$r^{(4)}=25.65$
$\zeta^{(5)}=397.62$	$r^{(5)}=19.35$
$\zeta^{(6)}=309.26$	$r^{(6)}=15.07$
$\zeta^{(7)}=154.63$	$r^{(7)}=16.40$
$\zeta^{(8)}=58.84$	$r^{(8)}=3.5$
$\zeta^{(9)}=45.45$	$r^{(9)}=1.56$
$\zeta^{(10)}\zeta^{(1)}=25$	$r^{(10)}=1.15$
$\zeta^{(11)}=20.83$	$r^{(11)}=1.016$

为了验证所确定的参数是否能够准确模拟与速率有关的循环行为，使用表 7－2 与表 7－3中的参数对纯基体材料 Timetal21s 在高温下的力学响应进行模拟。在计算之前，由于应变增量步长和收敛准则的设定都会影响到最终的结果，率相关问题的计算准确性问题相当棘手。因此，首先用试错法来确定合适的步长和收敛条件，即在开始时固定应变加载步长，提高收敛准则精度，直到结果收敛，然后减小应变加载步长，看结果是否保持不变。重复此过程，得到每个加载速率下应采用的加载步长和收敛标准(见表 7－4)。

表 7－4　不同加载速率下的加载步长及收敛准则

加载速率 $\dot{\varepsilon}$ /s^{-1}	应变加载步长 $\Delta\varepsilon$	收敛准则
1×10^{-4}	6×10^{-6}	$\dfrac{\lvert\Delta\varepsilon_{k-1}^{pl}-\Delta\varepsilon_{k}^{pl}\rvert}{\Delta\varepsilon_{k}^{pl}}\leqslant1\times10^{-9}$
1×10^{-5}	1×10^{-5}	$\dfrac{\lvert\Delta\varepsilon_{k-1}^{pl}-\Delta\varepsilon_{k}^{pl}\rvert}{\Delta\varepsilon_{k}^{pl}}\leqslant1\times10^{-9}$
1×10^{-6}	3×10^{-6}	$\dfrac{\lvert\Delta\varepsilon_{k-1}^{pl}-\Delta\varepsilon_{k}^{pl}\rvert}{\Delta\varepsilon_{k}^{pl}}\leqslant1\times10^{-9}$

确定加载步长和收敛准则后，采用不同加载速率下的单轴拉伸和单轴循环加载两种加载条件对高温下 Timetal21s 基体的力学响应进行模拟。图 7－2 表示 Timetal21s 在 650 ℃高温单轴拉伸条件下的试验[197]和模拟结果对比，采用三个不同的速率(8.33×10^{-4} s^{-1}、8.33×10^{-5} s^{-1}和 8.33×10^{-6} s^{-1})将材料应变加载至 5%。结果显示，采用本节拟合得到的黏塑性参数能很好地捕捉高温下 Timetal21s 材料受加载速率影响的力学响应。对 Timetal21s材料在 650 ℃高温下的率相关循环黏塑性响应进行模拟，图 7－3 展示了应变加

载速率为 $1\times10^{-3}\ s^{-1}$、应变加载幅值为±0.5%的循环载荷下前 50 个循环的试验结果[198]和模拟结果，从中可以看出，采用本节参数模拟出的材料循环滞回环的形状及其旋转过程——与试验结果高度一致。为了更清楚地对比试验和模拟的结果，将第 50 个循环的模拟结果单独提取出来并与试验结果进行比较，如图 7－4 所示，可以看出二者结果一致。为了验证参数能否有效模拟出材料在不同速率下的循环响应，将 Timetal21s 在 $8.33\times10^{-5}\ s^{-1}$ 应变速率下的循环滞回环试验和模拟结果进行对比，如图 7－5 所示，二者吻合良好，说明本节所拟合参数可以有效预测Timetal21s在高温不同加载速率下的率相关循环黏塑性响应。

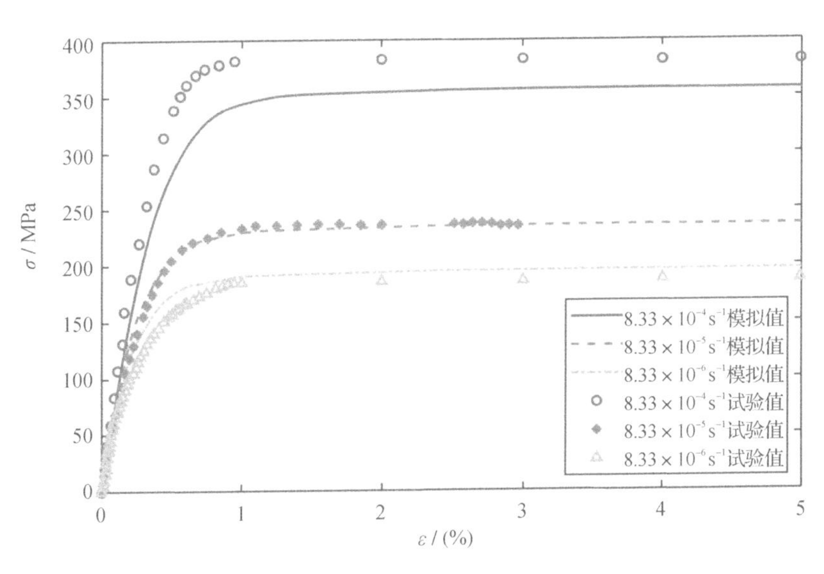

图 7－2　Timetal21s 在 650 ℃不同单轴应变加载速率下的试验和模拟结果对比

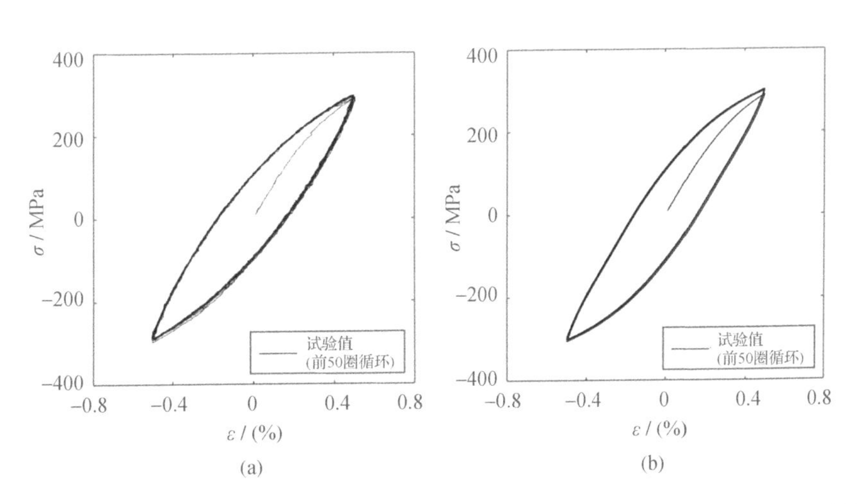

图 7－3　Timetal21s 在 650 ℃应变加载速率 $1\times10^{-3}\ s^{-1}$ 下前 50 个循环加载试验和模拟结果对比

(a)试验结果；(b)模拟结果

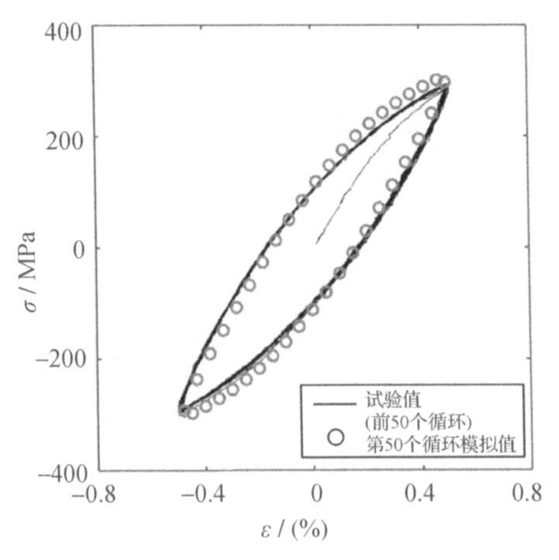

图 7-4　Timetal21s 在 650 ℃、应变加载速率为 1×10^{-3}/s 时前 50 个循环加载试验和模拟结果对比

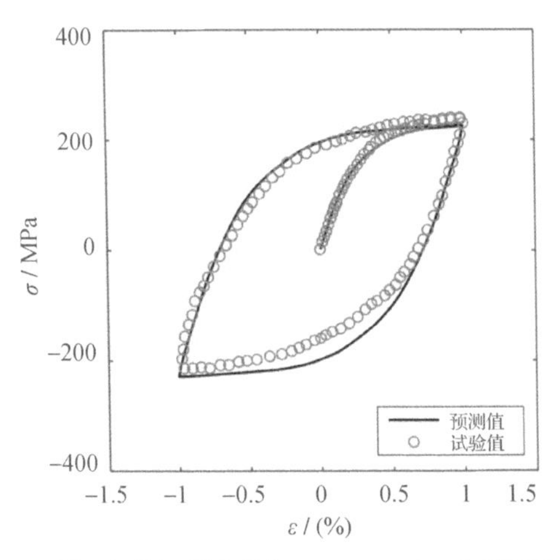

图 7-5　Timetal21s 在 650 ℃、应变加载速率为 8.33×10^{-5} s^{-1}时循环加载试验和预测结果对比

7.3　复合材料循环黏塑性细观力学模型有效性验证与数值分析

复合材料的循环黏塑性响应主要由基体材料提供，7.2 节拟合出了高温下基体材料 Timetal21s的循环黏塑性参数，并验证了参数的有效性。因此本节将基体材料的参数代入本章所述的率相关循环黏塑性复合材料细观力学模型中，计算 SCS-6/Timetal21 复合材料在高温下的率相关循环黏塑性响应，并从复合材料高温试验数据和商业有限元软件模拟结果两个方面出发，验证 CVP-FVDAM 的有效性。

7.3.1　碳纤维增强钛基复合材料试验验证

将 7.2 节拟合出的参数(见表 7-2 与表 7-3)代入 CVP-FVDAM 模型的基体材料中，将 SCS-6 纤维视为弹性模量为 390 GPa、泊松比为 0.3 的纯弹性材料，便可以预测 SCS-6/

Timetal21s 的循环黏塑性响应。图 7-6(a)描述了体积分数为 36%的 SCS-6/Timetal21s $[0]_4$ 复合材料在 650 ℃应力控制下前 10 个循环的载荷试验结果[201]，其应力加载峰值为 1 000 MPa，加载频率为 0.5 Hz，应力比为 $R=0.01$(应力加载于 10～1 000 MPa 循环)。图 7-6(b)为相同加载条件下 CVP-FVDAM 模型模拟的前 10 个应力循环加载下，复合材料的应力-应变响应曲线。对比两者可以看出，在前 10 个循环的滞回曲线演化中，CVP-FVDAM 的预测结果和试验数据的一致性较好，准确预测出循环响应曲线随着加载圈数逐渐收敛的趋势，验证了所提 CVP-FVDAM 模型模拟复合材料高温下循环黏塑性的能力。

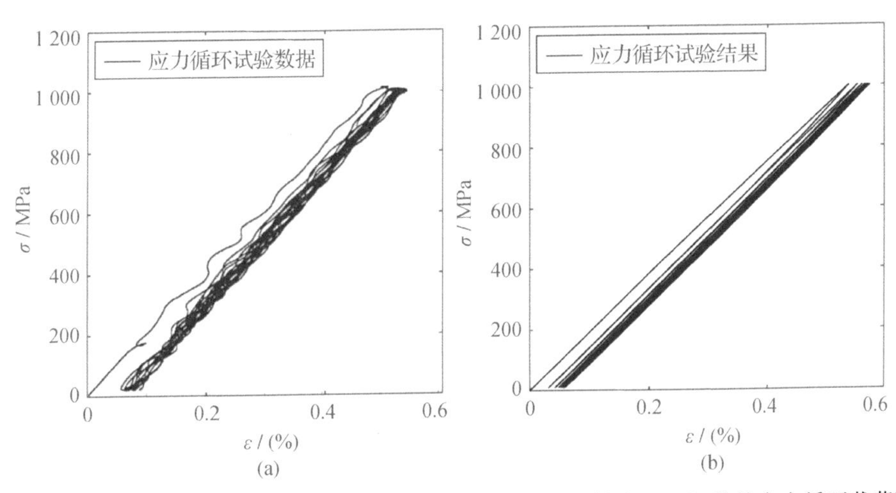

图 7-6 体积分数为 36%的 SCS-6/Timetal21s $[0]_4$ 复合材料在 650 ℃单轴应力循环载荷下的试验数据和 CVP-FVDAM 预测结果对比

(a)试验数据和;(b)CVP-FVDAM 预测结果对比

7.3.2 CVP-FVDAM 与有限元的对比验证

为了进一步验证 CVP-FVDAM 模型的有效性，本节引入 FEM 建模，通过对两种不同数值方法的对比，检验 CVP-FVDAM 的可靠性。本章建立的 CVP-FVDAM 模型是在 MATLAB 中编写的，FEM 建模是在商业软件 ABAQUS 中完成的。尽管 CVP-FVDAM 和 FEM 在刚度矩阵的建立、子胞离散化等方面有某些相似之处，但它们是两种不同的数值方法。在 CVP-FVDAM 中，力和位移之间的联系是有解析表达式的；同时，位移和力的连续性条件直接施加于子胞边界处。FEM 理论是基于整体势能最小原理的[202]，只能满足弱形式平衡方程。CVP-FVDAM 是一种半解析方法，积分平均意义下的位移和力在子胞边界处均满足连续性条件；它可以达到与 FEM 相当的精度，但效率更高。此外，在采用商业有限元软件建立重复性单胞模型时，首先需要对单胞模型添加周期性边界条件，在单元数众多时，施加边界条件本身就很耗时；对于 CVP-FVDAM 来说，周期性边界条件在建模过程中已经得到了满足，无需额外计算，节省了大量前处理时间。

1.ABAQUS 重复性单胞建模

在本节，采用商业软件 ABAQUS/Standard2017 进行重复性单胞的 FEM 建模。该模型模拟连续纤维增强的单向复合材料,采用广义的平面应变假设,即纤维方向不影响其他方向的应力分量。此外,由于 ABAQUS 没有成熟的广义平面应变模型,因此采用单层实体单元进行单胞建模,并在沿纤维方向单层单元的上下两面施加周期性边界条件以达到广义平面应变假设的效果。由于沿纤维方向施加循环性边界条件,因此单层单胞模型的厚度并不会影响计算结果,如图 7-7 所示,在 ABAQUS 中构建一个 1 mm×1 mm×0.02 mm 的单层三维单胞模型,该模型由 3 122 个线性 C3D8 单元构成,其纤维和基体的材料参数与7.2节相同。将本章所采用的高温下 Timetal21s 基体材料的率相关循环黏塑性本构模型写入 ABAQUS 用户材料子程序(UMAT)中,并采用 EasyPBC[203] 插件为 FEM 单胞模型施加周期性边界条件,建立一个与 CVP-FVDAM 等价的重复性单胞模型,通过施加相同的宏观载荷,对比二者的预测结果,来达到验证 CVP-FVDAM 模型可靠性的目的。

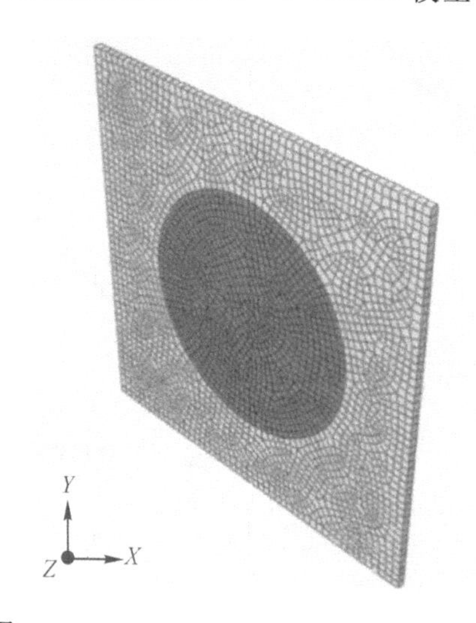

图 7-7　ABAQUS 中三维复合材料单胞模型

为了检查 FEM 模型的收敛性,单元数从少至多,建立 3 个单胞模型(见图 7-8)。在 $1\times10^{-5}\ s^{-1}$、$1\times10^{-5}\ s^{-1}$ 和 $1\times10^{-6}\ s^{-1}$ 三种不同的应变加载速率下,对 FEM 单胞模型施加 $\bar{\varepsilon}_{22}=1\%$ 的横向宏观应变载荷。图 7-9 描述了不同网格数的单胞在不同速率下的宏观应力-应变响应曲线。结果表明,当单胞模型仅采用 519 个单元时,其力学响应曲线略高,当单元数达到 1 999 和 3 122 时,力学响应曲线基本重叠,这验证了本节中使用的 3 122 个单元 FEM 单胞模型在网格数上是收敛的。

在确保 FEM 模型的网格收敛性后,将 CVP-FVDAM 模型和 FEM 模型预测的复合材料宏、细观循环黏塑性响应进行对比。分别采用 CVP-FVDAM 和 FEM 理论建立一个体积分数为 30%的单胞模型:FEM 采用 ABAQUS 默认收敛准则,CVP-FVDAM 模型采用与表 7-4 中相同的收敛准则。需要注意的是,当计算单胞细观应力场时,ABAQUS 采用应力磨平使得细观常量在视觉上更为光滑,为了达到视觉上一致的效果,当对比细观应力场时对 CVP-FVDAM 单胞模型进行更为细密的子胞划分。同时,为了证明二者的计算精度相当,在对比宏观应力-应变曲线时,采用与 ABAQUS 软件中同一数量级的单元个数进行对比。因此,在对比细观应力场时,CVP-FVDAM 采用由 12 544 个子胞组成的单胞模型进行计算，对比宏观响应时，采用 1 296 个子胞组成的单胞模型进行计算。ABAQUS 均采用 3 122个子胞组成的单胞模型进行计算。

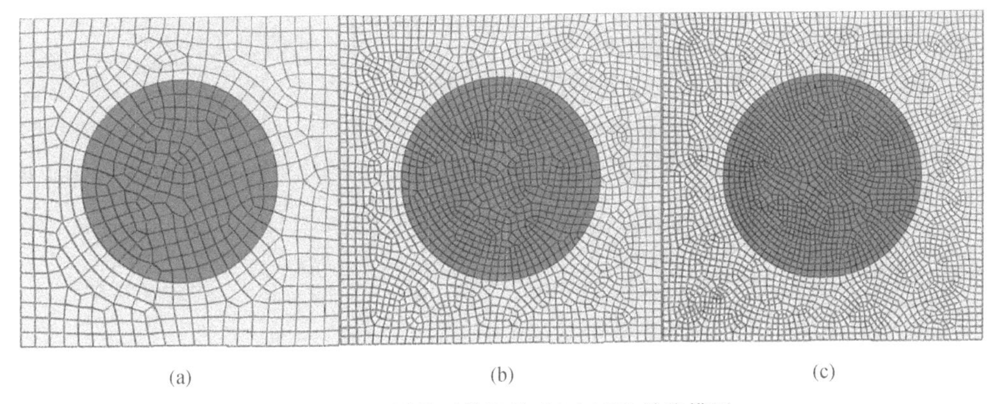

图 7－8　不同单元数量的 ABAQUS 单胞模型

(a) 519 个单元；(b) 1 999 个单元；(c) 3 122 个单元

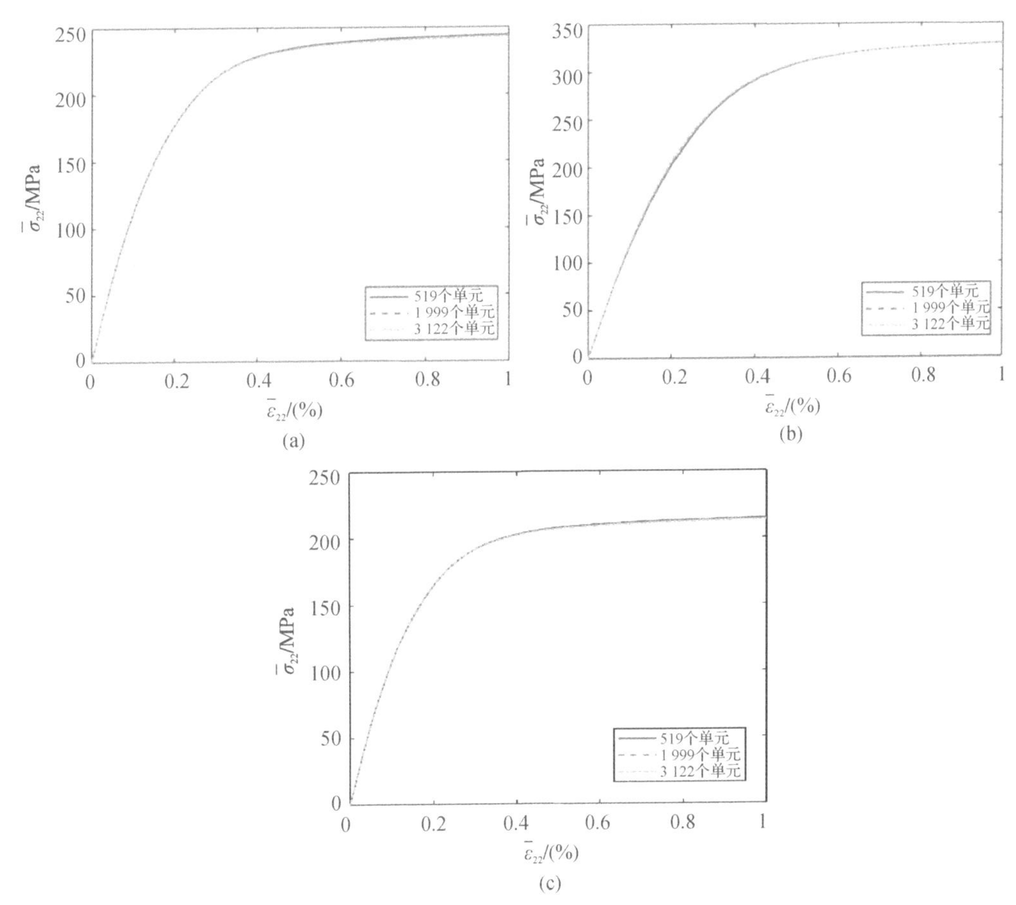

图 7－9　ABAQUS 单胞模型在不同应变加载速率下加载至 $\bar{\varepsilon}_{22}=1\%$ 时的宏观应力-应变曲线

(a)$1\times10^{-4}\ \mathrm{s^{-1}}$；(b)$1\times10^{-5}\ \mathrm{s^{-1}}$；(c)$1\times10^{-6}\ \mathrm{s^{-1}}$

2.不同速率横向单调加载

首先对复合材料横向单调加载宏观应力-应变曲线进行对比。为了验证模型的率相关性，分别采用 $1\times10^{-4}\ s^{-1}$、$1\times10^{-5}\ s^{-1}$和 $1\times10^{-6}\ s^{-1}$三种不同的加载速率对 ABAQUS 和 CVP－FVDAM 单胞模型进行 1％的横向宏观应变加载。图 7－10 为 ABAQUS 和 CVP－FVDAM 模型的宏观应力-应变曲线，从中可以看出，在不同加载速率下，CVP－FVDAM 模型的预测结果均与 ABAQUS 模拟的宏观力学曲线重合，证明了 CVP－FVDAM 的正确性。

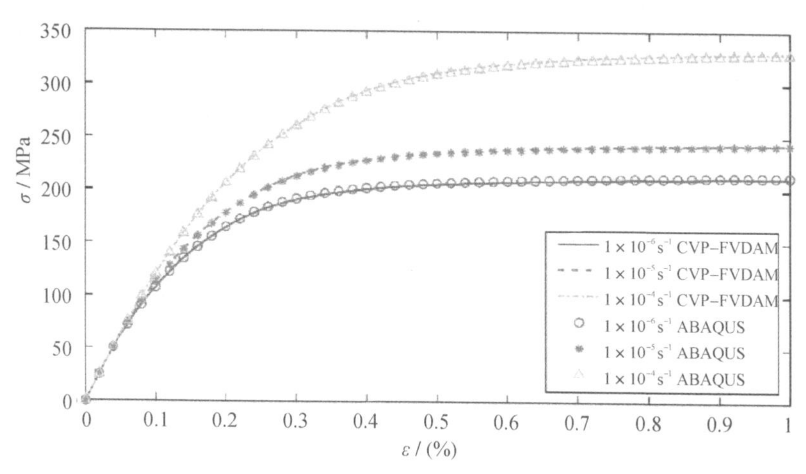

图 7－10　不同加载速率下横向应变加载至 1％的 FEM 和 CVP－FVDAM 模型的宏观响应曲线对比

对细观应力场进行对比，图 7－11～图 7－13 分别表示宏观横向应变加载 $\bar{\varepsilon}_{22}=1\%$ 时，二者的 22 方向 σ_{22}，33 方向 σ_{33} 和 23 方向 σ_{23} 的细观应力场云图对比。同时，为了体现模型的率相关性，在加载时采用 $1\times10^{-4}\ s^{-1}$、$1\times10^{-5}\ s^{-1}$和 $1\times10^{-6}\ s^{-1}$三种不同的加载速率对单胞模型进行加载。

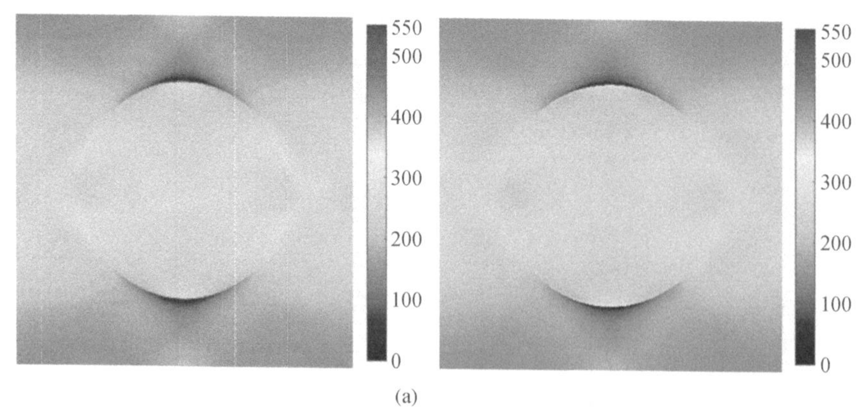

图 7－11　不同加载速率下宏观横向应变加载 $\bar{\varepsilon}_{22}=1\%$ 时(σ_{22})应力云图对比：
CVP－FVDAM(左)；ABAQUS(右)
(a)$1\times10^{-6}\ s^{-1}$

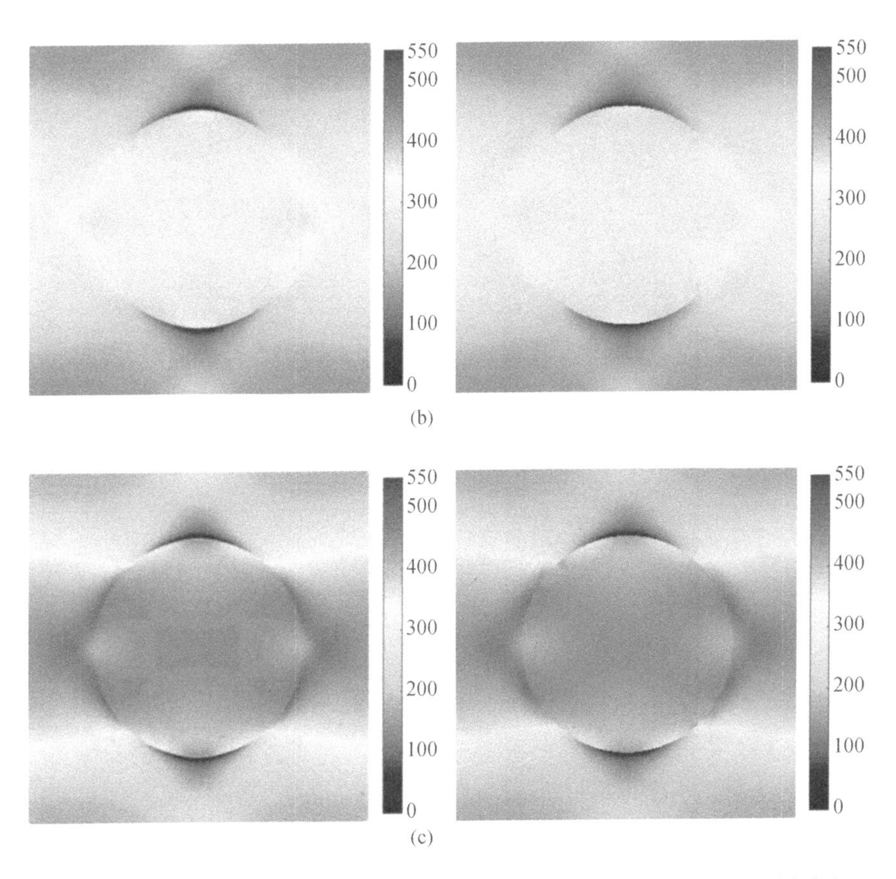

(b)

(c)

续图 7-11 不同加载速率下宏观横向应变加载 $\bar{\varepsilon}_{22}=1\%$ 处(σ_{22})应力云图对比：CVP-FVDAM(左)；ABAQUS(右)

(b)$1\times10^{-5}\ s^{-1}$；(c)$1\times10^{-4}\ s^{-1}$

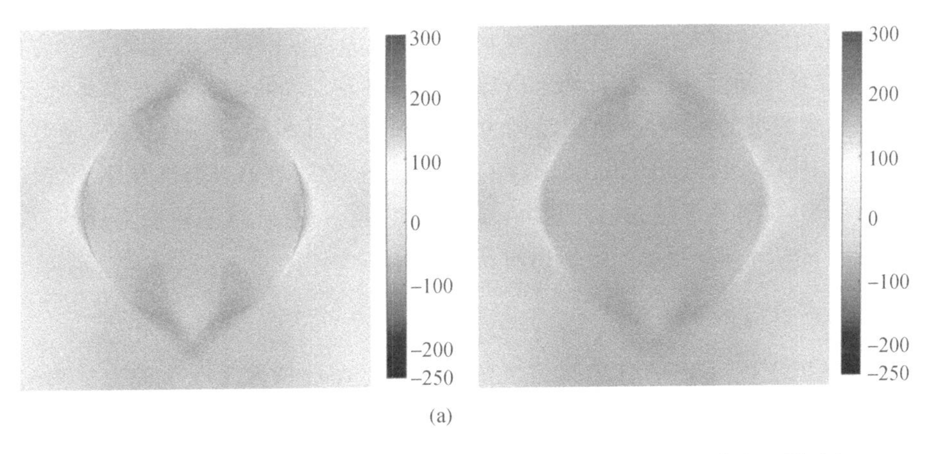

(a)

图 7-12 不同加载速率下宏观横向应变加载 $\bar{\varepsilon}_{33}=1\%$ 处(σ_{33})应力云图对比：CVP-FVDAM(左)；ABAQUS(右)

(a)$1\times10^{-6}\ s^{-1}$

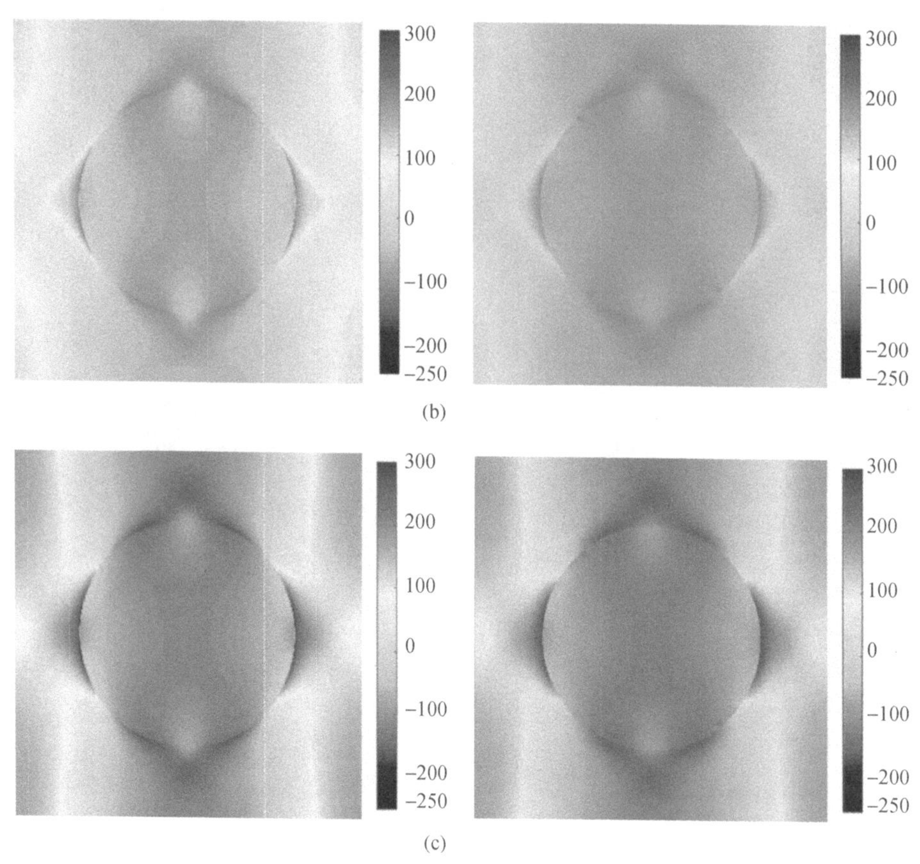

续图 7-12 不同加载速率下宏观横向应变加载 $\bar{\varepsilon}_{33}=1\%$ 处(σ_{33})应力云图对比：

CVP-FVDAM(左)；ABAQUS(右)

(b)1×10^{-5} s^{-1}；(c)1×10^{-4} s^{-1}

对比 ABAQUS 和 CVP-FVDAM 单胞的细观应力场云图可以看出，在各个方向、各种加载速率下，二者均高度一致，这证明了所提模型的可靠性。同时，为了更清晰地展现出加载速率对细观应力场的影响，在绘制相同方向的细观场云图时，采用一致的应力范围，即 σ_{22} :0～550 MPa，σ_{33} :−250～300 MPa，σ_{23} :−150～150 MPa。因此，从每个方向的 6 张云图中可以看出，加载速率越大，云图颜色越深，应力越大，且纤维基体交界处的应力最大。这揭示了复合材料界面处更易产生损伤的直接原因。

3.不同速率横向循环加载

对 FEM 和 CVP-FVDAM 单胞模型在不同速率循环载荷工况下的力学响应进行对比，需对由两种方法建立的复合材料单胞模型施加相同的循环应变加载。本小节采用两种不同方向的循环载荷进行模型验证：一种平行纤维方向，另一种垂直纤维方向。两种载荷的应变幅值均在 0.2%～0.5%范围内循环。为了验证模型模拟率相关力学响应的能力，采用 1×10^{-4} s^{-1}、1×10^{-5} s^{-1}和 1×10^{-6} s^{-1}三种加载速率对单胞模型进行加载。由于在计算时采用不同的加载步长(见表 7-4)，不同加载速率下加载路径总步数略有不同。图 7-14

表示三种加载速率下所采用的循环加载路径。

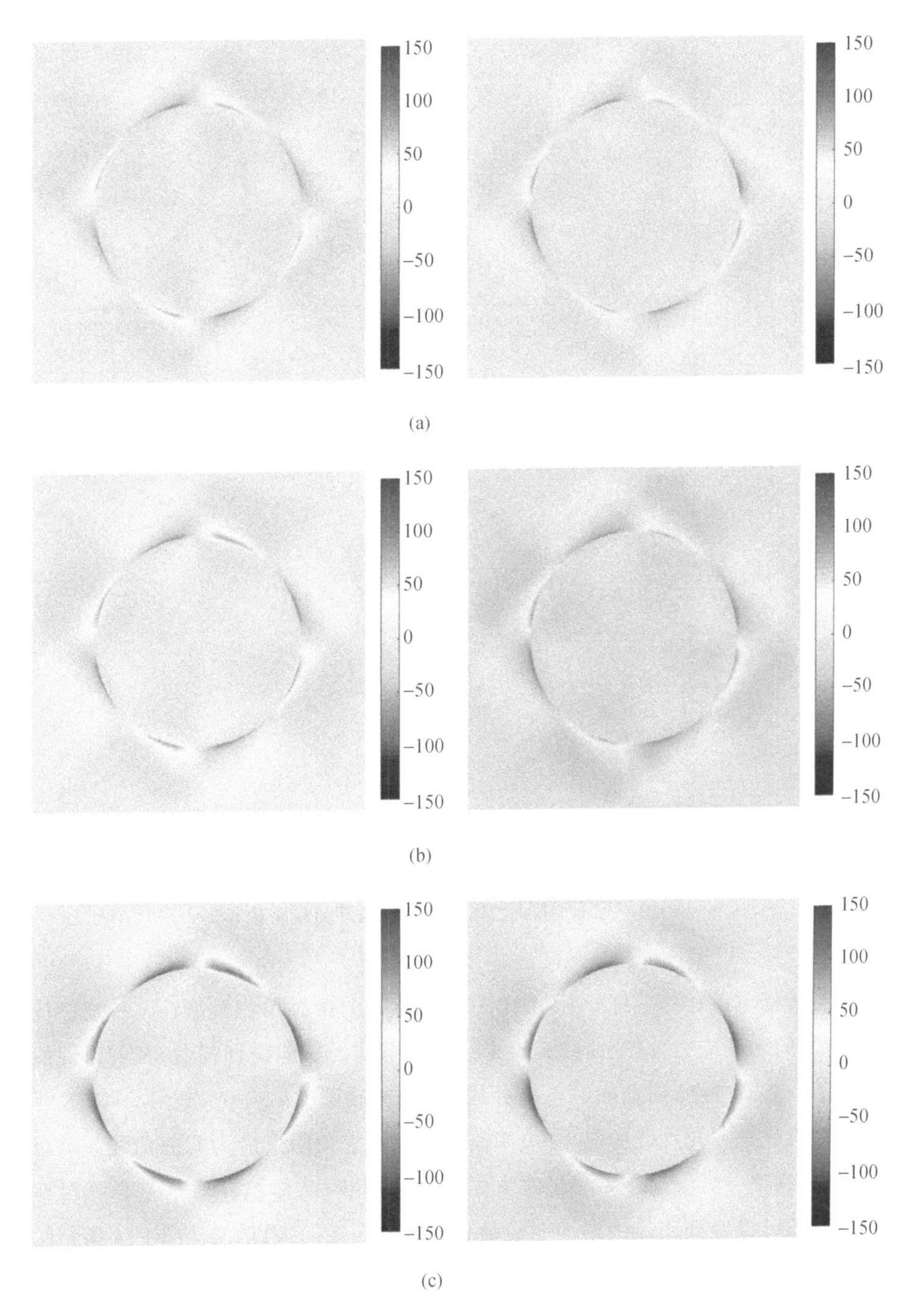

图 7-13 不同加载速率下宏观横向应变加载 $\bar{\varepsilon}_{23}=1\%$ 处(σ_{23})应力云图对比：CVP-FVDAM(左)；ABAQUS(右)

(a)$1\times10^{-6}\ s^{-1}$；(b)$1\times10^{-5}\ s^{-1}$；(c)$1\times10^{-4}\ s^{-1}$

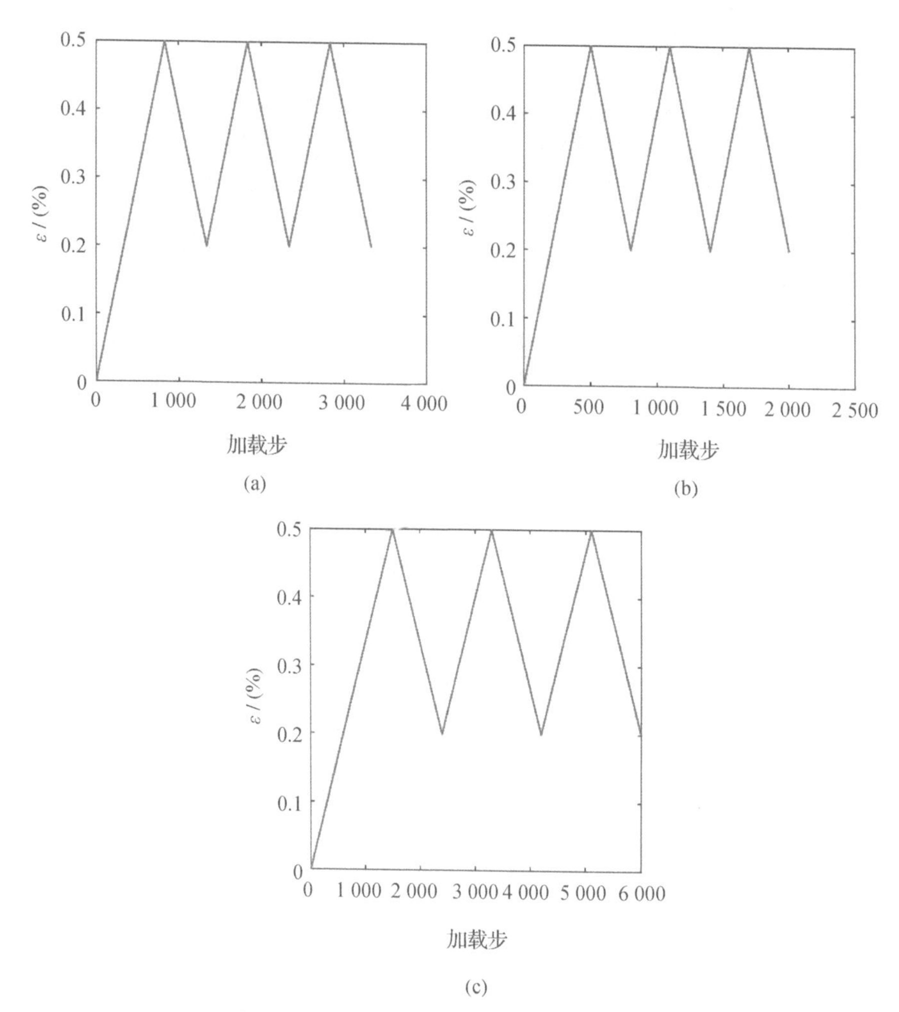

图 7－14　不同加载速率下的循环加载路径

(a)$1\times10^{-4}\ s^{-1}$；(b)$1\times10^{-5}\ s^{-1}$；(c)$1\times10^{-6}\ s^{-1}$

图 7－15 表示 CVP－FVDAM 和 ABAQUS 建立的两种单胞模型在三种速率横向和轴向循环载荷下的宏观应力-应变曲线。对于沿纤维方向的轴向循环加载，其材料性能主要由纤维决定，塑性变形较小，滞回曲线重叠处较多，很难看清 CVP－FVDAM 和 FEM 的对比结果，因此在沿纤维方向加载的应力-应变曲线图的左上角附上应力时间曲线。可以看出二者的计算结果高度一致。对于垂直纤维方向的横向加载，基体塑性对于复合材料整体力学响应影响显著，可以看到明显的滞回曲线演化过程，CVP－FVDAM 与 FEM 模拟结果高度吻合，验证了模型的有效性。此外，从不同速率的响应可以看出，复合材料轴向性能由纯弹性纤维主导，对加载速率不敏感；对于横向加载而言，复合材料性能受基体材料影响，率相关效应显著，滞回曲线形状随加载速率降低而逐渐扩张。

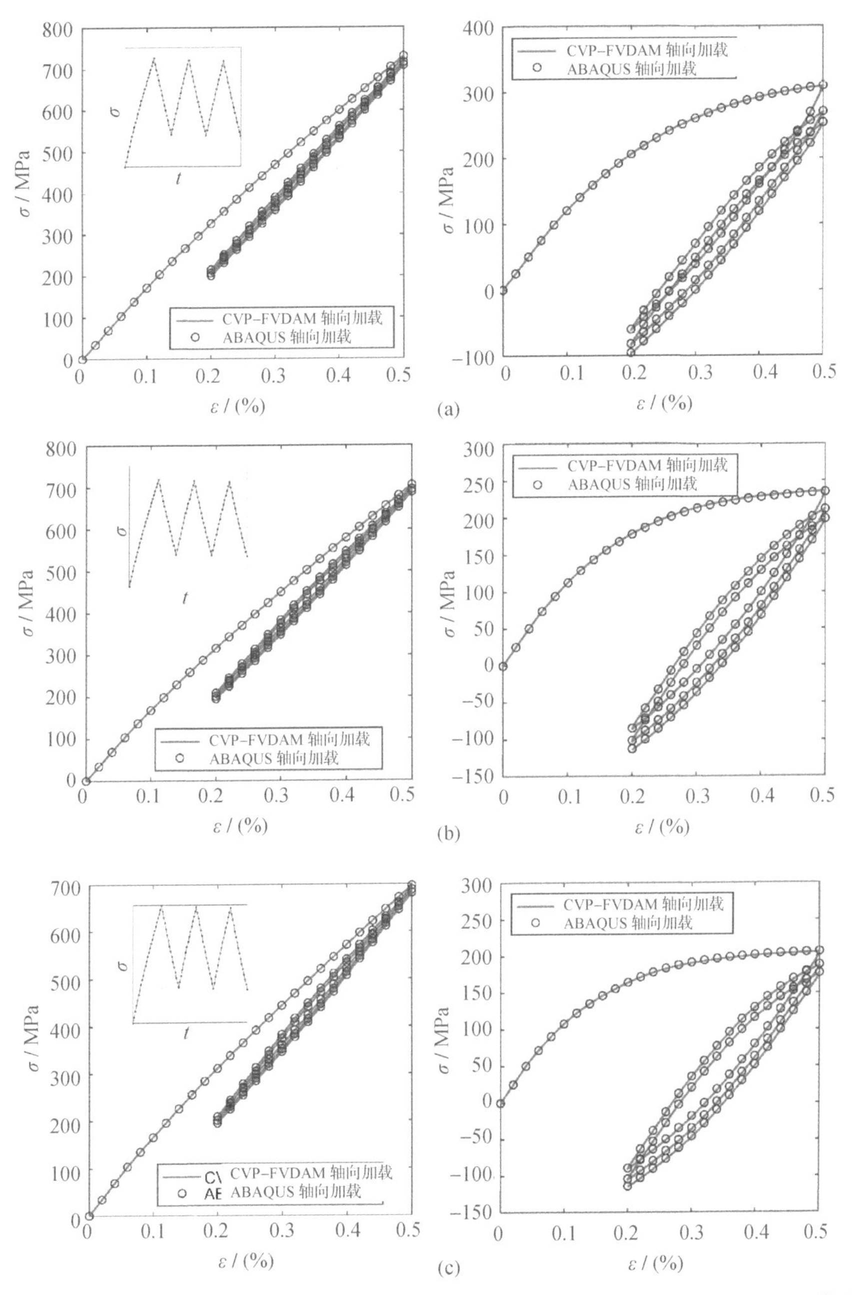

图 7-15 不同加载速率下 CVP-FVDAM 与 ABAQUS 模型宏观曲线对比：轴向加载（左）；横向加载（右）
(a)1×10^{-4} s^{-1}；(b)1×10^{-5} s^{-1}；(c)1×10^{-6} s^{-1}

7.3.3 偏轴角度和加载速率影响分析

CVP-FVDAM 细观力学模型是基于材料主方向进行建模的，而长纤维增强复合材料在制造时出于材料性能设计目的，往往会出现纤维铺层角度与材料主方向呈 θ 偏轴角度的状态。因此，本节将分析讨论偏轴加载角度对复合材料率相关循环黏塑性响应的影响。偏轴加载通过使用材料主方向坐标(1,2,3)和整体坐标 (x,y,z) 之间的转换关系(见图7-16)，采用式(6-75)和式(6-76)中定义的应力坐标变换矩阵 $\boldsymbol{T}_1$ 和应变坐标变换矩阵 $\boldsymbol{T}_2$，将整体坐标系下的应力-应变关系写作如下形式：

$$\overline{\boldsymbol{\sigma}}_\theta=\overline{\boldsymbol{C}}^*\overline{\boldsymbol{\varepsilon}}_\theta-\overline{\boldsymbol{\sigma}}_\theta^{\mathrm{cvp}}=\boldsymbol{T}_1^{-1}\boldsymbol{C}^*\ \boldsymbol{T}_2\overline{\boldsymbol{\varepsilon}}_\theta-\boldsymbol{T}_1{}^{-1}\overline{\boldsymbol{\sigma}}^{\mathrm{cvp}} \tag{7-48}$$

式中：$\overline{\boldsymbol{\varepsilon}}_\theta$ 是整体坐标中已知的宏观应变载荷；主坐标中的应变用 $\overline{\boldsymbol{\varepsilon}}=\boldsymbol{T}_2\overline{\boldsymbol{\varepsilon}}_\theta$ 计算。使用CVP-FVDAM求得主坐标上的黏塑性应力 $\overline{\boldsymbol{\sigma}}^{\mathrm{cvp}}$ 后，整体坐标系中应力-应变关系通过式(7-48)得到。

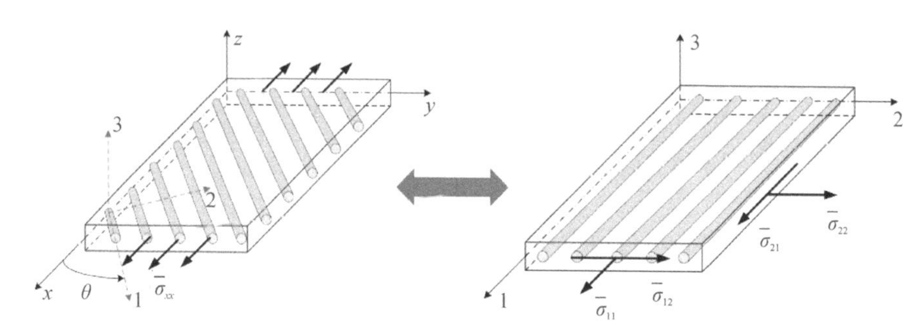

图7-16 材料主坐标系和整体坐标系转换关系

图7-17表示CVP-FVDAM模拟复合材料在不同偏轴角度 $\theta(\theta=0°,15°,30°,45°)$ 和不同应变加载速率(1×10^{-4}/s,1×10^{-5}/s,1×10^{-6}/s)下的宏观循环黏塑性力学相应曲线。CVP-FVDAM单胞模型的子胞离散方式和组分材料参数与6.3.2节中一致。从不同偏轴角度的宏观应力-应变曲线可以看出，CVP-FVDAM模型成功地捕捉了不同偏轴角度及不同加载速率对复合材料循环黏塑性响应的影响。同时，整体应力随加载速率的增大而增大，当偏轴角度从0°向45°递增时，由于基体性能影响逐渐增大，因此复合材料的循环黏塑性响应也越来越明显。

对于商业软件ABAQUS而言，周期性边界条件是借助插件在建模之后单独添加的，模拟偏轴加载需要在ABAQUAS中建立一个斜方六面体单胞模型[204]，但对单胞模型无法直接施加周期性边界条件。因此，在ABAQUS中进行偏轴循环加载模拟非常困难；而在CVP-FVDAM中，周期性边界条件直接嵌入组装整体刚度矩阵的过程中，因此CVP-FVDAM在施加偏轴加载时更具优势。

为了进一步验证CVP-FVDAM对偏轴加载的模拟结果，采用多轴加载的替代方式。将CVP-FVDAM计算出的材料主坐标系下宏观应变响应作为ABAQUS单胞模型的多轴加载输入条件；在ABAQUS中计算出主坐标系下的宏观应力响应；采用主坐标系与整体坐标系之间的转换关系将应力转换至整体坐标系，最终将ABAQUS计算出的整体坐标系下的应力与CVP-FVDAM计算出的应力进行对比。本节采用Homtools[203]插件，利用两个参考点，分别加载正向和切向的宏观应变，将CVP-FVDAM计算出的六个方向的应变加载至ABAQUS的单胞模型上。出于验证目的，仅采用偏轴角度 $\theta=15°$，加载速率 $\dot{\varepsilon}=1\times10^{-4}\ \mathrm{s}^{-1}$ 工况，对ABAQUS和CVP-FVDAM的计算结果进行对比，如图7-18所示，二者的模拟结果吻合良好，存在误差的原因是 ABAQUS 输入的并不是真实的偏轴加载条件，而是 CVP－FVDAM 计算出的多轴应变，二者在循环计算时会存在一定的累积数值误差。

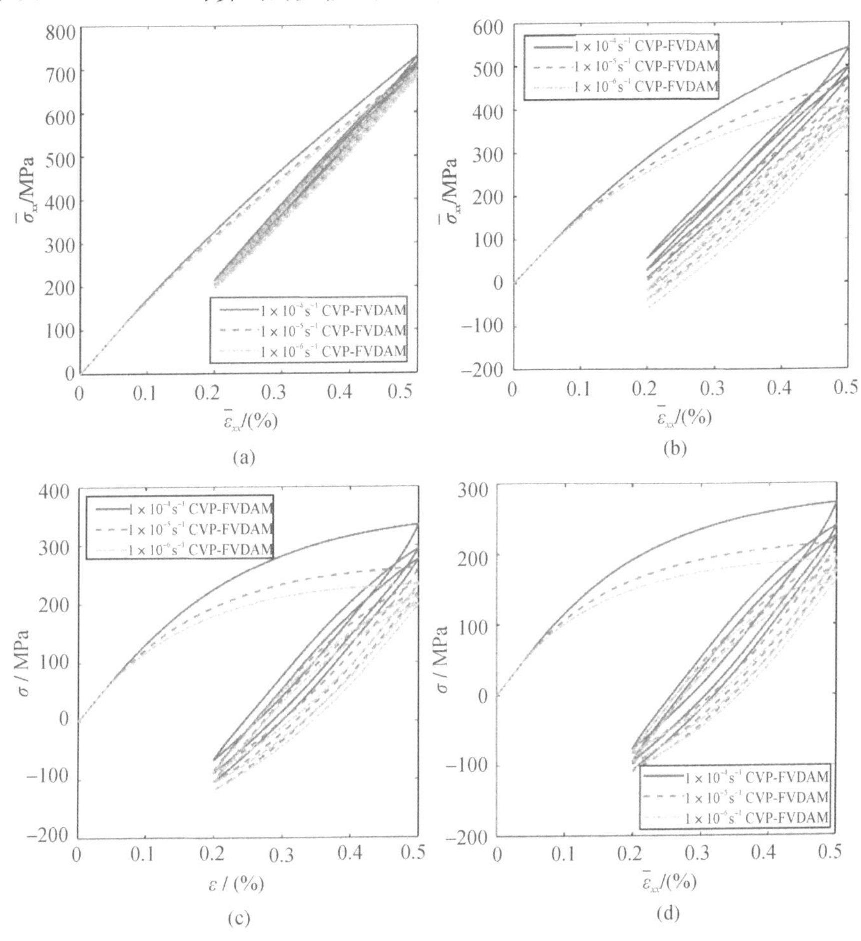

图 7－17　CVP－FVDAM 预测的不同偏轴角度及加载速率下的复合材料循环黏塑性响应

(a) $\theta = 0°$；(b) $\theta = 15°$；(c) $\theta = 30°$；(d) $\theta = 45°$

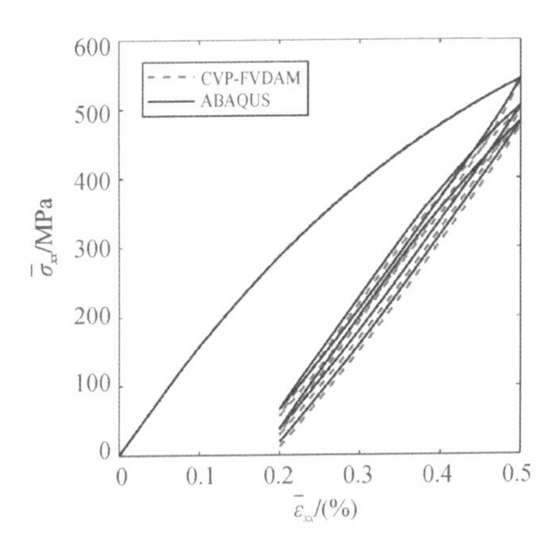

图 7－18　ABAQUS 与 CVP－FVDAM 偏轴加载结果对比（$\theta = 15°$，$\dot{\varepsilon} = 1 \times 10^{-4}\ \mathrm{s}^{-1}$）

7.4 小　　结

为了准确预测长纤维增强复合材料在高温循环载荷工况下的率相关循环塑性累积行为，本章在传统 FVDAM 理论基础上，引入率相关循环黏塑性本构模型，提出 CVP - FVDAM 模型，对传统 FVDAM 理论进行了扩充，使其可以预测长纤维增强复合材料在高温下的率相关循环黏塑性响应。以广泛应用于航空航天领域的 SCS - 6 纤维增强 Timetal21s 基复合材料在高温下的率相关试验为例，通过与试验数据和仿真预测结果的对比验证了模型的有效性；将循环黏塑性本构嵌入商业有限元软件 ABAQUS，并建立了基于 FEM 的重复单胞模型，在不同速率的单轴、循环加载下，计算了复合材料宏观应力-应变曲线和局部应力场，并与 CVP - FVDAM 计算结果进行了对比，二者宏细观预测结果高度一致，验证了本章所提模型的可靠性。此外，在计算过程中分析了应变率和偏轴加载角度对复合材料循环黏塑性响应的影响。具体结论如下：

(1)提出了 CVP - FVDAM 率相关循环黏塑性模型，扩展了传统 FVDAM 理论，对复合材料在高温下单调加载和循环加载条件下的率相关宏细观力学响应进行了预测，其计算结果与用商业有限元软件 ABAQUS 计算得到的结果一致，证明了所提模型的可靠性。同时，在施加周期性边界条件及偏轴加载边界条件时，CVP - FVDAM 相较商业有限元软件，展现出了更高的效率。

(2)获得了加载速率对复合材料单调加载和循环加载宏、细观黏塑性响应的影响规律。数值模拟结果表明，加载速率增大，使得复合材料宏观应力响应在整体上略有增强。

(3)获得了偏轴角度对复合材料循环弹塑性响应的影响规律。结果表明，整体应力随加载速率的增大而增大，并且当偏轴角度从 0°向 45°递增时，基体性能影响逐渐增大，复合材料的循环黏塑性响应也越来越明显。

第8章　复合材料微-细观多尺度界面循环累积损伤模型

8.1　引　　言

在制造过程中，复合材料基体相和增强相之间会由于物理或化学反应产生一个过渡区中间相，称之为界面相，其承担着传递不同相之间应力及其他信息的作用，因此界面是复合材料性质的决定性因素。根据结合力的强弱，复合材料界面可以分为强界面和弱界面，例如纤维增强聚合物基复合材料往往被看作强界面结合，不同相之间的应力和应变可以通过界面完美传递，因此在模拟时可以忽略界面相建模计算；然而对于某些金属基纤维增强复合材料，例如航空航天领域大量应用的碳纤维增强钛基复合材料，由于化学反应会在界面处形成脆性的弱界面层，影响材料的宏观力学行为，因此界面相在建模中不可忽略。然而在过去的几十年里，许多复合材料细观力学模型都假设基体和纤维之间能够完美结合。这种假设对于强界面结合复合材料而言，能够有效预测其力学性能；但是对于弱界面结合复合材料，在偏轴循环载荷下极易产生界面脱黏，严重影响材料的力学性能，若不对界面进行建模，便无法准确预测其力学性能。

本章针对循环载荷下由界面损伤主导的弱界面结合复合材料力学建模问题建立了耦合实体界面损伤的 FVDAM 模型，并与分子动力学结合，提出了新的微-细观多尺度力学模型。具体地，本章将有限厚度的六自由度内聚力实体界面损伤模型引入 FVDAM 理论中，描述了实体界面脱黏现象，实现了不同尺度间的信息传递，使其能够有效预测弱界面复合材料在循环载荷下的宏观和细观界面脱黏行为。该模型的多尺度框架如图 8－1 所示。

8.2　分子动力学界面损伤模型

碳纤维增强钛基复合材料是大量应用于航空航天领域的高性能复合材料，本节针对其微观界面损伤建模开展研究。通过图 8－2 中的扫描电镜结果可以看出，在 SiC 纤维和 Ti 基体之间存在一层有限厚度的 C/TiC 界面层，因此针对此类复合材料有必要建立实体界面模型。同时，通过对纤维脱黏后的材料进行电镜观察（见图 8－3），可以发现纤维脱黏后表面残留有 TiC，由此推断出界面损伤是发生在 TiC 和 Ti 之间的。因此，为了模拟界面脱黏的微观机理，本节采用分子动力学建立 Ti/TiC 界面模型。

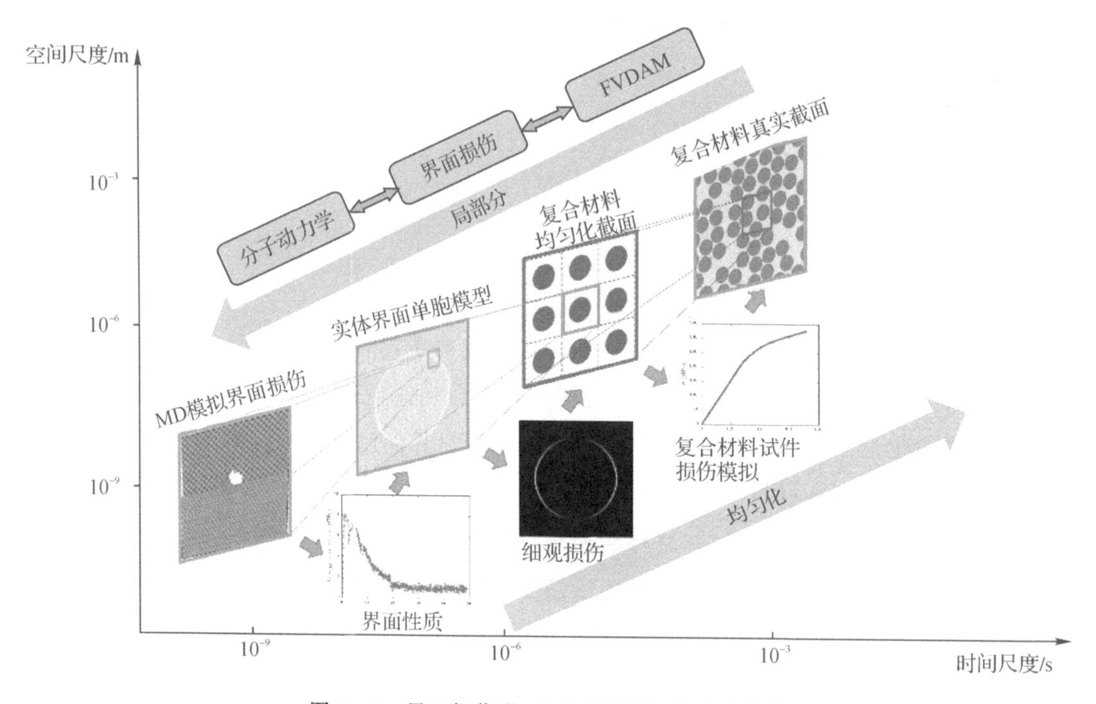

图 8－1　界面损伤微-细观多尺度计算力学框架

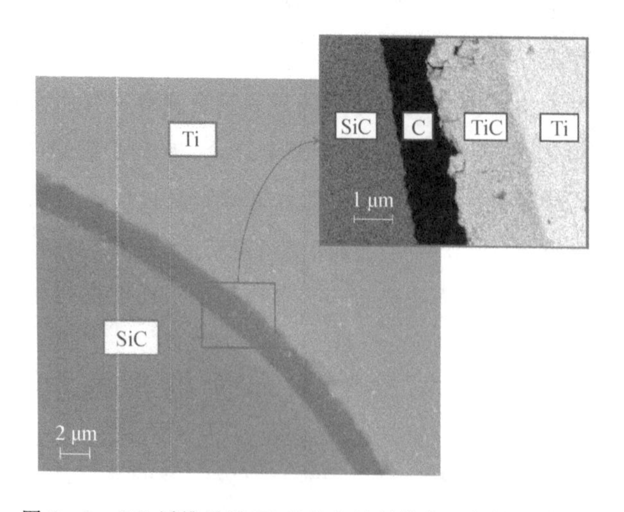

图 8－2　SiC 纤维增强 Ti 基复合材料横截面扫描电镜照片

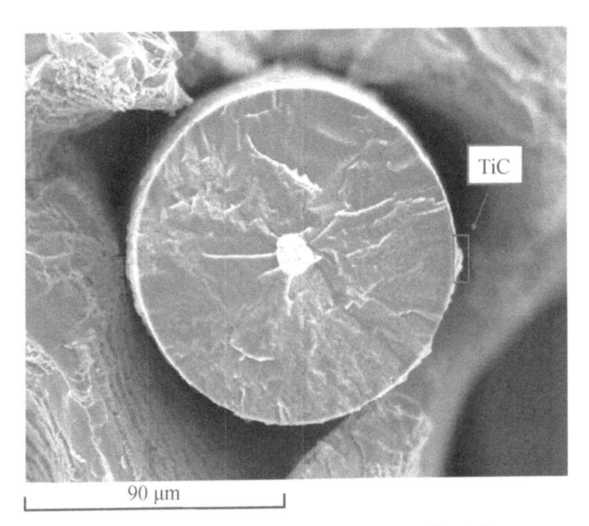

图 8-3　SiC 纤维脱黏后扫描电镜照片

采用图 8-4 所示的分子动力学界面模型，对 Ti/TiC 界面进行分子动力学建模。模型尺寸为 10.5 nm×5.0 nm×9.0 nm，其下半部分为块状密排六方 Ti 原子模型，上半部分为盐岩结构的 TiC。在模型中间引入一直径为 1 nm 的圆形缺陷裂纹作为初始微观缺陷，并将模型顶端和底端 1.5 nm 区域内的原子进行固定，方便后续进行加载。为模拟分子界面层不同形式的损伤，分别采用拉伸和剪切两种加载模式对模型进行分析。在拉伸模拟中，对 x 和 z 方向的边界面施加自由边界条件，对 y 方向的边界面施加周期性边界条件。在剪切模拟中，3 个方向的边界面均采用自由边界条件。在拉伸过程中，沿 z 方向对顶部固定区域以 0.1 Å/ps的速度加载，在剪切过程中沿 x 方向对顶部固定区域 0.1 Å/ps 的速度加载，底部板块在两种情况下都是固定的。所有模拟过程都在 Nose-Hoover 热浴下进行，用 NVT 正则系综将温度设置为 300 K。时间步长和温度阻尼常数分别为 1 fs 和 100 fs。本节所采用的 Ti/TiC 界面模型是基于 Kim 等所提出的嵌入原子势模型[205-206]，可以有效描述 Ti 和 C 之间的相互作用[84,207-210]。

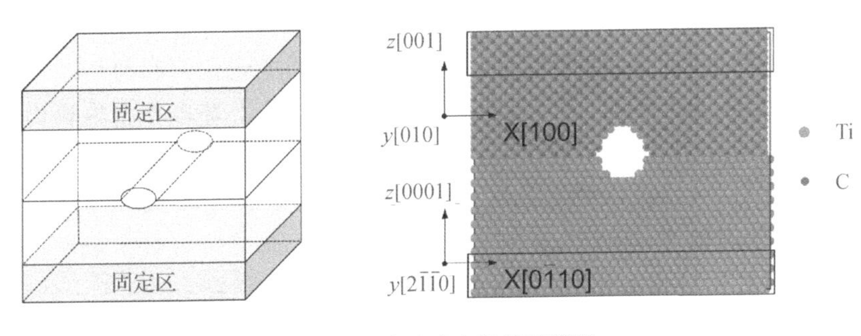

图 8-4　分子动力学界面模型

在进行下一步建模之前，为了确认界面初始缺陷的形状对模拟结果不会产生较大影响，除圆形裂纹外，建立了水平方向长度相同的椭圆形和直线形裂纹界面模型（见图 8-5）。这三种不同模型在拉伸和剪切载荷下的应力-应变曲线如图 8-6 所示。可见不同裂纹形状的结构有相似的应力-应变曲线，这意味着裂纹形状的影响相对较小。由于规则的圆形裂纹形状更容易追踪内聚力区域的原子，因此本章仅对圆形裂纹进行进一步研究。

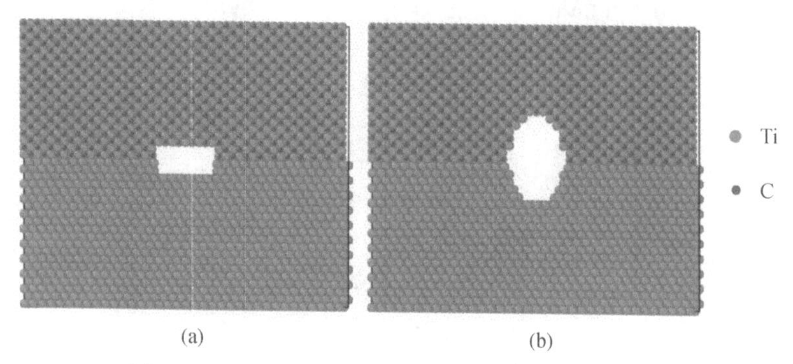

图 8-5　不同初始裂纹形状的分子动力学界面模型

(a)直线形裂纹；(b)椭圆形裂纹

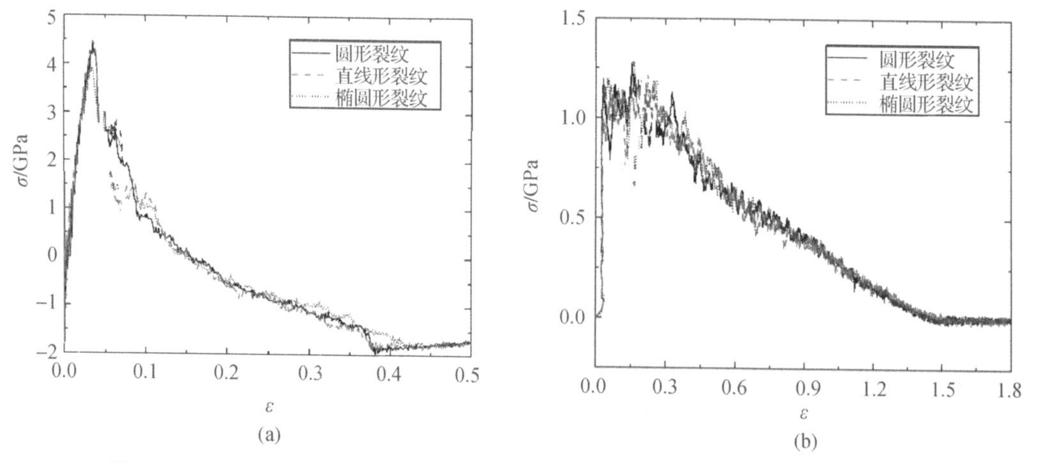

图 8-6　具有不同裂纹形状的 Ti/TiC 界面在拉伸和剪切载荷下的应力-应变曲线

(a)拉伸载荷；(b)剪切载荷

对每个原子加载方向的应力求体积平均值，可以分别得到拉伸和剪切载荷模式下的应力-应变曲线。应力先突然增大，然后相对平缓地下降，趋势上基本符合内聚力模型中的双线性演化准则。如图 8-7 和图 8-8 所示，在计算了应力-应变曲线后，为进一步研究界面脱黏过程中的变形机制，采用可视化工具 AtomEye[211] 进行原子类型和中心对称性参数分析，并使用 OVITO 工具[176] 进行共邻近分析和位错分析，来分析裂纹扩展的构型演变。由图 8-7 可以看出，针对拉伸载荷，在应变增加到大约 0.026 之前，出现了一个弹性阶段，此后随着塑性的开始，界面发生形变，产生了位错，此时可以观察到一个伯格斯矢量为 1/3 $\langle 1\bar{1}00 \rangle$ 的 Shockley 不全位错。之后，圆形裂纹继续扩展并在界面上形成颈缩。然而，对于图 8-8 所示的剪切载荷的情况，弹性变形一直进行到应变达到大约 0.04，在塑性开始出现时也可以观察到同样类型的 Shockley 不全位错。两种载荷下的微观变形机制均与界面脱黏物理意义相符，证明了所构建分子动力学界面模型的可靠性。

本节所建分子动力学界面模型从原子建模出发，可准确描述界面脱黏的微观机理，然而其建模尺度过小，无法分析复合材料的宏观力学性能。因此，需要与细观尺度模型联动，通过多尺度方法分析微观界面对复合材料的宏观力学响应的影响。

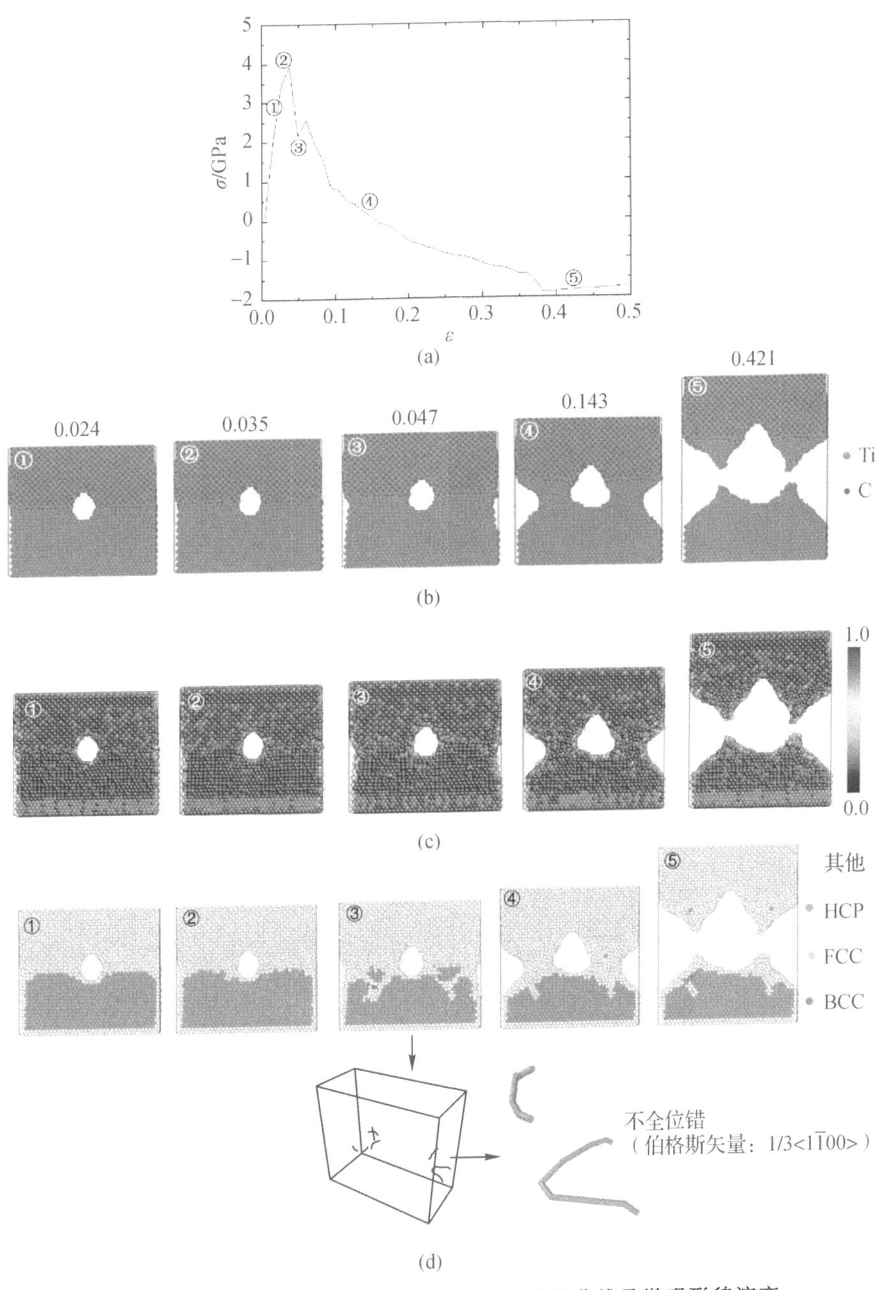

图 8-7　拉伸载荷下 Ti/TiC 界面的应力-应变曲线及微观形貌演变

(a)应力-应变曲线；(b)原子类型；(c)中心对称参数分析；(d)共近邻和位错分析

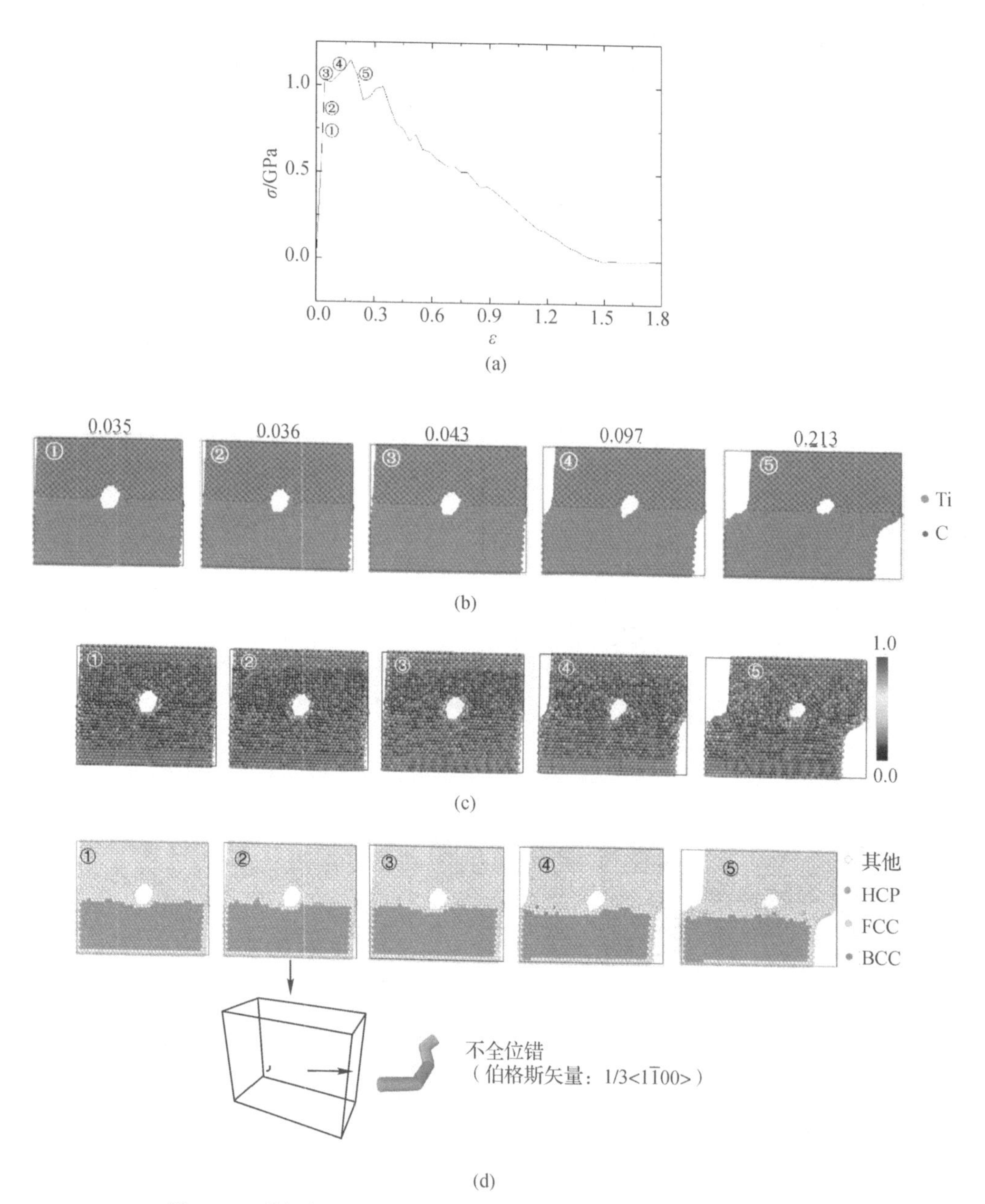

图 8-8 剪切载荷下 Ti/TiC 界面的应力-应变曲线及微观形貌演变

(a)应力-应变曲线;(b)原子类型;(c)中心对称参数分析;(d)共近邻和位错分析

8.3 含微观界面损伤的 FVDAM 多尺度细观力学模型

复合材料的界面脱黏是一个典型的多尺度问题,微观原子尺度的缺陷会引起细观尺度的界面性能退化,传统的 FVDAM 细观力学模型不能模拟实体界面的脱黏行为,因此本节提出了新的耦合实体界面损伤的 FVDAM 细观力学模型,基于内聚力理论提出了一类新的六自由度实体界面损伤模型，并嵌入 FVDAM 细观力学模型，实现了界面损伤的跨尺度模拟。

8.3.1　含实体损伤界面层的 FVDAM 细观力学模型

传统 FVDAM 模型假设纤维基体之间为完美连接，无法模拟由实体界面层损伤导致的材料性能衰减现象。因此本节将实体损伤界面层嵌入 FVDAM 模型中，提出了含实体损伤界面层的新型 FVDAM 细观力学模型，解决了传统 FVDAM 细观力学模型无法预测实体界面损伤的问题。

与传统 FVDAM 理论不同，本章的模型将实体界面相作为第三相材料引入单胞模型中，如图 8-9 所示，纤维周围的一层深色子胞为界面相子胞。除了界面损伤之外，在对复合材料建模时还需要将基体塑性与热残余应力的影响考虑进去，因此，采用与第 2 章相同的离散化过程后，单胞中每个子胞的面平均力 $\hat{\boldsymbol{T}}^{(q)}$ 和面平均位移 $\hat{\boldsymbol{U}}'^{(q)}$ 的关系为

$$\hat{\boldsymbol{T}}^{(q)}=\boldsymbol{K}^{(q)}\hat{\boldsymbol{U}}'^{(q)}+\boldsymbol{N}^{(q)}\boldsymbol{C}^{(q)}\bar{\varepsilon}+\boldsymbol{G}^{(q)}+\boldsymbol{\Gamma}^{(q)}+\boldsymbol{D}^{(q)} \tag{8-1}$$

式中：$\boldsymbol{K}^{(q)}$ 是局部刚度矩阵；$\boldsymbol{N}^{(q)}$ 包含子胞每个面的单位方向向量；$\boldsymbol{C}^{(q)}$、$\boldsymbol{G}^{(q)}$、$\boldsymbol{\Gamma}^{(q)}$ 和 $\boldsymbol{D}^{(q)}$ 分别包含子胞内弹性、塑性、热和损伤的信息。

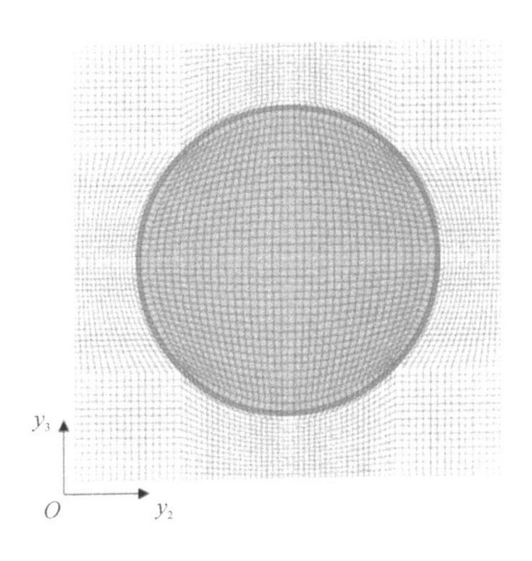

图 8-9　含实体界面层的重复单胞模型

通过应用表面平均意义上的连续性和周期性方程，可以组装出整体刚度矩阵，整体系统方程的符号表达为

$$\boldsymbol{K}^{\text{global}}\hat{\boldsymbol{U}}'=\Delta\boldsymbol{C}\bar{\boldsymbol{\varepsilon}}+\boldsymbol{G}+\boldsymbol{\Gamma}+\boldsymbol{D} \tag{8-2}$$

式中：$\Delta\boldsymbol{C}$ 是相邻子胞局部刚度矩阵之差；$\boldsymbol{K}^{\text{global}}$ 为整体刚度矩阵；$\hat{\boldsymbol{U}}'$ 为面平均扰动位移矩阵；$\boldsymbol{G}$、$\boldsymbol{\Gamma}$ 和 $\boldsymbol{D}$ 分别是整体系统的塑性矩阵、热矩阵和损伤矩阵。

在不考虑塑性、热和损伤变形的情况下，一次施加一个宏观应变分量，推导出第 q 个子胞的 Hill 应变集中矩阵 $\boldsymbol{A}^{(q)}$，建立宏观和细观响应之间的联系：

$$\bar{\boldsymbol{\varepsilon}}^{(q)}=\boldsymbol{A}^{(q)}\bar{\boldsymbol{\varepsilon}}+\boldsymbol{D}^{(q)} \tag{8-3}$$

式中：$\bar{\boldsymbol{\varepsilon}}^{(q)}$ 是第 q 个子胞中的平均应变；$\boldsymbol{D}^{(q)}$ 为包含塑性、热和损伤的非线性矩阵，在每个加载步中通过迭代更新，求得其收敛值。

体积为 V 的单胞的平均应力 $\bar{\boldsymbol{\sigma}}$ 可以用每个子胞应力 $\bar{\boldsymbol{\sigma}}^{(q)}$ 的体积平均值求得：

$$\bar{\boldsymbol{\sigma}} = \frac{1}{V}\int \boldsymbol{\sigma}\,\mathrm{d}V = \frac{1}{V}\sum_{q=1}^{N_q}\int_{V^{(q)}} \boldsymbol{\sigma}^{(q)}\,\mathrm{d}V = \sum_{q=1}^{N_q} v^{(q)}\bar{\boldsymbol{\sigma}}^{(q)} \tag{8-4}$$

式中：$v^{(q)}=V^{(q)}/V$，$V^{(q)}$ 代表第 q 个子胞体积；N_q 是子胞总数。

复合材料的宏观本构方程可以写为

$$\bar{\boldsymbol{\sigma}} = \boldsymbol{C}^{*}\bar{\boldsymbol{\varepsilon}} - (\bar{\boldsymbol{\sigma}}^{\mathrm{th}} + \bar{\boldsymbol{\sigma}}^{\mathrm{pl}} + \bar{\boldsymbol{\sigma}}^{\mathrm{d}}) \tag{8-5}$$

式中：$\boldsymbol{C}^{*} = \sum_{q=1}^{N_q} v^{(q)}\boldsymbol{C}^{(q)}\boldsymbol{A}^{(q)}$ 是均匀化刚度矩阵。

平均热应力 $\bar{\boldsymbol{\sigma}}^{\mathrm{th}}$，塑性应力 $\bar{\boldsymbol{\sigma}}^{\mathrm{pl}}$ 和损伤应力 $\bar{\boldsymbol{\sigma}}^{\mathrm{d}}$ 为

$$\begin{aligned}\bar{\boldsymbol{\sigma}}^{\mathrm{th}} + \bar{\boldsymbol{\sigma}}^{\mathrm{pl}} + \bar{\boldsymbol{\sigma}}^{\mathrm{d}} &= -\sum_{q=1}^{N_q} v^{(q)}[\boldsymbol{C}^{(q)}\boldsymbol{D}^{(q)} - \boldsymbol{\Gamma}^{(q)}\Delta T - \bar{\boldsymbol{\sigma}}^{\mathrm{pl}(q)} - \bar{\boldsymbol{\sigma}}^{\mathrm{d}(q)}] \\ &= -\sum_{q=1}^{N_q} v^{(q)}\boldsymbol{C}^{(q)}[\boldsymbol{D}^{(q)} - \boldsymbol{\alpha}^{(q)}\Delta T - \bar{\boldsymbol{\varepsilon}}^{\mathrm{pl}(q)} - \bar{\boldsymbol{\varepsilon}}^{\mathrm{d}(q)}]\end{aligned} \tag{8-6}$$

式中：第 q 个子胞中的热应力 $\boldsymbol{\Gamma}^{(q)}\Delta T = \boldsymbol{C}^{(q)}\boldsymbol{\alpha}^{(q)}\Delta T$，其中，$\boldsymbol{\alpha}^{(q)}$ 是热膨胀系数；$\bar{\boldsymbol{\varepsilon}}^{\mathrm{pl}(q)}$ 和 $\bar{\boldsymbol{\varepsilon}}^{\mathrm{d}(q)}$ 代表第 q 个子胞内的平均塑性应变和平均损伤应变，可由子胞内的塑性应变 $\boldsymbol{\varepsilon}^{\mathrm{pl}(q)}$ 和损伤应变 $\boldsymbol{\varepsilon}^{\mathrm{d}(q)}$ 的体积平均求得。

因此，为了得到各子胞中的塑性应变 $\boldsymbol{\varepsilon}^{\mathrm{pl}(q)}$ 和损伤应变 $\boldsymbol{\varepsilon}^{\mathrm{d}(q)}$，需要定义基体的塑性模型和界面的损伤模型。由于本章旨在描述由界面的循环损伤主导的弱界面复合材料，因此对基体塑性采用经典的增量塑性理论与线性各向同性硬化模型以提高计算效率。在不考虑损伤的情况下，复合材料基体线性硬化塑性模型可由下式描述：

$$\boldsymbol{\sigma}^{(q)} = \boldsymbol{\sigma}_{\mathrm{y}} + H_{\mathrm{p}}\boldsymbol{\varepsilon}^{\mathrm{pl}(q)} \tag{8-7}$$

式中：$\boldsymbol{\sigma}_{\mathrm{y}}$ 为基体屈服应力；H_{p} 是等效应力与塑性应变曲线的斜率。

对于子胞损伤应变 $\varepsilon^{\mathrm{d}(q)}$ 的计算，本章提出了一个基于内聚力理论的六自由度固体界面累积损伤模型。在内聚力模型中，为了对应Ⅰ型、Ⅱ型、Ⅲ型损伤，界面损伤往往在局部坐标系 O_{123} 中定义。因此，对于纤维和基体间的圆形界面，界面损伤局部坐标系会随角度 φ 变化(见图 8-10)。当角度为 φ 时，整体坐标系 O_{xyz} 中应力 $\boldsymbol{\sigma}_{\varphi} = [\sigma_{xx}\ \sigma_{yy}\ \sigma_{zz}\ \sigma_{yz}\ \sigma_{xz}\ \sigma_{xy}]^{\mathrm{T}}$ 和局部坐标(1,2,3)中应力 $\boldsymbol{\sigma} = [\sigma_{11}\ \sigma_{22}\ \sigma_{33}\ \sigma_{23}\ \sigma_{13}\ \sigma_{12}]^{\mathrm{T}}$ 之间的转换关系可以写成

$$\begin{bmatrix}\sigma_{11}\\ \sigma_{22}\\ \sigma_{33}\\ \sigma_{23}\\ \sigma_{13}\\ \sigma_{12}\end{bmatrix} = \begin{bmatrix}\cos^2\varphi & \sin^2\varphi & 0 & 0 & 0 & \sin 2\varphi\\ \sin^2\varphi & \cos^2\varphi & 0 & 0 & 0 & -\sin 2\varphi\\ 0 & 0 & 1 & 0 & 0 & 0\\ 0 & 0 & 0 & \cos\varphi & -\sin\varphi & 0\\ 0 & 0 & 0 & \sin\varphi & \cos\varphi & 0\\ -\frac{1}{2}\sin 2\varphi & \frac{1}{2}\sin 2\varphi & 0 & 0 & 0 & \cos 2\varphi\end{bmatrix}\begin{bmatrix}\sigma_{xx}\\ \sigma_{yy}\\ \sigma_{zz}\\ \sigma_{yz}\\ \sigma_{xz}\\ \sigma_{xy}\end{bmatrix} = \boldsymbol{T}_{\mathrm{cl}}\begin{bmatrix}\sigma_{xx}\\ \sigma_{yy}\\ \sigma_{zz}\\ \sigma_{yz}\\ \sigma_{xz}\\ \sigma_{xy}\end{bmatrix} \tag{8-8}$$

同样,整体坐标 (x,y,z) 下的应变 $\boldsymbol{\varepsilon}_{\varphi}=[\varepsilon_{xx}\ \varepsilon_{yy}\ \varepsilon_{zz}\ 2\varepsilon_{yz}\ 2\varepsilon_{xz}\ 2\varepsilon_{xy}]^{\mathrm{T}}$ 可以通过以下方式转化为局部坐标(1,2,3)中的应变 $\boldsymbol{\varepsilon}=[\varepsilon_{11}\ \varepsilon_{22}\ \varepsilon_{33}\ 2\varepsilon_{23}\ 2\varepsilon_{13}\ 2\varepsilon_{12}]^{\mathrm{T}}$:

$$\begin{bmatrix}\varepsilon_{11}\\ \varepsilon_{22}\\ \varepsilon_{33}\\ 2\varepsilon_{23}\\ 2\varepsilon_{13}\\ 2\varepsilon_{12}\end{bmatrix}=\begin{bmatrix}\cos^2\varphi & \sin^2\varphi & 0 & 0 & 0 & \frac{1}{2}\sin2\varphi\\ \sin^2\varphi & \cos^2\varphi & 0 & 0 & 0 & -\frac{1}{2}\sin2\varphi\\ 0 & 0 & 1 & 0 & 0 & 0\\ 0 & 0 & 0 & \cos\varphi & -\sin\varphi & 0\\ 0 & 0 & 0 & \sin\varphi & \cos\varphi & 0\\ -\sin2\varphi & \sin2\varphi & 0 & 0 & 0 & \cos2\varphi\end{bmatrix}\begin{bmatrix}\varepsilon_{xx}\\ \varepsilon_{yy}\\ \varepsilon_{zz}\\ 2\varepsilon_{yz}\\ 2\varepsilon_{xz}\\ 2\varepsilon_{xy}\end{bmatrix}=\boldsymbol{T}_{c2}\begin{bmatrix}\varepsilon_{xx}\\ \varepsilon_{yy}\\ \varepsilon_{zz}\\ 2\varepsilon_{yz}\\ 2\varepsilon_{xz}\\ 2\varepsilon_{xy}\end{bmatrix}\tag{8-9}$$

考虑到单向复合材料的几何特性,单胞中的每个子胞都被赋予了正交各向异性的材料特性。对于界面来说,为了保证损伤演化在所有 6 个自由度上的独立性,以及在坐标转换过程中刚度矩阵的一致性,界面子胞被定义为横观各向同性材料,其刚度矩阵可以用 5 个独立的常数 E_{A}、E_{T}、μ_{A}、μ_{T} 和 G_{A} 来表示。此外,将这些子胞中的泊松比 μ_{A} 与 μ_{T} 设置为 0 时便可将第 k 个界面子胞中局部刚度矩阵 $\boldsymbol{C}^{(k)}$ 变为对角矩阵,从而使其在坐标转换过程中保持不变 $[\boldsymbol{C}^{(k)}(1,2,3)=\boldsymbol{C}^{(k)}(x,y,z)]$。

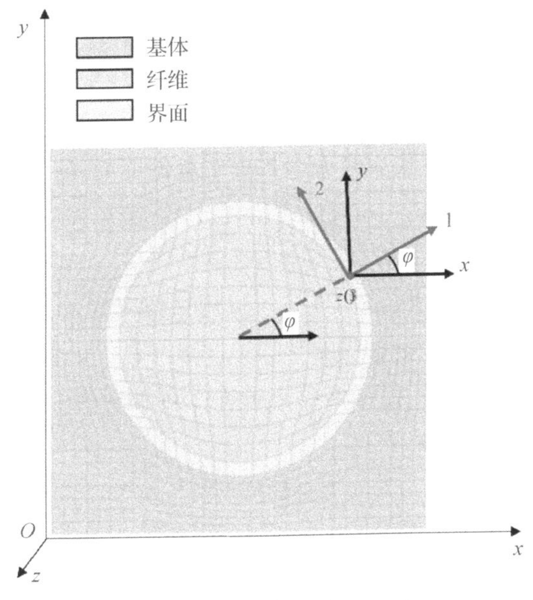

图 8-10　界面子胞坐标变换

在第 k 个界面子胞的局部坐标中，引入 6 个独立损伤变量 $[d_{11}^{(k)}\ d_{22}^{(k)}\ d_{33}^{(k)}\ d_{23}^{(k)}\ d_{13}^{(k)}\ d_{12}^{(k)}]$ 描述固体界面 6 个维度的断裂。第 k 个界面子胞中的应力可以写作

$$\begin{bmatrix}\sigma_{11}\\\sigma_{22}\\\sigma_{33}\\\sigma_{23}\\\sigma_{13}\\\sigma_{12}\end{bmatrix}^{(k)}=\begin{bmatrix}1-d_{11}&0&0&0&0&0\\0&1-d_{22}&0&0&0&0\\0&0&1-d_{33}&0&0&0\\0&0&0&1-d_{23}&0&0\\0&0&0&0&1-d_{13}&0\\0&0&0&0&0&1-d_{12}\end{bmatrix}^{(k)}\boldsymbol{C}^{(k)}\begin{bmatrix}\varepsilon_{11}\\\varepsilon_{22}\\\varepsilon_{33}\\\varepsilon_{23}\\\varepsilon_{13}\\\varepsilon_{12}\end{bmatrix}^{(k)}=$$

$$(\boldsymbol{I}-\boldsymbol{D}_{\mathrm{m}}{}^{(k)})\,\boldsymbol{C}^{(k)}\begin{bmatrix}\varepsilon_{11}\\\varepsilon_{22}\\\varepsilon_{33}\\\varepsilon_{23}\\\varepsilon_{13}\\\varepsilon_{12}\end{bmatrix}^{(k)}\tag{8-10}$$

式中：$\boldsymbol{D}_{m}{}^{(k)}=\mathrm{diag}\,(d_{11},d_{22},d_{33},d_{23},d_{13},d_{12})^{(k)}$ 为第 k 个界面子胞中的损伤变量矩阵。

然而，为了获得整体坐标下的响应，须对应力-应变关系进行转换：利用式(8-8)和式(8-9)中的转换矩阵 $\boldsymbol{T}_{\mathrm{c1}}$ 和 $\boldsymbol{T}_{\mathrm{c2}}$ 对式(8-10)中局部应力-应变关系进行转换，便可以得出整体坐标中的应力-应变关系：

$$\begin{aligned}\boldsymbol{\sigma}^{(k)}(x,y,z)=&\boldsymbol{T}_{\mathrm{c1}}{}^{-1}\boldsymbol{\sigma}^{(k)}(1,2,3)=\\&\boldsymbol{T}_{\mathrm{c1}}{}^{-1}(\boldsymbol{I}-\boldsymbol{D}_{\mathrm{m}}{}^{(k)})\,\boldsymbol{C}^{(k)}\boldsymbol{\varepsilon}^{(k)}(1,2,3)=\\&\boldsymbol{T}_{\mathrm{c1}}{}^{-1}(\boldsymbol{I}-\boldsymbol{D}_{\mathrm{m}}{}^{(k)})\,\boldsymbol{C}^{(k)}\boldsymbol{D}_1\boldsymbol{T}_{\mathrm{c2}}\boldsymbol{D}_2\boldsymbol{\varepsilon}^{(k)}(x,y,z)=\\&\boldsymbol{M}^{(k)}\boldsymbol{\varepsilon}^{(k)}(x,y,z)\end{aligned}\tag{8-11}$$

式中：$\boldsymbol{\sigma}^{(k)}(x,y,z)$ 和 $\boldsymbol{\varepsilon}^{(k)}(x,y,z)$ 是第 k 个界面子胞中的真实应力和真实应变；$\boldsymbol{M}^{(k)}=\boldsymbol{T}_{\mathrm{c1}}{}^{-1}(\boldsymbol{I}-\boldsymbol{D}_{\mathrm{m}}{}^{(k)})\,\boldsymbol{C}^{(k)}\boldsymbol{D}_1\boldsymbol{T}_{\mathrm{c2}}\boldsymbol{D}_2$ 代表第 k 个界面子胞的应力-应变关系；式中两个对角矩阵 $\boldsymbol{D}_1=\mathrm{diag}(1,1,1,0.5,0.5,0.5)$，$\boldsymbol{D}_2=\mathrm{diag}(1,1,1,2,2,2)$ 是工程应变和真实应变之间的转换矩阵。

第 k 个界面子胞的应力 $\boldsymbol{\sigma}^{(k)}(x,y,z)$ 也可以用损伤应变 $\boldsymbol{\varepsilon}^{d(k)}(x,y,z)$ 的形式写成：

$$\boldsymbol{\sigma}^{(k)}(x,y,z)=\boldsymbol{C}^{(k)}[\boldsymbol{\varepsilon}^{(k)}(x,y,z)-\boldsymbol{\varepsilon}^{d(k)}(x,y,z)]\tag{8-12}$$

联立式(8-11)和式(8-12)，便可推导出第 k 个界面子胞中的总应变 $\boldsymbol{\varepsilon}^{(k)}(x,y,z)$ 和损伤应变 $\boldsymbol{\varepsilon}^{\mathrm{d}(k)}(x,y,z)$ 之间的关系：

$$\begin{aligned}\boldsymbol{\varepsilon}^{\mathrm{d}(k)}(x,y,z)&=[\boldsymbol{I}-\boldsymbol{C}^{(k)-1}\boldsymbol{M}^{(k)}]\boldsymbol{\varepsilon}^{(k)}(x,y,z)\\&=\boldsymbol{D}_{\mathrm{c}}^{(k)}\boldsymbol{\varepsilon}^{(k)}(x,y,z)\end{aligned}\tag{8-13}$$

式中：$\boldsymbol{D}_{\mathrm{c}}^{(k)}$ 代表第 k 个子胞中的 6×6 损伤矩阵，可由第 k 个界面子胞中的旋转角度 $\varphi^{(k)}$ 和 6 个局部坐标系下的损伤变量 $d_{ij}^{(k)}\,(i,j=1,2,3)$ 表示为

$$\boldsymbol{D}_{c}^{(k)}=\begin{bmatrix} D_{c}^{(k)}(1,1) & D_{c}^{(k)}(1,2) & 0 & 0 & 0 & D_{c}^{(k)}(1,6) \\ D_{c}^{(k)}(2,1) & D_{c}^{(k)}(2,2) & 0 & 0 & 0 & D_{c}^{(k)}(2,6) \\ 0 & 0 & D_{c}^{(k)}(3,3) & 0 & 0 & 0 \\ 0 & 0 & 0 & D_{c}^{(k)}(4,4) & D_{c}^{(k)}(4,5) & 0 \\ 0 & 0 & 0 & D_{c}^{(k)}(5,4) & D_{c}^{(k)}(5,5) & 0 \\ D_{c}^{(k)}(6,1) & D_{c}^{(k)}(6,2) & 0 & 0 & 0 & D_{c}^{(k)}(6,6) \end{bmatrix} \tag{8-14}$$

式中：$D_{c}^{(k)}(1,1)=d_{11}^{(k)}+2\left[d_{12}^{(k)}-d_{11}^{(k)}\right]\sin^{2}\varphi^{(k)}+\left[d_{11}^{(k)}-2d_{12}^{(k)}+d_{22}^{(k)}\right]\sin^{4}\varphi^{(k)}$

$$D_{c}^{(k)}(1,2)=-\frac{1}{8}\left[d_{11}^{(k)}-2d_{12}^{(k)}+d_{22}^{(k)}\right]\{\cos\left[4\varphi^{(k)}\right]-1\}$$

$$D_{c}^{(k)}(1,6)=\frac{1}{2}\left[d_{11}^{(k)}-d_{22}^{(k)}\right]\sin\left[2\varphi^{(k)}\right]+\frac{1}{4}\left[d_{11}^{(k)}-2d_{12}^{(k)}+d_{22}^{(k)}\right]\sin\left[4\varphi^{(k)}\right]$$

$$D_{c}^{(k)}(2,1)=-\frac{1}{8}\left[d_{11}^{(k)}-2d_{12}^{(k)}+d_{22}^{(k)}\right]\{\cos\left[4\varphi^{(k)}\right]-1\}$$

$$D_{c}^{(k)}(2,2)=d_{22}^{(k)}+2\left[d_{12}^{(k)}-d_{22}^{(k)}\right]\sin^{2}\varphi^{(k)}+\left[d_{11}^{(k)}-2d_{12}^{(k)}+d_{22}^{(k)}\right]\sin^{4}\varphi^{(k)}$$

$$D_{c}^{(k)}(2,6)=\frac{1}{2}\left[d_{11}^{(k)}-d_{22}^{(k)}\right]\sin\left[2\varphi^{(k)}\right]+\frac{1}{4}\left[2d_{12}^{(k)}-d_{11}^{(k)}-d_{22}^{(k)}\right]\sin\left[4\varphi^{(k)}\right]$$

$$D_{c}^{(k)}(3,3)=d_{33}^{(k)}$$

$$D_{c}^{(k)}(4,4)=d_{23}^{(k)}+\left[d_{13}^{(k)}-d_{23}^{(k)}\right]\sin^{2}\varphi^{(k)}$$

$$D_{c}^{(k)}(4,5)=\frac{1}{2}\left[d_{13}^{(k)}-d_{23}^{(k)}\right]\sin\left[2\varphi^{(k)}\right]$$

$$D_{c}^{(k)}(5,4)=\frac{1}{2}\left[d_{13}^{(k)}-d_{23}^{(k)}\right]\sin\left[2\varphi^{(k)}\right]$$

$$D_{c}^{(k)}(5,5)=d_{13}^{(k)}+\left[d_{23}^{(k)}-d_{13}^{(k)}\right]\sin^{2}\varphi^{(k)}$$

$$D_{c}^{(k)}(6,1)=\frac{1}{4}\left[d_{11}^{(k)}-d_{22}^{(k)}\right]\sin\left[2\varphi^{(k)}\right]+\frac{1}{8}\left[d_{11}^{(k)}-2d_{12}^{(k)}+d_{22}^{(k)}\right]\sin\left[4\varphi^{(k)}\right]$$

$$D_{c}^{(k)}(6,2)=\frac{1}{4}\left[d_{11}^{(k)}-d_{22}^{(k)}\right]\sin\left[2\varphi^{(k)}\right]+\frac{1}{8}\left[2d_{12}^{(k)}-d_{22}^{(k)}-d_{11}^{(k)}\right]\sin\left[4\varphi^{(k)}\right]$$

$$D_{c}^{(k)}(6,6)=\frac{1}{4}\left[d_{11}^{(k)}+2d_{12}^{(k)}+d_{22}^{(k)}\right]+\frac{1}{4}\left[2d_{12}^{(k)}-d_{22}^{(k)}-d_{11}^{(k)}\right]\cos\left[4\varphi^{(k)}\right]$$

在式(8 - 13)中，总应变 $\varepsilon^{(k)}(x,y,z)$ 的值由 FVDAM 计算给出。未知的损伤变量 $d_{ij}^{(k)}\ (i,j=1,2,3)$ 可以由累积损伤演化模型计算，具体计算方法将在 8.3.2 节给出。

8.3.2 六自由度循环累积损伤演化模型

在 8.3.1 节建立了含实体损伤界面层的细观力学模型，其界面层子胞损伤矩阵 $\boldsymbol{D}_{c}^{(k)}$ 中含有未知的损伤变量 $d_{ij}^{(k)}\ (i,j=1,2,3)$，因此需要引入合适的损伤演化准则才能计算出界面的损伤状况。进一步，为了模拟复合材料在循环载荷下，界面随累积载荷增加而增加的现象，本节将针对零厚度界面的双线性内聚力模型和 Roe 累积损伤模型[212]扩展至有限厚度界面损伤，提出适用于实体界面层改进的六自由度双线性累积损伤演化模型，实现对细观模拟中界面层子胞损伤矩阵的求解。

采用传统的双线性模型，假设 11、22、33 方向压缩不产生损伤，第 k 个界面子胞的损伤变量 $d_{ij}^{m(k)}\ (i,j=1,2,3)$ 表示为

$$d_{ij}^{m(k)}(i=j)=\begin{cases}0, & \varepsilon_{ij}^{\max(k)}<\varepsilon_{ij}^{\circ}\\ \dfrac{\varepsilon_{ij}^{f}\left[\varepsilon_{ij}^{\max(k)}-\varepsilon_{ij}^{\circ}\right]}{\varepsilon_{ij}^{\max(k)}(\varepsilon_{ij}^{f}-\varepsilon_{ij}^{\circ})}, & \varepsilon_{ij}^{\circ}<\varepsilon_{ij}^{\max(k)}<\varepsilon_{ij}^{f}\\ 1, & \varepsilon_{ij}^{\max(k)}>\varepsilon_{ij}^{f}\end{cases} \tag{8-15}$$

$$d_{ij}^{m(k)}(i\neq j)=\begin{cases}0, & \left|\varepsilon_{ij}^{\max(k)}\right|<\varepsilon_{ij}^{\circ}\\ \dfrac{\varepsilon_{ij}^{f}\left[\varepsilon_{ij}^{\max(k)}-\varepsilon_{ij}^{\circ}\right]}{\varepsilon_{ij}^{\max(k)}(\varepsilon_{ij}^{f}-\varepsilon_{ij}^{\circ})}, & \varepsilon_{ij}^{\circ}<\left|\varepsilon_{ij}^{\max(k)}\right|<\varepsilon_{ij}^{f}\\ 1, & \left|\varepsilon_{ij}^{\max(k)}\right|>\varepsilon_{ij}^{f}\end{cases} \tag{8-16}$$

式中：$\varepsilon_{ij}^{(k)}=\boldsymbol{D}_1\boldsymbol{T}_{c2}\boldsymbol{D}_2\boldsymbol{\varepsilon}^{(k)}(x,y,z)$ 是第 k 个子胞在局部坐标中的真实应变；$\varepsilon_{ij}^{\max(k)}$ 代表加载过程中 $\varepsilon_{ij}^{(k)}$ 的最大值；ε_{ij}° 和 ε_{ij}^{f} 代表界面损伤起始和最终破坏的材料参数，其值由微观尺度分子动力学模拟结果给出，具体拟合方法将在 8.3.3 节给出。

式(8-15)和式(8-16)中定义的损伤演化准则只记录了加载历史中的最大损伤，并未考虑加载过程中的累积损伤效应，因而无法描述界面在循环载荷下，脱黏程度逐渐增大的现象。

因此，为了使模型能够捕捉到循环载荷下界面损伤逐渐增大的现象，本节在界面子胞双线性模型中引入累积损伤变量 $\dot{d}_{ij}^{c(k)}$，其演化方程定义为

$$\dot{d}_{ij}^{c(k)}=\begin{cases}0, & \overline{\Delta}_{ij}^{(k)}<\varepsilon_{ij}^{\circ}\\ \dfrac{\left|\dot{\varepsilon}_{ij}^{(k)}\right|}{\delta_{\Sigma}}\left[\dfrac{\sigma_{ij}^{(k)}}{\sigma_{ij}^{\max(k)}}-\dfrac{\sigma_{f}}{\sigma_{ij}^{\max,0}}\right]H\left[\dot{\varepsilon}_{ij}^{(k)}\right], & \overline{\Delta}_{ij}^{(k)}\geqslant\varepsilon_{ij}^{\circ}\end{cases} \tag{8-17}$$

式中：$\sigma_{ij}^{\max,0}$ 为界面初始强度；界面子胞剩余强度为 $\sigma_{ij}^{\max(k)}=[1-d_{ij}^{(k)}]\sigma_{ij}^{\max,0}$；$\delta_{\Sigma}$ 控制累积损伤演化速度，其值越大累积损伤演化越慢；σ_{f} 代表界面疲劳阈值；$H(\cdot)$ 表示 Heaviside 阶跃函数；$H[\dot{\varepsilon}_{ij}^{(k)}]$ 代表损伤仅在加载阶段累积；累积变形 $\overline{\Delta}_{ij}^{(k)}=\left|\dot{\varepsilon}_{ij}^{(k)}\right|\mathrm{d}t$ 代表界面子胞累积变形，只有其值大于损伤起始变形 ε_{ij}° 后才开始产生损伤。

为了使界面损伤演化模型能同时捕捉单调加载和循环加载下的损伤响应，本节所给出的模型将双线性损伤演化准则设置为累计损伤演化过程的包络线。若当前损伤状态处于双线性损伤曲线内部，则式(8-17)累积损伤变量起效；若当前应力状态处于双线性损伤曲线外部，则退回双线性损伤演化。将式(8-17)离散化后，第 k 界面子胞总损伤变量 $d_{ij}^{(k)}$ 的求

解过程可以表述为:已知第 $n-1$ 步的损伤状态 $d_{ij}^{(k,n-1)}$,求解第 n 步的损伤状态 $d_{ij}^{(k,n)}$。

首先,为了检验当前损伤状态在双线性演化曲线中的位置,在更新第 n 个加载步的界面子胞损伤应变 $d_{ij}^{(k,n)}$ 时,需定义一个测试应变 $\varepsilon_{ij}^{\text{test}(k,n)}$,该应变代表在当前损伤状态下,若全部按双线性损伤演化准则演化的最大应变和当前真实应变 $\varepsilon_{ij}^{(k,n)}$ 的最大值,其表达式为

$$\varepsilon_{ij}^{\text{test}(k,n)}=\max\left[\frac{\varepsilon_{ij}^{\text{f}}\varepsilon_{ij}^{\text{o}}}{\varepsilon_{ij}^{\text{f}}+d_{ij}^{(k,n-1)}(\varepsilon_{ij}^{\text{f}}-\varepsilon_{ij}^{\text{o}})},\varepsilon_{ij}^{(k,n)}\right] \tag{8-18}$$

第 n 加载步的测试损伤变量 $d_{ij}^{\text{test}(k,n)}$ 为

$$d_{ij}^{\text{test}(k,n)}=\frac{\varepsilon_{ij}^{\text{f}}[\varepsilon_{ij}^{\text{test}(k,n)}-\varepsilon_{ij}^{\text{o}}]}{\varepsilon_{ij}^{\text{test}(k,n)}(\varepsilon_{ij}^{\text{f}}-\varepsilon_{ij}^{\text{o}})} \tag{8-19}$$

其次,根据界面测试损伤变量 $d_{ij}^{\text{test}(k,n)}$ 和上一步损伤变量 $d_{ij}^{(k,n-1)}$ 的对比,第 n 加载步界面累积损伤变量增量 $\Delta d_{ij}^{\text{c}(k,n)}$ 见下式:

$$\Delta d_{ij}^{\text{c}(k,n)}=\begin{cases}0, & d_{ij}^{\text{test}(k,n)}\geqslant d_{ij}^{(k,n-1)}\\ \dfrac{|\Delta\varepsilon_{ij}^{(k,n)}|}{\delta_{\Sigma}}\left[\dfrac{\sigma_{ij}^{(k)}}{\sigma_{ij}^{\max(k)}}-\dfrac{\sigma_{\text{f}}}{\sigma_{ij}^{\max,0}}\right]H[\Delta\varepsilon_{ij}^{(k,n)}], & d_{ij}^{\text{test}(k,n)}<d_{ij}^{(k,n-1)}\end{cases} \tag{8-20}$$

最后,第 n 加载步界面总损伤变量 $d_{ij}^{(k,n)}$ 可通过下式求得:

$$d_{ij}^{(k,n)}=\max[d_{ij}^{(k,n-1)}+\Delta d_{ij}^{\text{c}(k,n)},d_{ij}^{\text{test}(k,n)}] \tag{8-21}$$

为了更加清晰地阐述本节所提界面累积损伤模型与传统双线性损伤模型的区别,以单个界面子胞为例,采用表 8-1 中的损伤模型参数对其进行循环加载。图 8-11 和图 8-12 分别描述了单个界面子胞在不同加载幅值及不同加载方向下的损伤响应。根据两组图中循环累计损伤模型曲线和传统双线性损伤模型曲线的对比,可以看出累积损伤模型具有以下特点:

(1)单调加载时,损伤演化与传统双线性损伤演化模型一致,说明本节所提模型同时适用单调加载和循环加载工况[见图 8-11(a)]。

(2)在等应变幅循环载荷下,循环载何幅值小于损伤起始应变时,传统双线性损伤模型无损伤,而本节所提模型可捕捉材料由循环加载导致的性能退化[见图 8-11(b)]。

(3)在等应变幅循环载荷下,当循环载荷幅值大于损伤起始应变时,传统双线性损伤模型仅能捕捉第一圈损伤,而本节所提模型可捕捉材料由循环加载导致的性能退化[见图 8-11(c)]。

(4)在应变加载峰值逐渐增大的循环载荷下,传统双线性损伤模型卸载与重新加载曲线重合,无法模拟损伤累积,而本节所提模型重新加载曲线明显低于卸载曲线,可捕捉累积损伤,同时循环损伤演化的包络线为双线性损伤演化曲线[见图 8-11(d)]。

(5)本节所给出的模型在正应力方向压缩无损伤,而剪应力方向压缩可产生损伤,符合材料损伤演化特性[见图 8-12]。

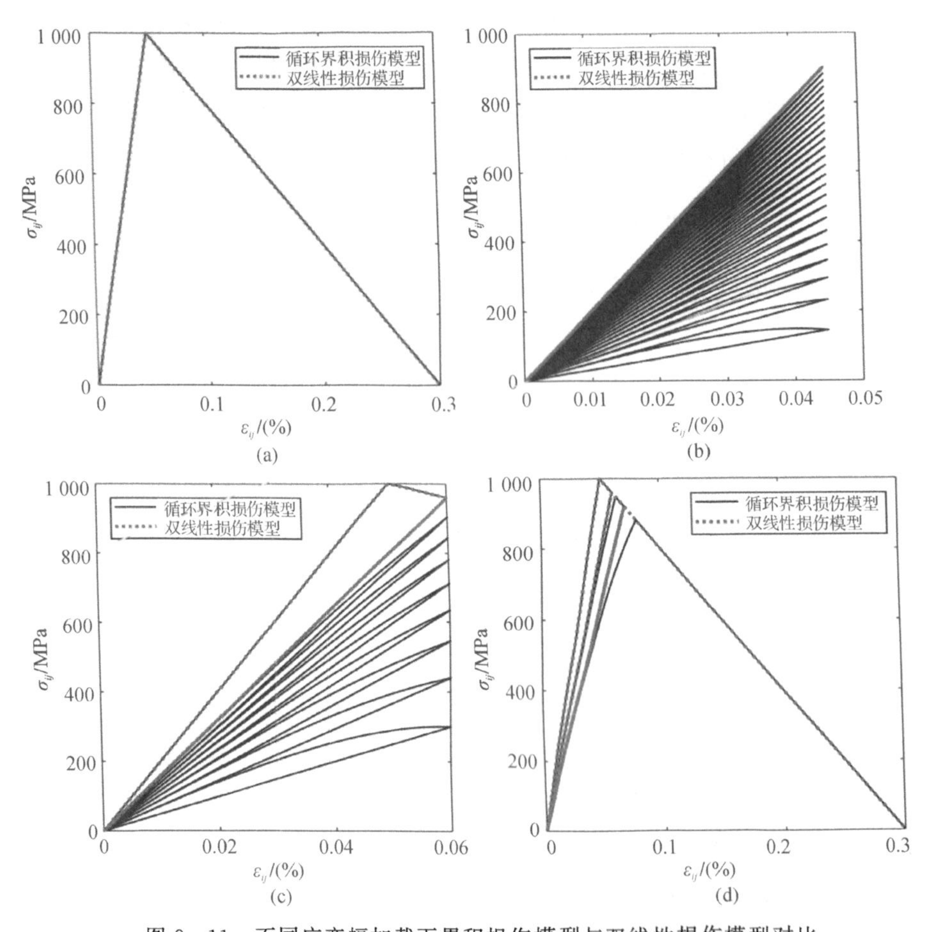

图 8-11 不同应变幅加载下累积损伤模型与双线性损伤模型对比

(a)单调加载;(b)低于初始损伤应变等幅循环加载;(c)高于初始损伤应变等幅循环加载;(d)应变幅逐渐增大的循环加载

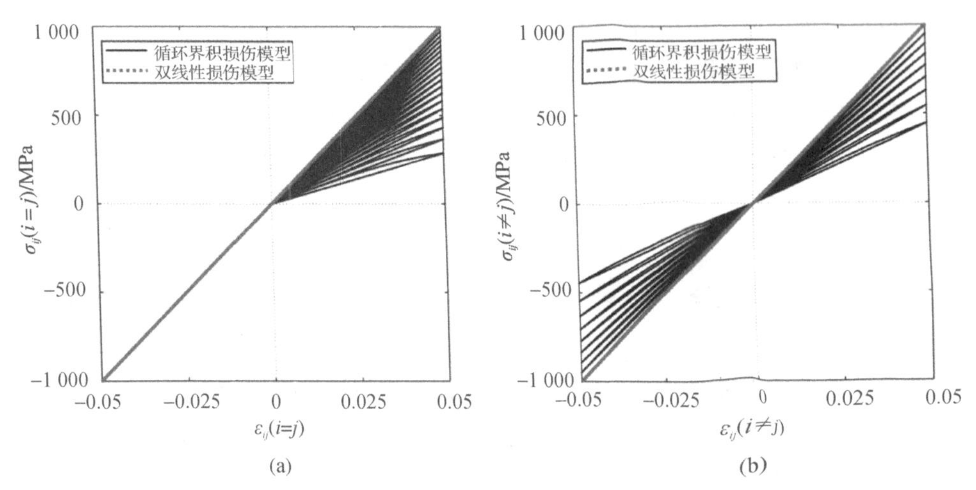

图 8-12 正向和切向拉压循环加载下累积损伤模型与双线性损伤模型对比

(a)正向拉压循环加载;(b)切向拉压循环加载

综上所述，本节所提六自由度界面循环累积损伤演化模型能够成功模拟界面子胞在不同方向的损伤累积效应，同时本模型是传统双线性损伤演化模型的扩展，兼具模拟单调加载和循环加载损伤演化的能力。在表 8-1 中，损伤累积速度参数 $\delta_{\sum}$ 和疲劳阈值 σ_f 可由试错法得到。其余参数均可通过微观尺度不同方向单调拉伸的界面分子动力学模拟求得，具体拟合方法将在 8.3.3 节介绍。

表 8-1　宏观各向同性界面子胞累积损伤模型参数范例

参　数	参 数 值
轴向弹性模量 E_A /GPa	20
切向弹性模量 E_T /GPa	20
剪切模量 G_A /GPa	10
轴向泊松比 ν_A	0
切向泊松比 ν_T	0
初始损伤应变 ε_{ij}^{o}	0.05
最终破坏应变 ε_{ij}^{f}	0.3
损伤累积速度参数 $\delta_{\sum}$	1
疲劳阈值 σ_f /MPa	0

8.3.3　微-细观多尺度界面损伤信息传递

本章分别在微观尺度和细观尺度上建立分子动力学界面模型与耦合界面累积损伤细观力学模型，均为单一尺度建模，未实现微观与细观不同尺度间的信息传递，因此本小节从 8.2 节构建的 Ti/TiC 界面分子动力学模型出发，阐述界面损伤参数拟合过程，并建立微观分子动力学与细观界面损伤单胞的信息沟通，实现微-细观多尺度界面损伤信息传递。

先在分子动力学模拟盒子的圆形预制裂纹周边选择一个圆形的黏结区，如图 8-13 所示，并将法向裂纹开口位移（Δy_m）和切向裂纹开口位移（Δx_m）定义为该区域上半部分相对于下半部分不同方向的平均原子位移。裂纹开口的总位移（δ）定义为 $\delta = \sqrt{\Delta y_m^2 + \Delta x_m^2}$[86]。图 8-14(a)(b)分别表示法向和切向加载至界面完全失效时，黏结区平均原子法向应力与切向应力与裂纹开口位移的关系。从图中可以看出，单调加载下界面脱黏趋势符合双线性损伤模型。

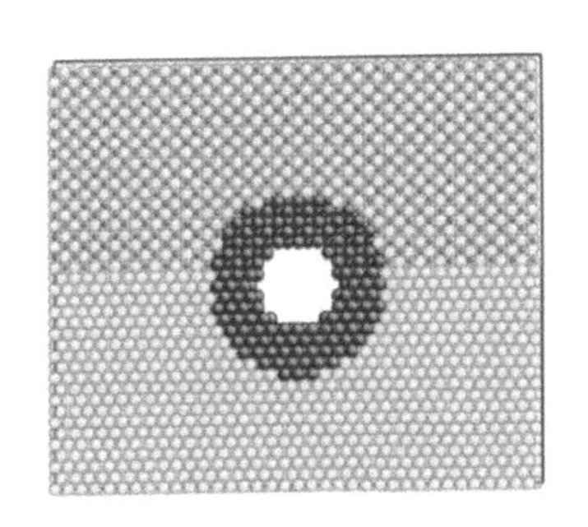

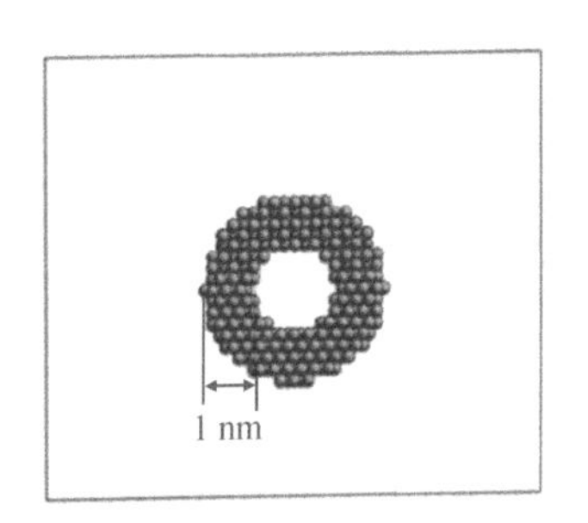

图 8-13　分子动力学建模界面黏结区选取

图 8-14(a)(b)中呈现的界面强度由不含位错等缺陷的分子动力学模型得到，不能直接用于界面损伤强度参数辨识[213-214]。因此，本小节在参数拟合中，采用分子动力学模拟曲线的失效形式和位移信息，而强度参数取自宏观试验结果(即拉伸强度 $\sigma_s=115$ MPa[215]，剪切强度 $\tau_s=178$ MPa[216])。从图 8-14(a)(b)中可以看出，法向的初始和最终裂纹开口位移为 0.6 Å 和 31.5 Å，切向的初始和最终裂纹开口位移为 1.87 Å 和 130 Å。在分子动力学模型的原始宽度为 10.5 nm 的情况下，通过应用法向和切向应变的定义确定细观模型中的界面损伤参数，具体参数值见表 8-2。

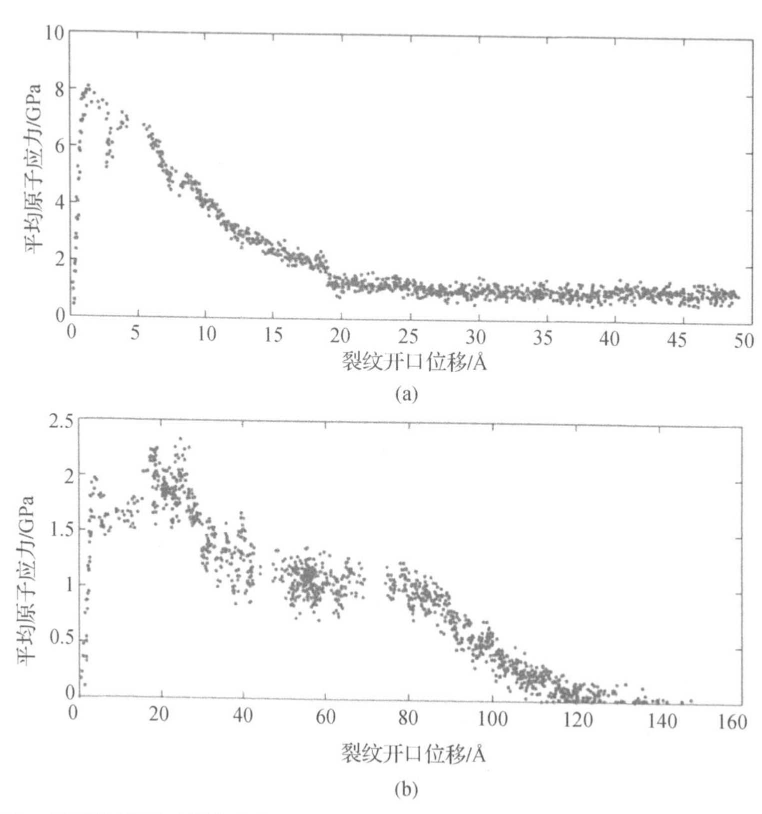

图 8-14　界面黏结区不同方向加载至完全分离时平均原子应力与裂纹开口位移关系曲线

(a)拉伸加载；(b)剪切加载

表 8-2　分子动力学拟合 Ti/TiC 界面累积损伤模型参数

参　数	参 数 值
轴向弹性模量 E_A /GPa	20
切向弹性模量 E_T /GPa	20
剪切模量 G_A /GPa	10
法向初始损伤应变 $\varepsilon_{ij}^{o}(i=j)$	0.005 7
切向初始损伤应变 $\varepsilon_{ij}^{o}(i\neq j)$	0.008 9
法向最终破坏应变 $\varepsilon_{ij}^{f}(i=j)$	0.3

续表

参　　数	参　数　值
切向最终破坏应变 $\varepsilon_{ij}^{f}(i \neq j)$	0.445 6
损伤累积速度参数 δ_{Σ}	370.3
疲劳阈值 σ_{f} /MPa	0

8.4　复合材料多尺度界面循环累积损伤模型有效性验证

为了验证本章提出的多尺度界面循环累积损伤模型的有效性，本节将采用商业有限元软件 ABAQUS 建模结果以及碳纤维增强钛基复合材料试验结果，从数值模拟和试验两方面检验模型的可靠性。

8.4.1　多尺度 FVDAM 界面损伤模型与有限元模拟的对比验证

为了验证所提模型的有效性，本节分别采用多尺度 FVDAM(见图 8－9)和 ABAQUS 软件(见图 8－15)构建具有实体界面层的重复性单胞模型。所建模型为体积分数为 40%的单向 SiC_f/Ti6Al4V 复合材料。纤维半径 r 和界面厚度 t 之间的关系与文献[217]中相同，即$t=0.06\ r$。纤维、基体和界面的材料参数列于表 8－4 中，界面的损伤参数见表 8－2。

本节使用单层实体单元建模，并在纤维方向两个表面使用 EasyPBC[203] 施加周期性边界条件来模拟广义平面应变假设：

$$u_i^{+j} - u_i^{-j} = c_i^j \quad (i,j=1,2,3) \tag{8-22}$$

式中：u_i^{+j} 和 u_i^{-j} 是法向量为 j 方向边界面上 i 方向的位移。上标＋和－表示相对边界面的对应节点；c_i^j 是相对边界面上的节点对在 i 方向上的位移之差。

由于周期性边界条件是沿纤维方向施加的，单胞的厚度并不会影响计算结果，因此本节构建了一个尺寸为 1 mm×1 mm×0.01 mm 的单层三维单胞，由 19 106 个 C3D8 线性六面体单元组成，如图 8－15 所示。将本章所给出的实体界面的六自由度循环累积损伤演化模型写入 ABAQUS 用户子程序 UMAT 中。由于本章所给出的模型考虑了热残余应力和界面损伤对复合材料性能的影响，因此，本节采用 ABAQUS 和 FVDAM 模拟降温过程和拉伸过程，通过对比二者降温后的细观应力场和横向单调加载下复合材料宏、细观损伤响应来验证模型的有效性。

表 8－3　40%SiC 纤维增强 Ti6Al4V 各组分的参数

参　　数	参　数　值
Ti6Al4V 弹性模量 E^{m} /GPa	109
Ti6Al4V 泊松比 ν^{m}	0.34
Ti6Al4V 屈服强度 σ_{y} /GPa	972
Ti6Al4V 线性硬化参数 H_{p}	1923
Ti6Al4V 热膨胀系数 α^{m}/ 10^{-6} °F^{-1}	4.62

续表

参　　数	参 数 值
SiC 纤维弹性模量 E^f/GPa	427.6
SiC 纤维泊松比 ν^f	0.25
SiC 纤维热膨胀系数 α^f/ 10^{-6} ℉$^{-1}$	2.8
界面热膨胀系数 α^i/ 10^{-6} ℉$^{-1}$	2.8

1 ℉＝32＋ ℃×1.8。

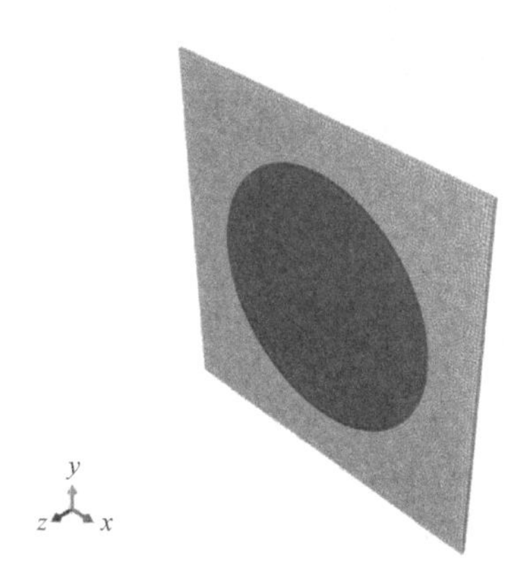

图 8－15　具有实体界面层的三维重复单胞 ABAQUS 模型

首先，在不考虑热残余应力的情况下，对 ABAQUS 和 FVDAM 模拟复合材料横向加载下的宏、细观响应进行对比。图 8－16 为宏观应力-应变响应曲线，两条曲线几乎重叠，这表明了所给出多尺度 FVDAM 模型的有效性。此外，ABAQUS 的模拟因为收敛问题而提前停止，也说明了本章所给出模型具有更好的收敛性。对于本章所给出的模型，位移和力的连续性条件直接施加于相邻子胞边界处，有利于非线性问题的快速收敛。然而，ABAQUS 采用的传统有限元是基于整体势能最小化的，仅满足节点位移的连续性条件，这可能会导致应力集中区域的应力场不连续，从而导致收敛问题。而由于界面裂纹在界面区域附近诱发了强烈的非线性和应力集中，故本章所给出的模型可以提供比 ABAQUS 更好的稳定性。

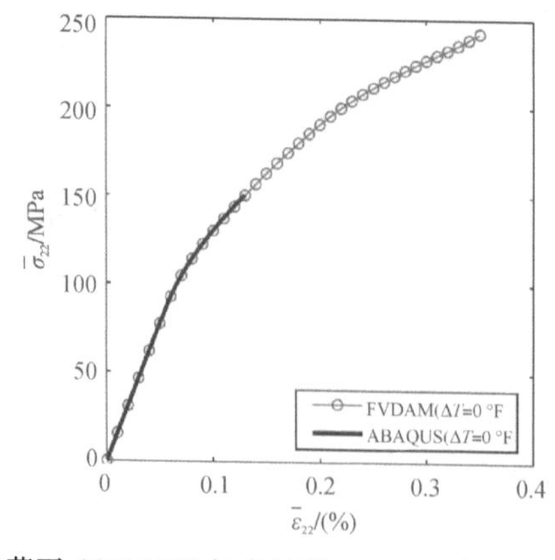

图 8－16　横向载荷下 ABAQUS 与多尺度 FVDAM 的宏观应力-应变曲线对比

接着，单独对材料进行降温模拟。图 8-17 所示为复合材料经历了 $\Delta T = -850$ ℉冷却固化过程后单胞内部产生的局部应力场，可以看出，ABAQUS 和多尺度 FVDAM 的计算结果高度一致，这表明了所给出模型的有效性。图 8-18 还列出了宏观横向应变载荷为 0.12%时，通过对比 ABAQUS 和多尺度 FVDAM 计算出的细观应力场分布，验证了本章所给出模型可以有效模拟含有界面损伤的复合材料的宏细观响应。

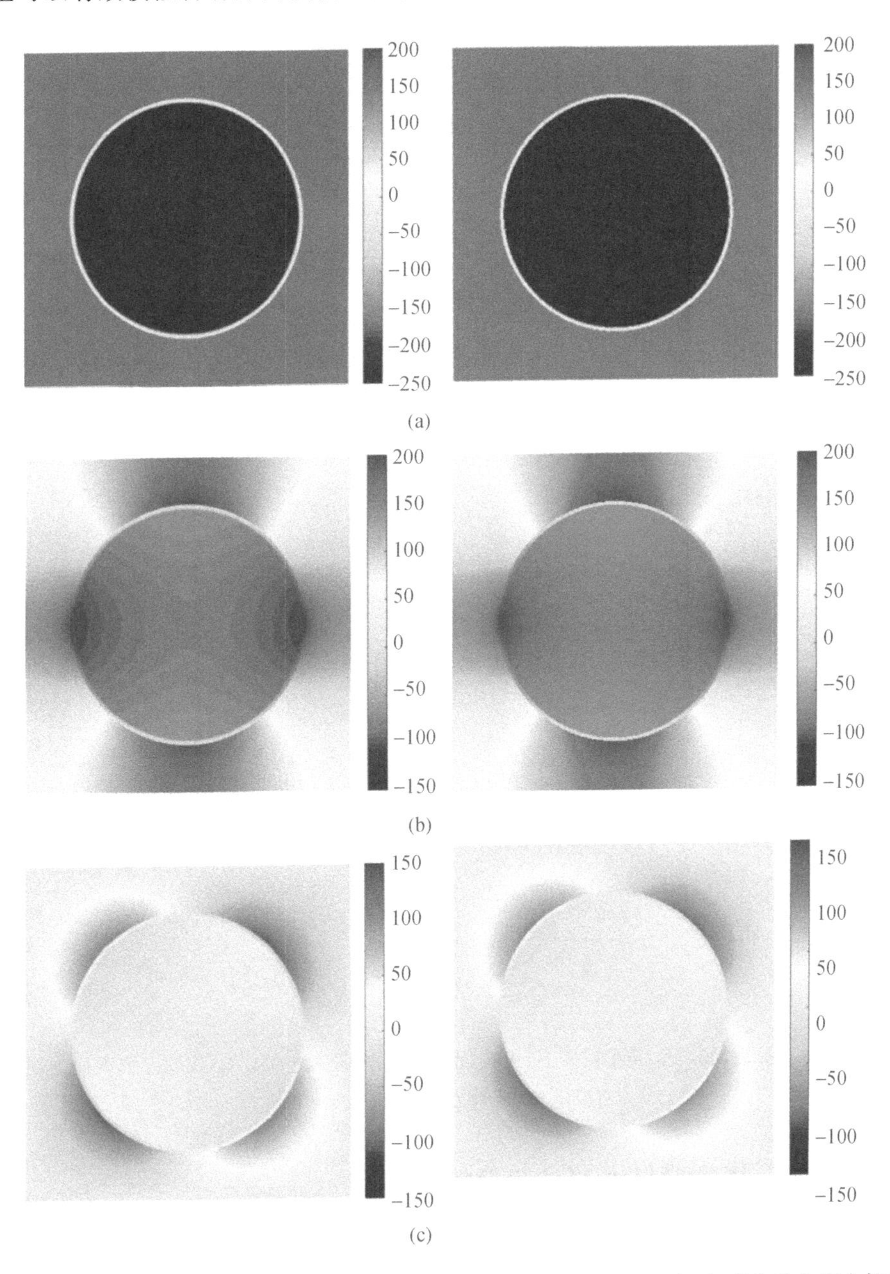

图 8-17 $\Delta T = -850$ ℉降温过程后多尺度 FVDAM(左)和 ABAQUS(右)细观热残余应力场对比

(a)σ_{11}/MPa;(b)σ_{22}/MPa;(c)σ_{23}/MPa

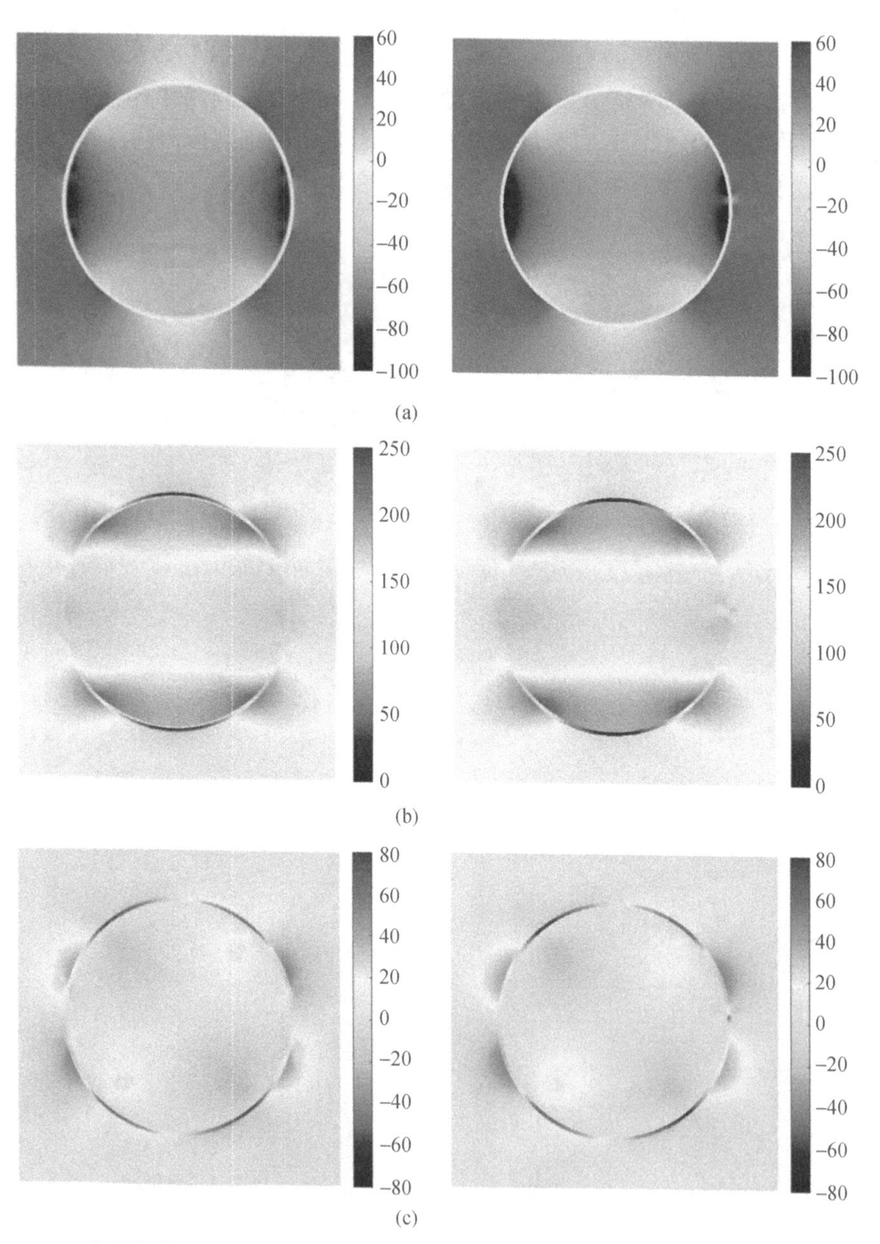

图 8-18　宏观加载 $\bar{\varepsilon}_{22}=0.12\%$下：多尺度 FVDAM(左)和 ABAQUS(右)细观应力场对比

(a)σ_{11}/MPa；(b)σ_{22}/MPa；(c)σ_{23}/MPa

8.4.2　碳纤维增强钛基复合材料试验验证

本节将选用室温下碳纤维增强钛基复合材料的试验数据检验模型的有效性。本章所提界面损伤模型兼具模拟双线性损伤和累积损伤两种响应的能力，采用单调拉伸和循环加载两种工况下的试验数据对模型进行验证。

同时，为了更加清楚地证明所给出模型考虑界面损伤和热残余应力的必要性，本节在建模时，首先将界面层设置为不会发生损伤的纯弹性材料进行模拟，然后依次将界面损伤和热残余应力场引入并再次进行计算，即模拟 3 种不同条件下的复合材料响应——无界面损伤的模型、有界面损伤无热残余应力的模型、耦合界面损伤及热残余应力的模型。最终，将 3 种条件下的模拟结果和试验数据进行对比，进一步验证模型的有效性。

1.单调加载试验对比

Sun 等[218]在室温下对体积分数为 40%，0°、15°、45°、90°的 4 种纤维排列方向的单向 SCS-6/Ti6Al4V 复合材料进行了拉伸试验，获得了其宏观应力-应变曲线。采用表 8-4 中的组分材料参数以及表 8-2 中由分子动力学拟合出的界面损伤参数建立 FVDAM 模型。根据第 6 章中的纤维增强复合材料偏轴加载应力-应变转换关系研究了试验中 4 种偏轴加载角度下的复合材料单调加载应力-应变响应，同时在机械加载之前，引入 $\Delta T=-850$ ℉的冷却过程[219]，模拟热残余应力的影响。

最终计算结果如图 8-19 所示，短虚线表示无界面损伤和热残余应力的模拟结果，而长虚线表示有界面损伤但没有热残余应力的模拟结果，曲线表示同时考虑界面损伤和热残余应力的模拟结果，从图中可以看出，4 种纤维排列角度的模拟结果均与试验结果一致，证明了所给出模型的有效性。同时，随着偏轴角度的增大，热残余应力与界面损伤对宏观曲线的影响逐渐增加，这是由于沿纤维方向的复合材料性能由纤维提供，而界面损伤与热残余应力主要影响材料垂直纤维平面的性能。因此，偏轴角度为 90°时，3 种模型的差距最大，从图 8-19(d)中可以观察到，与无损界面模型相比，当损伤模型被引入界面时，应力-应变曲线明显下降，说明界面损伤显著降低了材料的强度。同时，由于冷却过程在界面上诱发了较高的径向压应力，导致界面损伤更难发生，在 90°偏轴加载工况下，界面损伤引起的宏观曲线非线性起始应力从 100 MPa 明显增大到 220 MPa，与不考虑热残余应力的模型相比，其更加符合试验结果。

2.横向循环加载试验对比

本模型与单调加载试验数据的对比证明了考虑热残余效应的必要性。因此，本节在引入热残余应力的基础上，着重验证所给出模型模拟循环加载下界面损伤的能力。

Johnson 等[220]对体积分数为 32%的 SCS-6/Ti-15-3 单向复合材料进行了 11 圈横向循环加载试验，通过所得到的应力-应变曲线，得出两点结论：①经历了循环加载后的复合材料应力-应变曲线显著降低；②除了第 1 圈以外，其余圈次的加、卸载曲线基本重合，说明界面损伤是材料性能退化的原因。为了检验本章所给出模型能否成功预测上述两点试验结果，采用表 8-4 中所列材料参数，以及表 8-2 分子动力学拟合界面参数，引入 $\Delta T=-350$ ℉的降温过程后，对模型进行 11 圈 0～0.186%的循环应变加载。图 8-20 中的模拟结果和试验应力-应变曲线的高度一致，验证了所给出模型的有效性，从模拟曲线可以看出，模型成功预测出了材料随加载次数的增加而性能下降的过程，并且循环应力-应变曲线的变化也完全符合试验中所观察到的规律，第 1 圈加、卸载曲线区别明显，而后续加、卸载曲线基本重合。

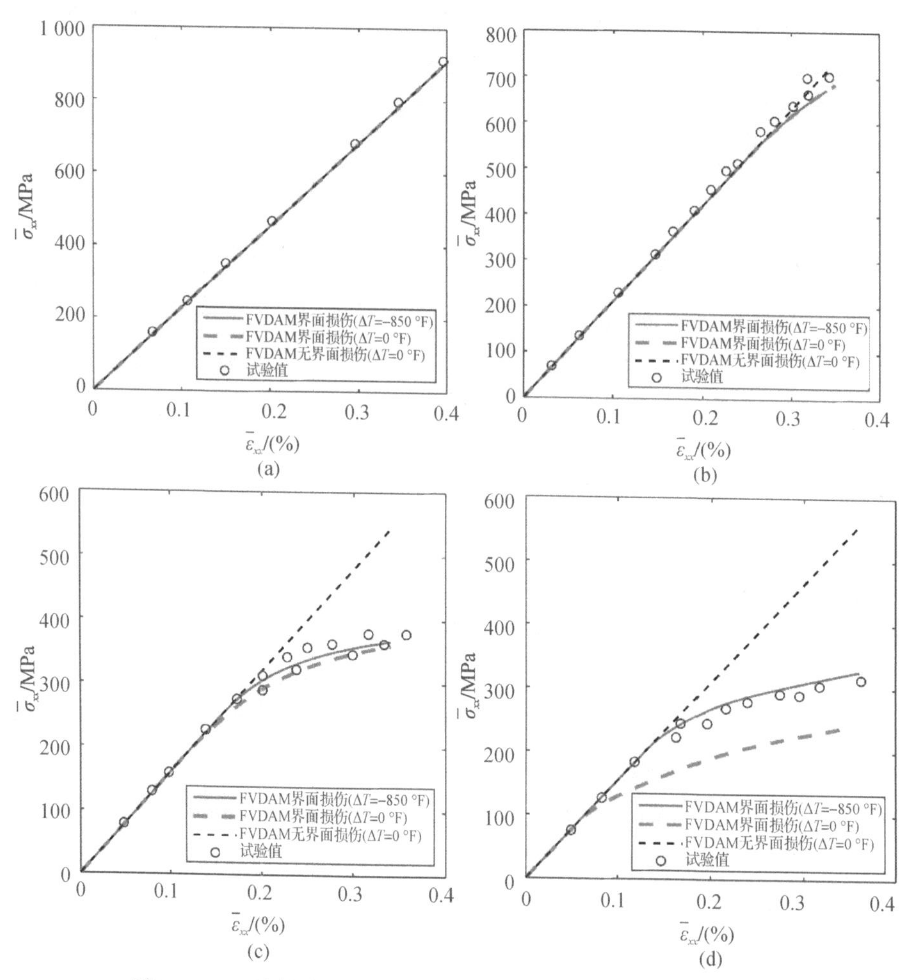

图 8-19 不同偏轴角度下复合材料单调加载宏观应力-应变响应

(a)$\theta=0°$;(b)$\theta=15°$;(c)$\theta=45°$;(d)$\theta=90°$

表 8-4 32%SCS-6 纤维增强 Ti-15-3 各组分材料参数

参数名称	参数数值
Ti-15-3 弹性模量 E^m /GPa	92.4
Ti-15-3 泊松比 ν^m	0.35
Ti-15-3 屈服强度 σ_y /MPa	689.5
Ti-15-3 线性硬化参数 H_p	1 923
Ti-15-3 热膨胀系数 α^m /10^{-6} °F^{-1}	5.4
SCS-6 纤维弹性模量 E^f /GPa	400
SCS-6 纤维泊松比 ν^f	0.25
SCS-6 纤维热膨胀系数 α^f/ 10^{-6} °F^{-1}	2.7

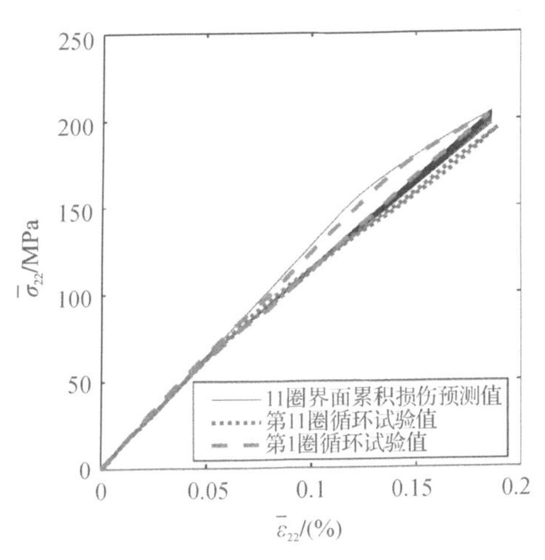

图 8-20　横向循环加载模拟与试验结果对比

为了进一步说明模型引入循环累积损伤的必要性，将传统双线性模型引入 FVDAM 单胞界面中，同样采用 0～0.186%应变循环载荷加载 11 圈，并绘制应力-应变曲线。从图 8-21中可以看出，双线性与累积损伤界面模型应力-应变响应曲线在第 1 圈完全重合，但是从第 2 圈开始，传统双线性界面损伤模型便无法捕捉循环加载所导致的材料性能衰减现象，证明了在界面子胞中引入累积损伤演化的必要性，同时也证明了本章所给出模型可以兼容单调加载和循环加载工况，具有更广阔的应用范围。

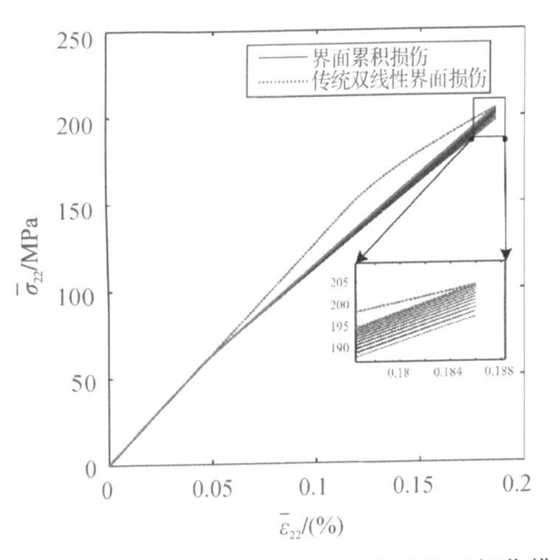

图 8-21　界面累积损伤模型与传统双线性界面损伤模型对比

为了验证试验中的复合材料性能退化是否由界面损伤所致，在模型细观场量计算过程中，将第 q 子胞非线性等效应变 $\varepsilon_{\text{eff}}^{\text{in}(q)}$ 定义为

$$\varepsilon_{\text{eff}}^{\text{in}(q)}=\varepsilon_{\text{eff}}^{\text{d}(q)}+\varepsilon_{\text{eff}}^{\text{pl}(q)}=\sqrt{2/3\boldsymbol{\varepsilon}^{\text{d}(q)}:\boldsymbol{\varepsilon}^{\text{d}(q)}}+\sqrt{2/3\boldsymbol{\varepsilon}^{\text{pl}(q)}:\boldsymbol{\varepsilon}^{\text{pl}(q)}} \tag{8-23}$$

通过绘制细观非弹性应变场便可以分析塑性与损伤发生的区域。图 8-22 绘制了第 1 圈和第 11 圈横向加载峰值处的非线性等效应变场，从中可以看出界面处发生了明显的损伤，并且随循环周次的增加而增加，与试验结论高度一致，进一步证明了模型的可靠性。

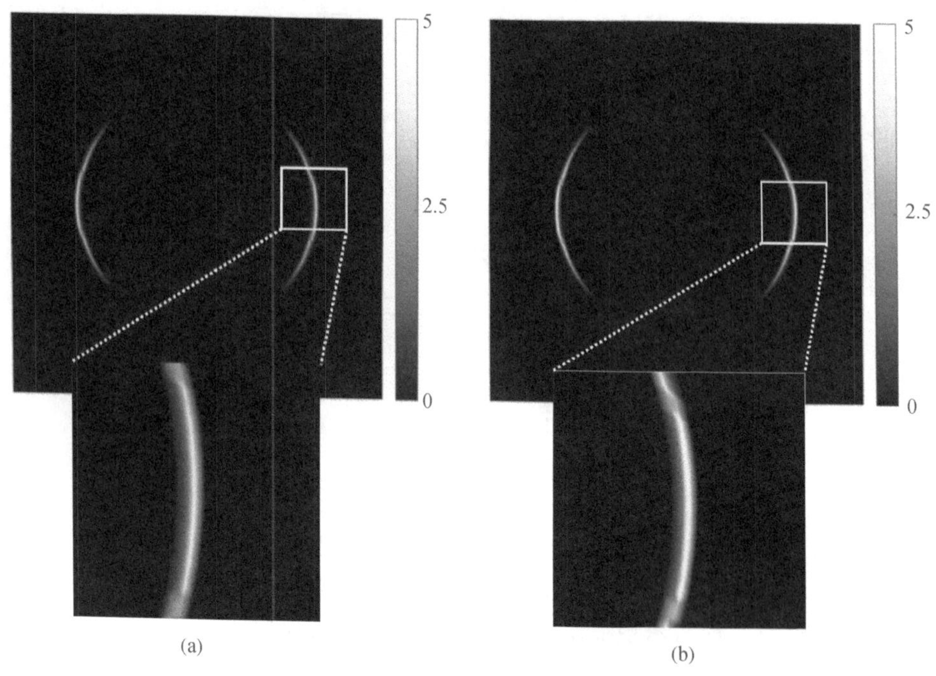

图 8-22　不同循环周次下非弹性等效应变场

(a)第 1 圈;(b)第 11 圈

8.5　小　　结

为了准确描述弱界面复合材料在循环加载下的界面损伤现象,本章基于 FVDAM 和分子动力学理论,提出了含微观界面损伤的 FVDAM 微-细观多尺度界面循环累积损伤模型,突破了传统 FVDAM 无法建模实体界面损伤的瓶颈,预测了复合材料在循环载荷下由界面累积损伤造成的宏、细观多尺度性能退化现象。采用航空航天领域广泛使用的碳纤维增强钛基复合材料的微观与宏观试验结果,验证了模型的有效性;采用商业有限元软件 ABAQUS 建立的界面损伤单胞模型,验证了模型的可靠性与高效性。具体结论总结如下:

(1)针对弱界面复合材料易产生界面脱黏的问题,在传统 FVDAM 单胞模型中引入实体损伤界面层,提出了含实体损伤界面层的 FVDAM 细观力学模型,预测了界面脱黏时复合材料的宏、细观响应。同时,推导了界面子胞损伤矩阵的显式形式,使模型在商业软件中的嵌入更为便利。

(2)针对界面损伤参数无法采用一般宏观试验手段测试的问题,采用分子动力学理论建立了微观界面模型,通过对微观模型进行不同方向的加载,获得了细观尺度的界面损伤参数,实现了微观界面损伤信息的跨尺度传递。

(3)针对复合材料界面在循环载荷下易产生累积损伤的问题,对传统双线性界面损伤模型进行了改进,引入与加载历史相关联的损伤演化,提出了六自由度循环累积损伤演化模型,预测了界面性能随循环载荷降低的现象。

(4)通过数值方法和试验数据验证了所构建模型的效率和精度。与ABAQUS数值计算结果的对比表明:所构建模型在计算精度相同的情况下表现出更为优越的收敛性。与试验数据的对比表明:单调加载与循环加载工况下的模拟结果均与试验一致,验证了所提模型的有效性。同时通过局部非弹性应变场的模拟,证实了宏观非线性主要是由界面脱黏引起的。

(5)通过对热残余应力和纤维偏轴角度的模拟,揭示了二者对复合材料界面脱黏行为的影响规律。数值结果表明,冷却过程中引起的热残余应力减小了界面损伤的程度,在大偏轴加载角条件下,单向复合材料的界面损伤响应对偏轴角度很敏感,界面损伤起始应力随偏轴角度的增大而减小。

(6)通过与传统双线性界面损伤模型在循环载荷下的模拟对比,验证了在界面子胞引入累积损伤演化的必要性,同时验证了界面循环累积损伤模型兼容了单调加载与循环加载工况。

第9章 复合材料带孔层合板细-宏观跨尺度循环累积损伤分析

9.1 引 言

复合材料层合板由于其优异的力学性能，在工程结构中的用量不断增加，从出现至今，其经历了由次要部件使用到核心主承力部件使用的转变，以及结构件和零部件大型化的发展。然而，在复合材料层合板使用最多的飞机、风机等大型机械装置上，由于检修探视、结构装配等功能需要，复合材料层合板常存在开孔需求。图 9-1 为复合材料飞机翼盒装配孔，为了尽可能多地提供装配通道，需要加工数千个紧固件孔，而在飞机服役工况下，翼盒将承受较大的循环载荷作用，开孔处存在严重的应力集中现象，极易导致裂纹于孔周处萌生扩展。如图 9-2 所示，复合材料翼盒疲劳裂纹在装配孔附近萌生，并沿孔附近扩展，最终导致整体失效。因此，复合材料层合板开孔问题引起的性能下降已经严重制约了其在工程领域的应用，带孔层合板结构在循环载荷下的损伤模拟和动态裂纹扩展演化也引起了众多学者的广泛关注。

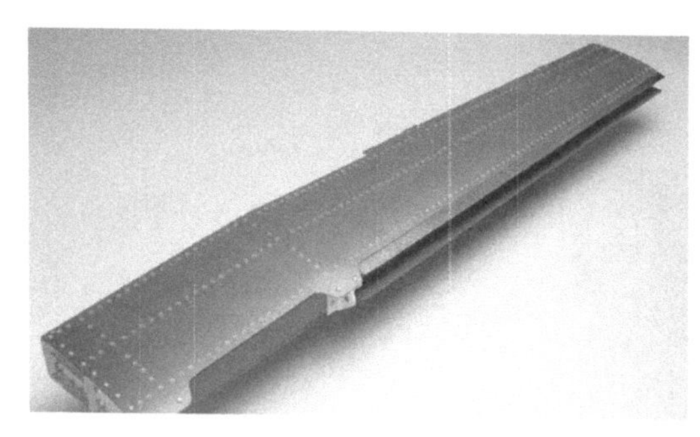

图 9-1 复合材料飞机翼盒装配孔[221]

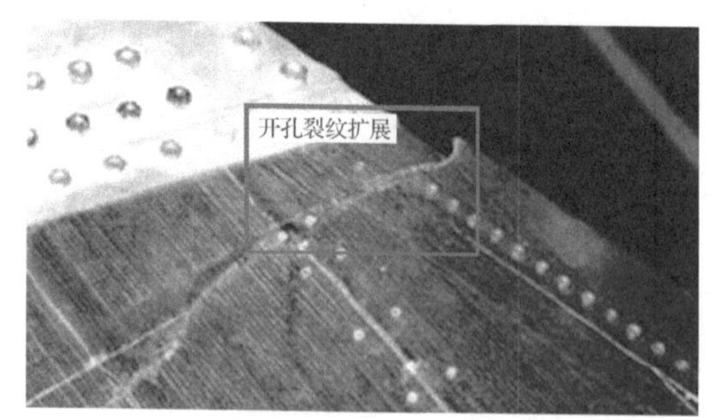

图 9-2 复合材料飞机翼盒装失效[11]

与传统匀质结构不同，复合材料带孔层合板结构的损伤演化和失效包含了多个尺度下多种物理机制的耦合：首先，在微观尺度会产生位错、滑移等初始缺陷；接着，细观尺度由纤维基体导致的结构不均匀性会产生应力集中区域，使初始缺陷处萌生微裂纹；最终，宏观尺度孔周的结构不均匀性会引起应力集中，使裂纹在复合材料层内和层间生长，导致层合板的整体宏观失效。然而，前面所建立的微观与细观尺度模型仅能描述复合材料由于细观结构不均匀导致的局部化响应，其通过均匀化理论计算出的宏观响应仅能代表形状规则的实验室级复合材料试件，无法用于带孔层合板这种具有宏观不均匀性的结构。因此，为了实现循环载荷下复合材料结构的最佳设计和安全评估，有必要建立能够预测复杂失效机制和损伤演变的细-宏观跨尺度模型。然而，如果直接将高精度细观模型嵌入宏观模拟，则宏观尺度单个积分点的自由度将增大万倍，计算效率极低。因此，准确且高效的复合材料的细-宏观跨尺度损伤建模一直是力学领域研究的难点。

本章针对复合材料开孔层合板结构循环载荷下损伤机制复杂，且细-宏观跨尺度模拟精度与效率不可兼得的问题，提出了聚类降维高效耦合分析方法，在参数化 FVDAM 理论、聚类算法和扩展有限元法(Extended Finite Element Method, XFEM)的框架下，建立了一个新的跨尺度损伤模型，实现了复合材料层合板高效准确的跨尺度损伤分析。具体地，本章在 FVDAM 单胞中引入基于统一流形近似和投影(Uniform Manifold Approximation and Projection, UMAP)的聚类算法，采用低自由度聚类中心替代高自由度细观模型，在兼顾计算精度的同时，大幅降低了计算成本；进一步，耦合宏观扩展有限元与介观内聚力层间模型在模拟裂纹扩展与脱黏等多损伤模式的优势，赋予了模型模拟带孔层合板多尺度损伤机制的能力；最后通过带孔层合板的强度实验与疲劳寿命试验，验证了本章提出的跨尺度损伤模型的有效性。具体跨尺度框架如图 9 - 3 所示。

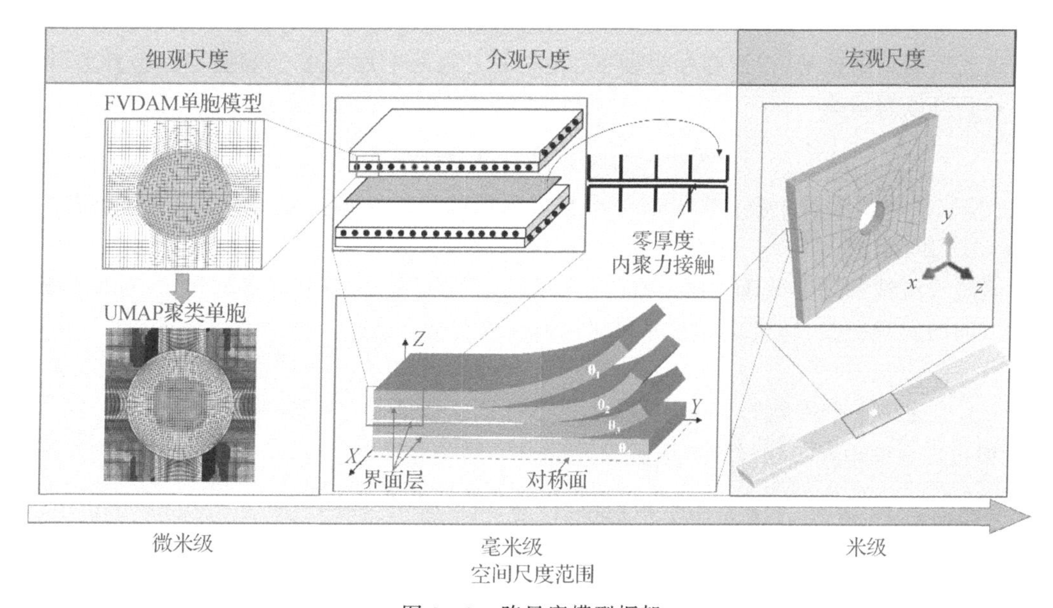

图 9 - 3　跨尺度模型框架

9.2　UMAP 聚类降维 FVDAM 细观力学模型

复合材料的损坏发生在多个尺度上，其宏观损伤行为在很大程度上取决于细观结构。在细观尺度上，纤维和基体之间的应力集中导致了微观损伤萌生，这种不均匀应力分布可在 FVDAM 单胞模型中呈现。因此，本节基于机器学习领域中的聚类算法，最大限度地缩减细观模型的计算自由度并保留其计算精度。

与第 6 章参数化 FVDAM 建模过程相同，单胞模型在广义平面应变假设下经过参数化映射，离散成多个四边形子胞，如图 9－4 所示。

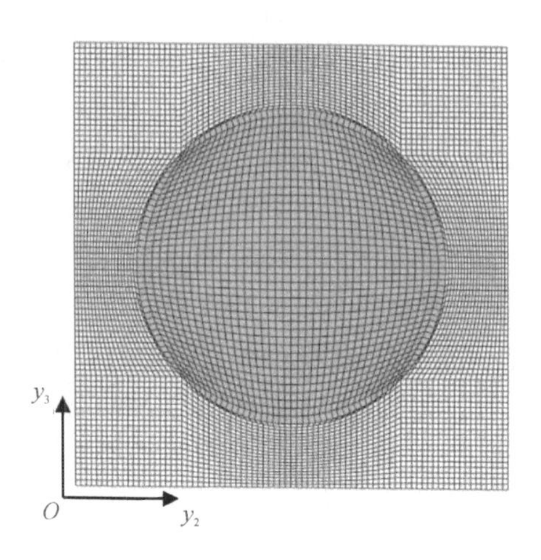

图 9－4　单胞模型离散化

离散后的单胞模型，在线弹性假设下，第 q 个子胞面平均力 $\hat{\boldsymbol{T}}^{(q)}$ 和面平均位移 $\hat{\boldsymbol{U}}'^{(q)}$ 之间的关系可以表示为

$$\hat{\boldsymbol{T}}^{(q)}=\boldsymbol{K}^{(q)}\hat{\boldsymbol{U}}'^{(q)}+\boldsymbol{N}^{(q)}\boldsymbol{C}^{(q)}\bar{\boldsymbol{\varepsilon}} \tag{9-1}$$

式中：$\boldsymbol{K}^{(q)}$ 是局部刚度矩阵；$\boldsymbol{N}^{(q)}$ 包含子胞每个面的单位法向向量；$\boldsymbol{C}^{(q)}$ 包含子胞弹性信息；$\bar{\boldsymbol{\varepsilon}}$ 代表宏观应变。

采用连续性和周期性条件，将局部刚度矩阵 $\boldsymbol{K}^{(q)}$ 组装为整体刚度矩阵，并对单胞施加不同方向的宏观应变，即可建立宏观和细观弹性应变关系式：

$$\bar{\boldsymbol{\varepsilon}}^{(q)}=\boldsymbol{A}^{(q)}\bar{\boldsymbol{\varepsilon}} \tag{9-2}$$

式中：$\boldsymbol{A}^{(q)}$ 为第 q 个子胞的 Hill 应变集中矩阵；$\bar{\boldsymbol{\varepsilon}}^{(q)}$ 是第 q 个子胞中的平均应变。

均匀化刚度矩阵可通过计算细观应力场的体积平均求得：

$$\bar{\boldsymbol{\sigma}}=\frac{1}{V}\int\boldsymbol{\sigma}(x)\mathrm{d}V=\frac{1}{V}\sum_{q=1}^{N_q}\int_{V_q}\bar{\boldsymbol{\sigma}}^{(q)}(x)\mathrm{d}V^{(q)}=\sum_{q=1}^{N_q}v^{(q)}\bar{\boldsymbol{\sigma}}^{(q)} \tag{9-3}$$

式中：$v^{(q)}=V^{(q)}/V$ 代表第 q 个子胞的体积分数；V 是单胞总体积；N_q 是子胞总数。

单胞模型宏观本构方程可写为

$$\bar{\boldsymbol{\sigma}}=\boldsymbol{C}^*\bar{\boldsymbol{\varepsilon}} \tag{9-4}$$

均匀化刚度矩阵 $\boldsymbol{C}^*$ 可表示为

$$\boldsymbol{C}^*=\sum_{q=1}^{N_q}v^{(q)}\boldsymbol{C}^{(q)}\boldsymbol{A}^{(q)} \tag{9-5}$$

在本章所建模型中，单胞模型的损伤判定采用应力准则。因此，需采用式(9－2)的细-宏观应变关系及胡克定律推导出在宏观应变加载下每个子胞应力 $\bar{\boldsymbol{\sigma}}^{(q)}$ 的表达式为

$$\bar{\boldsymbol{\sigma}}^{(q)}=\boldsymbol{C}^{(q)}\boldsymbol{A}^{(q)}\bar{\boldsymbol{\varepsilon}}=\boldsymbol{K}^{(q)}\bar{\boldsymbol{\varepsilon}} \tag{9-6}$$

式中：$\boldsymbol{K}^{(q)}$ 是 6×6 子胞中的应变-应力放大矩阵，它代表了宏观应变载荷 $\bar{\boldsymbol{\varepsilon}}$ 和第 q 个子胞中

应力响应$\bar{\boldsymbol{\sigma}}^{(q)}$之间的关系。

通常情况下，细观单胞模型代表宏观尺度模型中的一个积分点，若直接在宏观模型中嵌入细观单胞模型，宏观模型的计算量将过于繁重。以图9-4中含有6 400个子胞的单胞模型为例，每个子胞中的应力在宏观应变已知的条件下，需用式(9-6)中的6×6矩阵$\boldsymbol{K}^{(q)}$来计算，在宏观模型中单个积分点的数据大小将达到6 400×6×6，同时宏观模型的每个单元往往由多个积分点组成，而模型本身又具有多个单元，因此其数据总量将是巨大的。

为了减小模型数据量，本章提出了一种基于UMAP的聚类降维方法，将具有相似力学行为的子胞纳入同一类。与传统的k-means聚类方法相比，UMAP聚类方法在处理高维大数据问题时更为高效[222]。此外，UMAP作为一种可视化工具，在聚类结果可解释性方面具有天然优势，大大方便了力学领域研究人员对机器学习聚类结果的理解。

表9-1　40%玻璃纤维/环氧树脂各组分的参数

参　数	玻璃纤维(ERS120-T920W)	环氧树脂(6509)
弹性模量 E/GPa	87	5
泊松比 ν	0.25	0.25

以表9-1中的材料参数为例，使用FVDAM建立细观单胞模型，由式(9-6)可知，在第q个子胞中，宏观应变载荷和子胞应力响应之间的关系由6×6矩阵$\boldsymbol{K}^{(q)}$表示。因此，一个子胞中数据的维度为36。如果使用传统的k-means聚类方法，随着子胞和自由度的增加，聚类结果会受到“维度灾难”的严重影响[223]。因此，本章采用主成分分析(PCA)和UMAP聚类，将矩阵$\boldsymbol{K}^{(q)}$的维数从36降低到2，大大提高了聚类的效率。算法的主要流程如下：

1.子胞力学性能主成分分析

对于每个6×6矩阵$\boldsymbol{K}^{(q)}$，应用PCA方法[224]进行初步降维，该方法可将D维数据集$X=\{x_1,\cdots,x_N\},x_n\in\mathbf{R}^D$压缩成较低的$M$维数据集$Z=\{z_1,\cdots,z_N\},z_n\in\mathbf{R}^M$：

$$\boldsymbol{z}_n=\boldsymbol{B}^{\mathrm{T}}x_n\in\mathbf{R}^M \tag{9-7}$$

式中：$\boldsymbol{B}=[b_1\cdots b_M]\in\mathbf{R}^{D\times M}$是投影矩阵。

2.单胞应力场UMAP聚类

然而，压缩后的数据集Z的维度通常高于2或3，无法采用二维或三维散点图进行可视化分析。因此，在PCA之后，使用UMAP方法[222]来进一步压缩和可视化数据。UMAP是一个非线性投影工具，使用流形学习和拓扑数据分析来降低维度。通过寻求交叉熵CE的最小化，将数据压缩至二维：

$$\mathrm{CE}=\sum_{a\in\boldsymbol{A}}\mu(a)\log\left[\frac{\mu(a)}{\nu(a)}\right]+[1-\mu(a)]\log\left[\frac{1-\mu(a)}{1-\nu(a)}\right] \tag{9-8}$$

式中：$\boldsymbol{A}$是由Z衍生的加权邻接矩阵；ν和μ代表两种类型的概率[225]。

采用上述两个步骤后，每个子胞中的36维矩阵被压缩至二维数据集，可以很容易地进行聚类，而聚类后的二维数据可以自然地用二维散点图来显示，每个彩色的点代表一个子胞，如图9-5(a)所示，子胞被分为10类，由10种颜色表示；每类中的红点为聚类中心，代表该类的整体力学属性。此外，这10个类被明确分为两部分，将散点图中的点投影回单胞模型，其结果如图 9－5(b)所示，散点图中的两部分聚类结果分别代表单胞中的纤维和基体，这意味着所提出的方法可以自动识别纤维和基体。同样值得注意的是，单胞模型中的聚类结果呈现出中心对称，与单胞模型的几何形状和周期性边界条件的概念相符，从另一个角度证明了所构建模型的有效性。

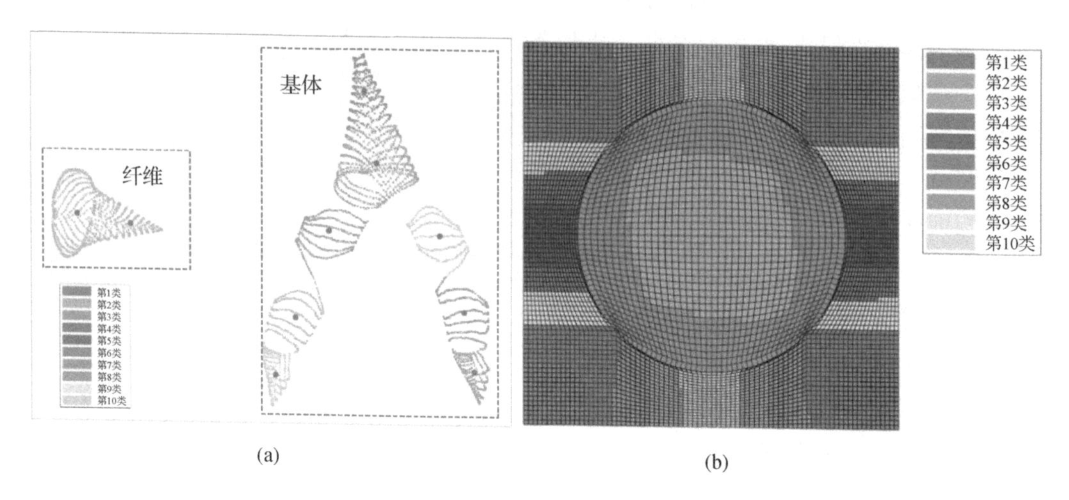

图 9－5　单胞模型的聚类结果(见彩插)

(a)聚类散点图；(b)通过散点图投影的聚类单胞模型

如图 9－5(a)所示，聚类后单胞模型被分为纤维类和矩阵类；第 k 类的整体属性可以由第 k 类中心矩阵 $\boldsymbol{K}_{\mathrm{c}}^{(k)}$ 表示。采用类似式(9－6)的形式，第 k 类应力 $\boldsymbol{\sigma}^{(k)}$ 的表达式为

$$\boldsymbol{\sigma}^{(k)}=\boldsymbol{K}_{\mathrm{c}}^{(k)}\overline{\boldsymbol{\varepsilon}} \tag{9-9}$$

式中：$\boldsymbol{K}_{\mathrm{c}}^{(k)}$ 表示 k 类中的应变-应力放大矩阵；$\overline{\boldsymbol{\varepsilon}}$ 表示宏观应变载荷。

由于聚类结果被自动划分为纤维类和基体类，因此纤维和基体中的应力分布可以写为

$$\boldsymbol{\sigma}_{\mathrm{fib}}^{(i)}=\boldsymbol{K}_{\mathrm{f}}^{(i)}\overline{\boldsymbol{\varepsilon}} \tag{9-10}$$

$$\boldsymbol{\sigma}_{\mathrm{mat}}^{(j)}=\boldsymbol{K}_{\mathrm{m}}^{(j)}\overline{\boldsymbol{\varepsilon}} \tag{9-11}$$

式中：$\boldsymbol{\sigma}_{\mathrm{fib}}^{(i)}$ 是第 i 个纤维类中的应力；$\boldsymbol{\sigma}_{\mathrm{mat}}^{(j)}$ 表示第 j 个矩阵类中的应力；$\boldsymbol{K}_{\mathrm{f}}^{(i)}$ 代表第 i 个纤维类中的应变-应力放大矩阵；$\boldsymbol{K}_{\mathrm{m}}^{(j)}$ 是第 j 个基体类中的应变-应力放大矩阵。

采用式(9－10)和式(9－11)中应力分布的聚类形式，并引入基于应力的损伤起始准则和演化准则，可推导出单胞损伤变量，进而计算更大尺度模型的损伤状态。

9.3　降维 FVDAM 介观尺度损伤模型

复合材料层合板的损伤是一个典型的跨尺度问题，在细观尺度纤维基体的损伤会导致介观单层板尺度的裂纹扩展、层间损伤等。9.2 节阐述了细观尺度单胞模型的聚类降维过程，本节将重点介绍聚类细观单胞模型在介观尺度损伤分析中的嵌入。为了使损伤信息在细观和介观两个尺度之间传递，需要将聚类细观单胞作为积分点嵌入介观模型。在建模过程中，考虑引起介观损伤的 3 种因素——层内裂纹扩展、层间界面分层和剪切非线性。

9.3.1　层内裂纹扩展

单层板的裂纹往往是由细观尺度的基体损伤和纤维断裂引起的，因此本节将这两种细观失效模式与 XFEM 结合，进行单层板的裂纹扩展模拟。XFEM 理论[226]引入不连续函数 $H(x)$ 作为裂缝建模的加强函数，将裂纹处的位移不连续引入[227]。单层板的位移场便可定义为

$$u(x)=\sum_{i}N_{i}(x)[u_{i}+H(x)a_{i}] \tag{9-12}$$

式中：N_i 是传统有限元方法中的形函数；u_i 是节点位移；$H(x)$ 是代表裂纹开裂的 Heaviside跳跃函数；a_i 是节点加强变量。

式(9－12)中描述的 XFEM 框架可以有效地模拟裂纹扩展，且不需要重新划分网格，但它仍然需要与描述损伤状态的方法相结合来确定裂纹的起始和扩展。因此，本章建模在介观单层板尺度的裂纹扩展中引入细观尺度聚类单胞模型的损伤状态来传递损伤信息。然而，在使用聚类单胞模型计算损伤状态之前，应特别注意不同坐标系之间的转换。在介观单层板裂纹扩展模型中，有 3 种坐标系——整体坐标系、局部坐标系和断裂面坐标系。图9－6 所示为不同坐标系之间的关系：(x,y,z) 代表整体坐标系，裂纹在该坐标系中萌生扩展；(1,2,3)是局部坐标系，在该坐标系下计算聚类单胞损伤状态；红色和蓝色平面分别代表了纤维和基体断裂面坐标系，纤维断裂与基体开裂两种失效模式，在与之相应的与断裂面平行的方向上扩展。在本章所述模型中，基体断裂面与纤维方向平行，而纤维断裂面与纤维方向垂直。

由于单胞模型在局部坐标系下建立，因此损伤状态应该在相同的坐标下计算。如前所述，聚类后的单胞模型被自动分组为纤维类和基体类。利用式(9－10)和式(9－11)中定义的每个类中的应力分布，介观尺度的失效准则和损伤演化规律可采用下述方法进行定义。

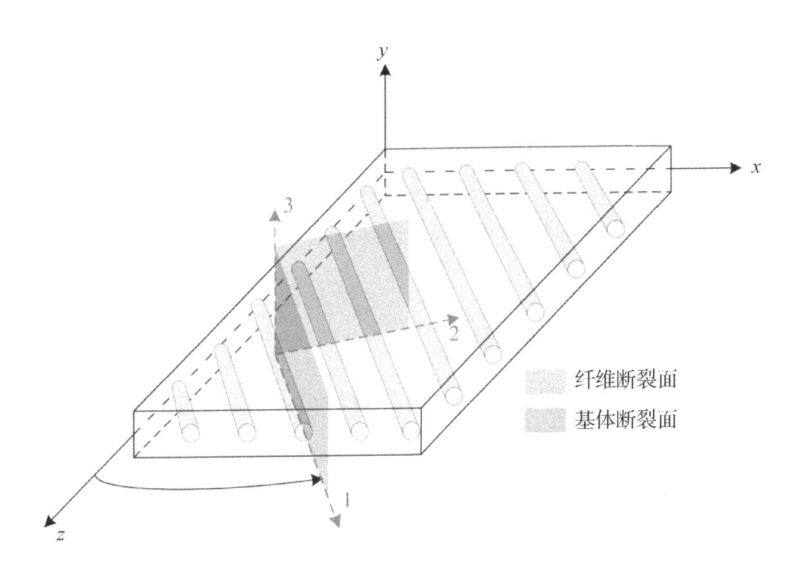

图 9－6　单层板裂纹扩展模拟中的不同坐标系(见彩插)

1.纤维损伤准则

基于纤维材料高强度高脆性的特征，在单调加载和循环加载工况下均可采用最大应力准则。对于第 j 纤维类，失效准则表达式为

$$\left.\begin{aligned}\frac{\sigma_1^{(j)}}{Y_t^{\mathrm{fib}}}=1\\-\frac{\sigma_1^{(j)}}{Y_c^{\mathrm{fib}}}=1\end{aligned}\right\}\tag{9-13}$$

式中：$\sigma_1^{(j)}$ 是第 j 纤维类沿纤维方向的应力值，可以由式(9－10)求得；Y_t^{fib} 代表纤维抗拉强度；Y_c^{fib} 代表纤维抗压强度。如果在加载过程中，任何一个纤维类中的应力值 $\sigma_1^{(j)}$ 达到强度，该细观单胞模型便失效，断裂模式被定义为纤维断裂，介观单层板裂纹将沿着纤维断裂面蔓延。

2.基体损伤准则

对于基体，这里定义了两种工况下的损伤准则，即单调加载下的损伤和循环加载下的累积损伤，基体最终的损伤状态由二者中的最大值决定。

(1)单调加载下基体损伤准则。

第 i 基体类中单调加载下损伤变量为 $d_{\mathrm{mm}}^{(i)}$，使用类似文献[228]中的方法定义损伤起始和演化准则。将第 i 基体类中等效应力 $\sigma_{\mathrm{eq}}^{(i)}$ 用基体抗压和抗拉强度的比值 β、第 i 基体类中的 Von Mises 应力 $\sigma_{\mathrm{vm}}^{(i)}$ 和第 i 基体类中的应力第一不变量 $I_1^{(i)}$ 进行表达：

$$\sigma_{\mathrm{eq}}^{(i)}=\frac{(\beta-1)I_1^{(i)}+\sqrt{(\beta-1)^2I_1^{(i)2}+4\beta\sigma_{\mathrm{vm}}^{(i)2}}}{2\beta}\tag{9-14}$$

$$\sigma_{\mathrm{vm}}^{(i)}=\sqrt{0.5\{[\sigma_{11}^{(i)}-\sigma_{22}^{(i)}]^2+[\sigma_{11}^{(i)}-\sigma_{33}^{(i)}]^2+[\sigma_{22}^{(i)}-\sigma_{33}^{(i)}]^2+6[\tau_{12}^{(i)2}+\tau_{23}^{(i)2}+\tau_{13}^{(i)2}]\}}\tag{9-15}$$

$$I_1^{(i)}=\sigma_{11}^{(i)}+\sigma_{22}^{(i)}+\sigma_{33}^{(i)}\tag{9-16}$$

$$\beta=Y_t^{\mathrm{mat}}/Y_c^{\mathrm{mat}}\tag{9-17}$$

式中：Y_t^{mat} 代表基体抗拉强度；Y_c^{mat} 代表基体抗压强度。

第 i 基体类中单调加载下的损伤变量 $d_{\mathrm{mm}}^{(i)}$ 遵循以下损伤准则：

$$d_{\mathrm{mm}}^{(i)}=\begin{cases}0, & \kappa_{\mathrm{m}}^{(i)}<Y_t^{\mathrm{mat}}\\1-\exp\left[\gamma\left(1-\dfrac{\kappa_{\mathrm{m}}^{(i)}}{Y_t^{\mathrm{mat}}}\right)\right], & Y_t^{\mathrm{mat}}<\kappa_{\mathrm{m}}^{(i)}\end{cases}\tag{9-18}$$

式中：$\kappa_{\mathrm{m}}^{(i)}$ 代表第 i 基体类加载历史中的最高等效应力；γ 是损伤形状参数。

(2)循环加载下基体损伤准则。

对于循环加载下的基体累积损伤，第 i 基体类中累积损伤 $d_{\mathrm{mf}}^{(i)}$ 的演化律采用应力控制的形式随循环周次 N 的增加而增加，表达式为

$$\frac{\mathrm{d}d_{\mathrm{mf}}^{(i)}}{\mathrm{d}N}=a\left\{\frac{A_{\mathrm{II}}^{(i)}}{[1-3b\sigma_{\mathrm{H,\ mean}}^{(i)}][1-d_{\mathrm{mf}}^{(i)}]}\right\}^{\beta}\tag{9-19}$$

式中：a、b、β 为基体材料参数；$A_{\mathrm{II}}^{(i)}$ 为第 i 基体类单次循环中八面体剪应力幅值：

$$A_{\mathrm{II}}^{(i)}=\frac{1}{2}\left\{\frac{3}{2}\left[s_{ij,\max}^{(i)}-s_{ij,\min}^{(i)}\right]\left[s_{ij,\max}^{(i)}-s_{ij,\min}^{(i)}\right]\right\}^{\frac{1}{2}} \tag{9-20}$$

式中：$s_{ij,\max}^{(i)}$ 和 $s_{ij,\min}^{(i)}$ 分别代表单次循环中第 i 基体类偏应力张量 ij 分量的最大值和最小值；$\sigma_{\mathrm{H,\ mean}}^{(i)}$ 为第 i 基体类单次循环中静水压力的平均值：

$$\sigma_{\mathrm{H,\ mean}}^{(i)}=1/6\left[\sigma_{ii,\ \max}^{(i)}+\sigma_{ii,\ \min}^{(i)}\right] \tag{9-21}$$

对式(9-19)中 $d_{\mathrm{mf}}^{(i)}$ 从 0 到 1 进行积分，可得第 i 基体类的疲劳寿命 $N_{\mathrm{f}}^{(i)}$ 的表达式为

$$N_{\mathrm{f}}^{(i)}=\frac{1}{a(1+\beta)}\left[\frac{\sigma_{\mathrm{a}}^{(i)}}{1-b\sigma_{\mathrm{m}}}\right]^{-\beta} \tag{9-22}$$

通过式(9-22)中基体的疲劳寿命表达式可以看出，由于各基体类材料相同，每类中的材料参数均相同，因此采用基体材料不同工况下的疲劳寿命数据即可求出材料累积损伤演化参数 a、b、β。

因此，在离散后，对 $N+1$ 加载步而言，材料参数和第 N 加载步应力状态均为已知条件，因此第 i 基体类疲劳损伤变量可以由下式计算：

$$d_{\mathrm{mf}(N+1)}^{(i)}=d_{\mathrm{mf}(N)}^{(i)}+\left[\frac{\mathrm{d}d_{\mathrm{mf}}^{(i)}}{\mathrm{d}N}\right]_{N}\Delta N \tag{9-23}$$

最终，第 i 基体类损伤变量 $d_{\mathrm{m}}^{(i)}$ 可由单调加载和循环加载下损伤变量的最大值确定。单胞模型中基体整体损伤变量 d_{m} 可由各基体类的体积平均求得：

$$d_{\mathrm{m}}^{(i)}=\max\left[d_{\mathrm{mm}}^{(i)},d_{\mathrm{mf}}^{(i)}\right] \tag{9-24}$$

$$d_{\mathrm{m}}=\sum_{i=1}^{n_{\mathrm{m}}}d_{\mathrm{m}}^{(i)}v_{\mathrm{m}}^{(i)}/V_{\mathrm{m}} \tag{9-25}$$

式中：n_{m} 代表基体类的总数；$v_{\mathrm{m}}^{(i)}$ 是第 i 基体类的体积；V_{m} 是单胞模型基体总体积。在加载过程中，当基体整体损伤变量 d_{m} 达到临界值 $d_{\mathrm{m}}^{\mathrm{c}}$ 时，单胞失效模式为基体断裂，介观尺度单层板裂纹将沿基体断裂面扩展。

将上述纤维基体的损伤起始和演化准则写入商业软件 ABAQUS 的 UDMGINI 子程序中，便可预测裂纹在层板中的扩展了。

9.3.2　层间界面分层

9.3.1 节阐述了单层板层内损伤的建模方式，本小节将对复合材料层合板另一种常见的介观损伤模式(即层间界面分层损伤)进行建模。在本小节中，层间界面分层将通过相邻两层的内聚力接触进行建模，其中主表面和从表面分别定义为相邻层板的主表面和从表面(见图 9-7)。通常情况下，从表面在网格划分时应更为细密，因为潜在接触约束数量由从表面节点数量决定。然而，本章模型中，各层以相同方式进行网格划分，因此，主、从表面的选择并无强制要求。同时，为准确预测层间内聚力接触，必须对界面弹性牵引-分离准则、界面损伤起始准则和界面损伤演化准则这 3 个因素进行定义。

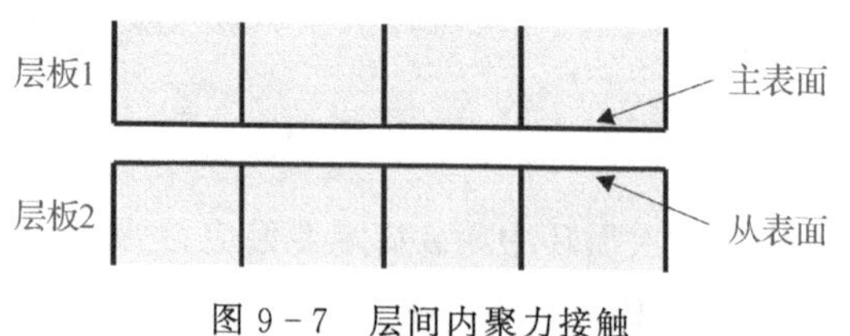

图 9-7 层间内聚力接触

1.界面弹性牵引-分离准则

界面弹性牵引-分离准则代表界面在未损伤状态下的弹性行为。在本章模型中,将界面弹性行为定义为非耦合准则,未损伤界面的线弹性牵引-分离行为可在3个方向独立演化:

$$\begin{bmatrix} t_n \\ t_s \\ t_t \end{bmatrix} = \begin{bmatrix} K_{nn} & 0 & 0 \\ 0 & K_{ss} & 0 \\ 0 & 0 & K_{tt} \end{bmatrix} \begin{bmatrix} \delta_n \\ \delta_s \\ \delta_t \end{bmatrix} \tag{9-26}$$

式中:t、K 和 δ 分别表示表面牵引力、接触刚度和表面分离位移;下标 n、t 和 s 表示接触面的法线方向和两个剪切方向。

2.界面损伤起始准则

界面损伤起始准则采用二次应力准则,当界面3个方向的牵引满足下式时,损伤开始演化:

$$\left\{\frac{\langle t_n \rangle}{t_n^o}\right\}^2 + \left\{\frac{t_s}{t_s^o}\right\}^2 + \left\{\frac{t_t}{t_t^o}\right\}^2 = 1 \tag{9-27}$$

式中:t_n^o、t_s^o 和 t_t^o 分别是界面法向强度和两个剪切强度;Macaulay 算符代表法向压缩状态下不产生界面损伤。

3.界面损伤演化准则

当界面牵引力达到上述损伤起始准则时,便可通过损伤演化准则计算出界面损伤变量 d_{inter},并折减界面接触刚度。折减后的界面接触力可写为

$$\left.\begin{aligned} & t_n = \begin{cases} (1-d_{inter})\bar{t}_n, & \bar{t}_n \geqslant 0 \\ \bar{t}_n, & \bar{t}_n < 0 \end{cases} \\ & t_s = (1-d_{inter})\bar{t}_s \\ & t_t = (1-d_{inter})\bar{t}_t \end{aligned}\right\} \tag{9-28}$$

式中:$\bar{t}_n$、$\bar{t}_s$ 和 $\bar{t}_t$ 是在没有损坏的情况下,通过弹性界面牵引-分离准则计算的接触力。

本节采用双线性界面损伤演化准则,损伤变量 d_{inter} 可以表示为

$$d_{inter} = \frac{\delta^f(\delta_m^{max} - \delta_m^o)}{\delta_m^{max}(\delta^f - \delta_m^o)} \tag{9-29}$$

式中:下标 m 代表等效位移,可通过 $\delta_m = \sqrt{\langle \delta_n \rangle^2 + \delta_s^2 + \delta_t^2}$ 计算。因此,δ_m^{max} 代表加载历史中的最大等效分离位移;δ_m^o 代表损伤开始时的等效分离位移;δ^f 代表完全破坏时的等效分离位移。

然而,界面内聚力接触模型的刚度退化常在隐式分析中产生收敛性问题。为了解决收敛性问题,本节采用黏性正则化方法,即引入界面黏性参数 η,提高模型的收敛性[229]。使用黏性界面损伤变量 $d_{\text{inter}}^{\text{v}}$ 代替 d_{inter},进行界面接触刚度折减:

$$\dot{d}_{\text{inter}}^{\text{v}} = \frac{1}{\eta}(d_{\text{inter}} - d_{\text{inter}}^{\text{v}}) \tag{9-30}$$

式中:η 是黏性参数,无物理意义,仅用于增强算法的收敛性。研究表明,当黏性参数足够小时,采用 $d_{\text{inter}}^{\text{v}}$ 进行刚度折减对精度并无明显影响。因此在本章模型中,黏性参数 η 取为 0.001。

9.3.3　剪切非线性

大量研究显示,单向复合材料在纵向剪切载荷下会表现出严重的非线弹性现象,而在纵向拉伸或压缩载荷下,保持线弹性响应[230]。因此,纤维增强方向与加载方向不平行的多向层合板,在建模时必须考虑剪切非线性。因此本节基于 Hahn - Tsai 模型[231]将非线性剪切应力-应变关系表示为

$$\varepsilon_{ij} = G_{ij}^{-1}\sigma_{ij} + \alpha\sigma_{ij}^{3}, \quad i \neq j \tag{9-31}$$

式中:σ_{ij} 和 ε_{ij} 分别为剪应力和剪应变;$ij = 12,13,23$;G_{ij} 代表 FVDAM 理论计算的单胞模型均匀化剪切模量;α 为材料非线性的系数,决定了非线性响应的强弱程度。

根据剪切非线性变量的定义[232],单层板三维剪切非线性矩阵 $\boldsymbol{D}_{\text{s}}$ 可写为

$$\boldsymbol{D}_{\text{s}} = \text{diag}(0,0,0,d_{\text{s}}^{12},d_{\text{s}}^{13},d_{\text{s}}^{23}) \tag{9-32}$$

$$d_{\text{s}}^{ij} = \frac{3\alpha G_{ij}\ (\sigma_{ij})^2 - 2\alpha\ (\sigma_{ij})^3/\gamma_{ij}}{1 + 3\alpha G_{ij}\ (\sigma_{ij})^2}, \quad ij = 12,13,23 \tag{9-33}$$

式中:γ_{ij} 代表工程剪切应变。

单层板剪切非线性应力-应变关系可通过 $\boldsymbol{D}_{\text{s}}$ 表达为

$$\boldsymbol{\sigma} = (\boldsymbol{I} - \boldsymbol{D}_{\text{s}})\,\boldsymbol{C}^{*}\,\boldsymbol{\varepsilon} \tag{9-34}$$

式中:$\boldsymbol{C}^{*}$ 是式(9 - 5)中定义的单胞均匀化刚度矩阵。

最后,将式(9 - 29)中剪切非线性矩阵的 3 个非零元素定义为 3 个场变量,将其编写入商业软件 ABAQUS 中的 USDFLD 子程序,便可以模拟层合板的剪切非线性行为了。

9.4　宏观跨尺度损伤模型

对细观和介观损伤模式进行建模后,本节重点介绍细观和介观损伤在宏观模型中的跨尺度耦合流程。当进行宏观层合板模型加载时,当前加载步所产生的应变会分配至介观层间节点以及单层板单元积分点,并采用上一迭代步的剪切非线性矩阵 $\boldsymbol{D}_{\text{s}}$ 计算单层板弹性非线性对积分点应变的影响,宏观和介观之间便可通过节点和积分点进行应变信息的传递了。对于介观单层板单元,其积分点均由基于 FVDAM 和 UMAP 的聚类细观单胞模型表示,介观积分点应变即为细观单胞模型的外载荷,通过式(9 - 10)和式(9 - 11)中定义的应变-应力放大矩阵即可计算出纤维类和基体类中的应力。根据每个类中的应力以及相应的损伤起始和演化准则,结合 XFEM,便可预测介观单层板裂纹的扩展。对于介观界面分层,根据界面

节点应变,结合内聚力接触模型可计算出层间损伤状态,并对分层损伤进行预测。在当前加载步每次迭代结束时检查层内和层间响应的收敛性,在满足收敛准则前,不断迭代更新剪切非线性矩阵。在满足收敛准则后,将当前步细观、介观和宏观的信息进行存储,作为下一宏观位移加载步的已知条件。图 9-8 中的流程图表示第 n 宏观加载步中的跨尺度耦合流程。

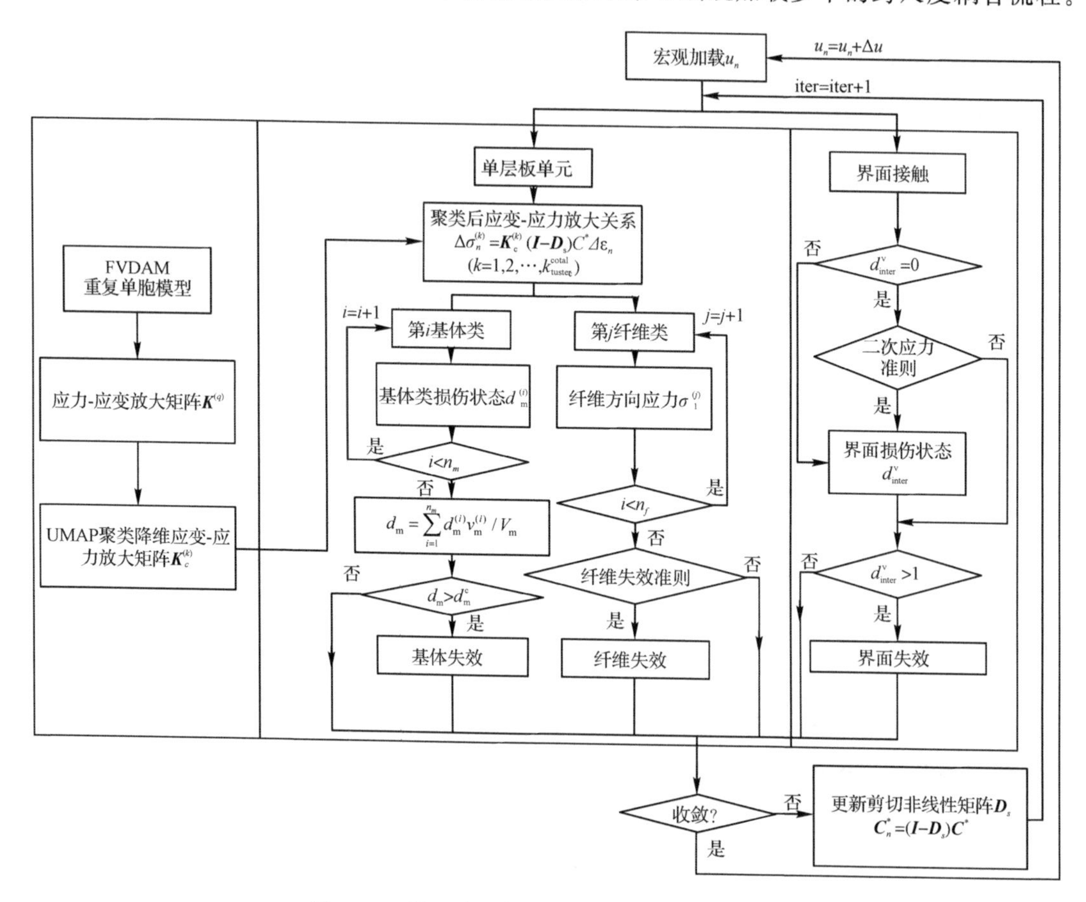

图 9-8 第 n 宏观加载步中的跨尺度耦合流程

9.5 小 结

为了实现带孔层合板在循环载荷下的疲劳损伤预测,本章在 FVDAM、UMAP 聚类和 XFEM 框架下,建立了细-宏观跨尺度疲劳损伤模型,具体结论如下:

(1)针对细观模型在嵌入宏观模型时数据量过大、效率过低的问题,将 UMAP 聚类方法引入 FVDAM 细观力学理论。将子胞应变-应力放大矩阵的维度从 36 减少至 2,同时将力学响应类似的子胞划分为一类,通过聚类中心进行力学响应计算,在很大程度上提高了跨尺度计算效率。

(2)针对传统单元删除损伤建模方法难以模拟出试验中光滑裂纹的问题,将聚类单胞模型与 XFEM 方法相结合。将细观聚类单胞模型的损伤状态作为 XFEM 裂纹扩展依据。通过 XFEM 理论中的节点加强变量，成功模拟出宏观光滑裂纹的扩展过程。

(3)针对复合材料层合板特有的剪切非线性弹性现象，通过编写 USDFLD 子程序将剪切非线性矩阵 $\boldsymbol{D}_s$ 引入介观单层板计算过程，揭示了剪切非线性对层合板力学响应的关键影响。

(4)针对复合材料循环载荷下损伤因素众多、损伤机理复杂的问题，在建模过程中引入多种损伤形式。通过编写 UDMGINI 子程序，在聚类单胞中引入循环损伤演化准则，模拟基体损伤与纤维断裂；通过建立单层板之间的内聚力接触模型，模拟层合板层间的分层损伤；最终通过商业有限元软件 ABAQUS 整体建模，将多种损伤因素进行耦合，实现带孔层合板的宏观损伤模拟。

(5)对带孔层合板进行准静态拉伸强度 DIC 试验与不同应力水平下的疲劳寿命试验，并与有限元模拟结果进行对比。对比结果显示，在准静态拉伸工况下，DIC 试验捕捉到的宏观载荷 - 位移曲线和裂纹扩展路径与模拟结果高度一致，证明了所提跨尺度模型强度预测的有效性。在不同载荷水平的疲劳加载工况下，试验疲劳寿命与模拟疲劳寿命吻合良好，疲劳失效模式一致，证明了模型对带孔层合板疲劳寿命预测的可行性。

参考文献

［1］ 新华网. 全国人大代表彭寿:新材料产业是高技术竞争的关键领域[EB/OL].（2021－03－08）[2024－2－21].http://www.xinhuanet.com/politics/2021lh/djlx/ft15.htm.

［2］ 新华社. 中华人民共和国国民经济和社会发展第十四个五年规划和2035年远景目标纲要[EB/OL].(2021－03－13)[2024－2－21].https://www.gov.cn/xinwen/2021－03/13/content_5592681.htm.

［3］ 工业和信息化部，科学技术部，自然资源部.“十四五”原材料工业发展规划[EB/OL].（2021－12－29)[2024－2－21].https://www.gov.cn/zhengce/zhengceku/2021－12/29/5665166/files/90c1c79a00b44c67b59c29392476c862.pdf.

［4］ 网易. 国产大飞机崛起,这些复合材料公司值得关注[EB/OL].（2022－08－10）[2024－2－21]. https://www.163.com/dy/article/HEDDT68L05198ETO.html.

［5］ 中国新闻网. 波音787梦想飞机伦敦再爆着火事件股价急跌5%[EB/OL].（2013－07－13）[2024－2－21]. https://www.chinanews.com.cn/gj/2013/07－13/5037904.shtml.

［6］ 新华财经. 波音787起火或与机身碳素复合材料有关[EB/OL].（2013－07－15）[2024－2－21].https://www.cnfin.com/world-xh08/a/20130715/1212239.shtml?f＝arelated.

［7］ 叶瑾. 埃塞俄比亚航787起火碳复合材料技术引关注[EB/OL].（2013－07－16）[2024－2－21].https://news.carnoc.com/list/256/256614.html.

［8］ KATUNIN A，KRUKIEWICZ K，HEREGA A，et al. Concept of a conducting composite material for lightning strike protection[J]. Advances in Materials Science，2016，16（2）：32.

［9］ ZHANG L，WANG X，PEI J，et al. Review of automated fibre placement and its prospects for advanced composites[J]. Journal of Materials Science，2020，55（17）：7121－7155.

［10］ LIU X，FURRER D，KOSTERS J，et al. Vision 2040：a roadmap for integrated，multiscale modeling and simulation of materials and systems[R]. [S.l.：s.n.]，2018.

［11］ TENNEY D R，CENTER L R. Structural framework for flight：NASA's role in development of advanced composite materials for aircraft and space structures[R/OL].（2011－05－01）[2024－2－21]. https://ntrs.nasa.gov/citations/20110012179.

［12］ 聂祥樊，李应红，何卫锋，等. 航空发动机部件激光冲击强化研究进展与展望[J]. 机械工程学报，2021，57（16）：293－305.

[13] 高翔，鲁晓楠，李建超，等. 增材制造钛基复合材料的体系与结构设计[J]. 复合材料学报，2024，41：1－25.

[14] KUMAR K S，VAN SWYGENHOVEN H，SURESH S. Mechanical behavior of nanocrystalline metals and alloys[J]. Acta Materialia，2003，51(19)：5743－5774.

[15] LU K，LU L，SURESH S. Strengthening materials by engineering coherent internal boundaries at the nanoscale[J]. Science，2009，324 (5925)：349－352.

[16] HUANG Q，YU D L，XU B，et al. Nanotwinned diamond with unprecedented hardness and stability[J]. Nature，2014，510 (7504)：250－253.

[17] LU L，SHEN Y F，CHEN X H，et al. Ultrahigh strength and high electrical conductivity in copper[J]. Science，2004，304 (5669)：422－426.

[18] ZHANG Z J，SHENG H W，WANG Z J，et al. Dislocation mechanisms and 3D twin architectures generate exceptional strength-ductility-toughness combination in CrCoNi medium-entropy alloy[J]. Nature Communications，2017，8：14390.

[19] GOTTSTEIN G，SHVINDLERMAN L S. Grain boundary migration in metals：thermodynamics，kinetics，applications[M]. Boca Raton：CRC Press，2009.

[20] 朱林利. 纳米孪晶和梯度纳米结构金属强韧特性研究进展[J]. 固体力学学报，2019，40(1)：1－20.

[21] TRELEWICZ J R，SCHUH C A. The hall-petch breakdown at high strain rates：Optimizing nanocrystalline grain size for impact applications[J]. Applied Physics Letters，2008，93 (17)：171916.

[22] SUN L G，HE X Q，LU J. Nanotwinned and hierarchical nanotwinned metals：A review of experimental，computational and theoretical efforts [J]. Npj Computational Materials，2018，4：6.

[23] YOUSSEF K M，SCATTERGOOD R O，MURTY K L，et al. Ultratough nanocrystalline copper with a narrow grain size distribution[J]. Applied Physics Letters，2004，85 (6)：929－931.

[24] CAO A J，QU J M. Atomistic simulation study of brittle failure in nanocrystalline graphene under uniaxial tension[J].Applied Physics Letters，2013，102 (7)：666－669.

[25] AFANASYEV K A，SANSOZ F. Strengthening in gold nanopillars with nanoscale twins[J]. Nano Letters，2007，7 (7)：2056.

[26] ZHENG Y G，LU J，ZHANG H W，et al. Strengthening and toughening by interface-mediated slip transfer reaction in nanotwinned copper [J]. Scripta Materialia，2009，60 (7)：508－511.

[27] CHOWDHURY P，SEHITOGLU H，MAIER H J，et al. Strength prediction in NiCo alloys-the role of composition and nanotwins [J]. International Journal of Plasticity，2016，79：237－258.

[28] ZHU T，LI J，SAMANTA A，et al. Interfacial plasticity governs strain rate sensitivity and ductility in nanostructured metals[J]. Proceedings of the National

Academy of Sciences of the United States of America, 2007, 104 (9): 3031 - 3036.

[29] JIN Z H, GUMBSCH P, ALBE K, et al. Interactions between non-screw lattice dislocations and coherent twin boundaries in face-centered cubic metals[J]. Acta Materialia, 2008, 56 (5): 1126 - 1135.

[30] PEI L Q, LU C, ZHAO X, et al. Brittle versus ductile behaviour of nanotwinned copper: A molecular dynamics study[J]. Acta Materialia, 2015, 89: 1 - 13.

[31] LI X Y, WEI Y J, LU L, et al. Dislocation nucleation governed softening and maximum strength in nano-twinned metals[J]. Nature, 2010, 464 (7290): 877 - 880.

[32] YOU Z S, LI X Y, GUI L J, et al. Plastic anisotropy and associated deformation mechanisms in nanotwinned metals[J]. Acta Materialia, 2013, 61 (1): 217 - 227.

[33] WU Z X, ZHANG Y W, SROLOVITZ D J. Deformation mechanisms, length scales and optimizing the mechanical properties of nanotwinned metals[J]. Acta Materialia, 2011, 59 (18): 6890 - 6900.

[34] SONG H Y, LI Y L. Effect of twin boundary spacing on deformation behavior of nanotwinned magnesium[J]. Physics Letters A, 2012, 376 (4): 529 - 533.

[35] 王昊，孙瑜，杨志勃，等. 孪晶密度和温度对纳米孪晶钛力学性能的影响[J]. 中国有色金属学报，2022, 32 (12): 3684 - 3693.

[36] ZHANG B W, ZHOU L C, SUN Y, et al. Molecular dynamics simulation of crack growth in pure titanium under uniaxial tension[J]. Molecular Simulation, 2018, 44: 1 - 9.

[37] ANDO S, OYABU K, HIRAYAMA K, et al. Crack propagation behavior in nano size hcp crystals by molecular dynamic simulation[J]. Key Engineering Materials, 2005, 297(1): 280 - 285.

[38] SHI X S, FENG X T, ZHANG B W, et al. Research on microstructure deformation mechanism of crack tip in titanium under tension along different orientations[J]. Molecular Simulation, 2020, 46(6): 440 - 7.

[39] CAI J, MI C W, DENG Q, et al. Effects of crystalline orientation, twin boundary and stacking fault on the crack-tip behavior of a mode I crack in nanocrystalline titanium[J]. Mechanics of Materials, 2019, 139: 103205.

[40] FENG R C, LU J T, LI H Y, et al. Effect of the microcrack inclination angle on crack propagation behavior of tial alloy[J].Strength of Materials, 2017, 49(1):75 - 82.

[41] FENG R C, CAO H, LI H Y, et al. Effects of vacancy concentration and temperature on mechanical properties of single-crystal γ-TiAl based on molecular dynamics simulation[J]. High Temperature Materials & Processes, 2017, 37 (2): 113 - 120.

[42] WANG H, XU D S, YANG R. Atomic modelling of crack initiation on twin boundaries in α-titanium under external tensile loading along various orientations [J]. Philosophical Magazine Letters, 2014, 94 (12):779 - 785.

[43] LI W, NAN H, QIAN X W, et al. Atomistic simulation of crack propagation along γ-TiAl lamellar interface [J]. IOP Conference Series Materials Science and Engineering, 2019, 529: 12042.

[44] CAO H, RUI Z Y, CHEN W K, et al. Crack propagation mechanism of γ-TiAl alloy with pre-existing twin boundary[J]. Science China Technological Sciences, 2019, 62 (9): 11.

[45] DING J, TIAN Y, WANG L S, et al. Micro-mechanism of the effect of grain size and temperature on the mechanical properties of polycrystalline TiAl [J]. Computational Materials Science, 2019, 158: 76 - 87.

[46] LU M, WANG F, ZENG X G, et al. Cohesive zone modeling for crack propagation in polycrystalline NiTi alloys using molecular dynamics[J]. Theoretical and Applied Fracture Mechanics, 2020, 105:102402.

[47] WANG H, SUN Y, QIAO B J, et al. Crack propagation mechanism of titanium nano-bicrystal: a molecular dynamics study[J]. The European Physical Journal B, 2021, 94: 1 - 11.

[48] FRENKEL D, SMIT B, RATNER M A. Understanding molecular simulation: from algorithms to applications[M]. San Diego: Academic Press, 1996.

[49] DONGARE A M, ZHIGILEI L V, RAJENDRAN A M, et al. Interatomic potentials for atomic scale modeling of metal-matrix ceramic particle reinforced nanocomposites[J]. Composites Part B, 2009, 40 (6): 461 - 467.

[50] BERNER A, FUKS D, ELLIS D E, et al. Formation of nano-crystalline structure at the interface in Cu-C composite[J]. Applied Surface Science,1999,144:677 - 681.

[51] 李健，杨延清，罗贤，等. 分子动力学模拟在复合材料界面研究中的进展[J]. 稀有金属材料与工程，2013，42 (3)：644 - 648.

[52] WU K P, LIAO M Y, SANG L W, et al. A density functional study of the effect of hydrogen on electronic properties and band discontinuity at anatase TiO_2/diamond interface[J]. Journal of Applied Physics, 2018, 123 (16): 161599.

[53] LIU L M, WANG S Q, YE H Q. Adhesion and bonding of the Al/TiC interface [J]. Surface Science, 2004, 550 (1/2/3): 46 - 56.

[54] LIU W, LI J C, ZHENG W T, et al. NiAl (110)/Cr (110) interface: A density functional theory study[J]. Physical Review B, 2006, 73 (20): 205421.

[55] SIEGEL D J, HECTORL G, ADAMS J B. First-principles study of metal-carbide/nitride adhesion: Al/VC vs. Al/VN[J]. Acta Materialia, 2002, 50 (3): 619 - 631.

[56] BENEDEK R, ALAVI A, SEIDMAN D N, et al. First principles simulation of a ceramic/metal interface with misfit [J]. Physical Review Letters, 2000, 84 (15): 3362.

[57] LIU L M, WANG S Q, YE H Q. First-principles study of metal/nitride polar interfaces: Ti/TiN[J]. Surface and Interface Analysis, 2003, 35 (10): 835 - 841.

[58] WANG B D, DAI J H, WU X, et al. First-principles study of the bonding characteristics of TiAl (111)/Al_2O_3(0001) interface[J]. Intermetallics, 2015, 60: 58-65.

[59] WANG J J, HUANG X, ZHANG H L, et al. Diamond (001)-Si (001) and Si (001)-Ti (0001) interfaces: A density functional theory study[J]. Journal of Physics and Chemistry of Solids, 2021, 150: 109865.

[60] CHEN D, MA X L, WANG Y M. First-principles study of the interfacial structures of Au/MgO(001)[J]. Physical Review B, 2007, 75 (12): 125409.

[61] SONG Y, XING F J, DAI J H, et al. First-principles study of influence of Ti vacancy and Nb dopant on the bonding of TiAl/TiO_2 interface[J]. Intermetallics, 2014, 49: 1-6.

[62] YU A Y, HU Q M, YANG R. First-principles investigation of effects of alloying elements on Ti/TiO_2 interface[J]. Kovove Materialy-Metallic Materials, 2021, 55 (4): 291-294.

[63] ZHAO G L, BACHLECHNER M E. Electronic structure and charge transfer in a- and b-Si_3N_4 and at the Si(111)/Si_3N_4(001) interface[J]. Physical Review B, 1998, 58 (4): 1887.

[64] NAMILAE S, CHANDRA N. Role of atomic scale interfaces in the compressive behavior of carbon nanotubes in composites [J]. Composites Science and Technology, 2006, 66 (13): 2030-2038.

[65] JIANG W G, WU Y, QIN Q H, et al. A molecular dynamics based cohesive zone model for predicting interfacial properties between graphene coating and aluminum [J]. Computational Materials Science, 2018, 151: 117-123.

[66] ZHANG C, CHEN M Y, COASNE B, et al. Hygromechanics of softwood cellulosic nanocomposite with intermolecular interactions at fiber-matrix interface investigated with molecular dynamics[J]. Composites Part B, 2022, 228: 109449.

[67] 杨序纲. 复合材料界面[M]. 北京：化学工业出版社，2010.

[68] DUAN H, WANG J, HUANG Z. Micromechanics of composites with interface effects[J]. Acta Mechanica Sinica, 2022, 38 (4): 222025.

[69] ACHENBACH J D, ZHU H. Effect of interfacial zone on mechanical behavior and failure of fiber-reinforced composites[J]. Journal of the Mechanics and Physics of Solids, 1989, 37 (3): 381-393.

[70] HASHIN Z. Thermoelastic properties of fiber composites with imperfect interface [J]. Mechanics of Materials, 1990, 8 (4): 333-348.

[71] HASHIN Z. The spherical inclusion with imperfect interface[J]. Journal of Applied Mechanics, 1991, 58(2): 444-449.

[72] ZHONG Z, MEGUID S A. On the eigenstrain problem of a spherical inclusion with an imperfectly bonded interface[J]. Journal of Applied Mechanics, 1996, 63 (4):

877 - 883.

[73] ZHONG Z，MEGUID S A. On the imperfectly bonded spherical inclusion problem [J]. Journal of Applied Mechanics，1999，66 (4)：839 - 846.

[74] LEE S，KIM Y，LEE J，et al. Applicability of the interface spring model for micromechanical analyses with interfacial imperfections to predict the modified exterior Eshelby tensor and effective modulus[J]. Mathematics and Mechanics of Solids，2019，24 (9)：2944 - 2960.

[75] NEEDLEMAN A. A continuum model for void nucleation by inclusion debonding [J]. Journal of Applied Mechanics，1987，54 (3)：525 - 531.

[76] WEI Y G，HUTCHINSON J W. Models of interface separation accompanied by plastic dissipation at multiple scales[M]//Fracture Scaling. Dordrecht：Springer Netherlands，1999：1 - 17.

[77] RAMDOUM S，FEKIRINI H，BOUAFIA F，et al. Carbone/epoxy interface debond growth using the Contour Integral/Cohesive zone method[J]. Composites Part B，2018，142：102 - 107.

[78] XIE C H，WU Y，LIU Z S. An electromechanical cohesive zone model merging with contact and friction effects for fiber debonding and pushing-out in piezoelectric fiber composites[J]. Applied Mathematical Modelling，2021，95：1 - 21.

[79] LIU B L，WANG Y N，LI C Q. Simulation of microscopic interface damage of ZrB_2 based ceramics based on cohesive zone model[J]. Mechanics of Advanced Materials and Structures，2023，30(7)：1417 - 1425.

[80] WALPOLE L. Elastic behavior of composite materials：theoretical foundations[J]. Advances in Applied Mechanics，1981，21：169 - 242.

[81] YING Y，ZI L. Modulus prediction and discussion of reinforced syntactic foams with coated hollow spherical inclusions[J]. Applied Mathematics and Mechanics，2004，25 (5)：528 - 535.

[82] LEE S，LEE J，RYU S. Modified Eshelby tensor for an anisotropic matrix with interfacial damage[J]. Mathematics and Mechanics of Solids，2019，24 (6)：1749 - 1762.

[83] RIES M，WEBER F，POSSART G，et al. A quantitative interphase model for polymer nanocomposites：Verification，validation，and consequences regarding size effects[J]. Composites Part A，2022，161：107094.

[84] XU Z H，ZENG Q R，YUAN L，et al. Molecular dynamics study of the interactions of incident N or Ti atoms with the TiN (001) surface[J]. Applied Surface Science，2016，360：946 - 952.

[85] ELKHATEEB M G，SHIN Y C. Molecular dynamics-based cohesive zone representation of Ti_6Al_4V/TiC composite interface[J]. Materials & Design，2018，155：161 - 169.

[86] GUPTA P，PAL S，YEDLA N. Molecular dynamics based cohesive zone modeling

of Al (metal)-$Cu_{50}Zr_{50}$ (metallic glass) interfacial mechanical behavior and investigation of dissipative mechanisms[J]. Materials & Design, 2016, 105: 41-50.

[87] YANG D H, SUN Y, YANG Z B, et al. Multiscale modeling of unidirectional composites with interfacial debonding using molecular dynamics and micromechanics[J]. Composites Part B, 2021, 219: 108893.

[88] YANG D H, SUN Y, ZHOU J, et al. A multiscale interfacial cyclic debonding model for fibre-reinforced composites using micromechanics and molecular dynamics[J]. Composite Structures, 2024, 330: 117831.

[89] CHENG L, XIAO Y, WANG J, et al. Characterization and modeling of the ratcheting behavior of unidirectional off-axis composites[J]. Composite Structures, 2021, 273: 114305.

[90] BABU P N, PAL S. Molecular dynamics simulation based study of creep-ratcheting behavior of CNT reinforced nanocrystalline aluminum composite[J]. Transactions of the Indian National Academy of Engineering, 2022, 7 (2): 565-573.

[91] 成磊，肖毅，王杰，等. 一种预测复合材料棘轮行为的循环塑性-损伤模型[J]. 复合材料学报，2021，38(10)：3338-3350.

[92] PINDERA M J, KHATAM H, DRAGO A S, et al. Micromechanics of spatially uniform heterogeneous media: A critical review and emerging approaches[J]. Composites Part B, 2009, 40 (5): 349-378.

[93] DRAGO A, PINDERA M J. Micro-macromechanical analysis of heterogeneous materials: Macroscopically homogeneous vs periodic microstructures[J]. Composites Science and Technology, 2007, 67 (6): 1243-1263.

[94] CHARALAMBAKIS N. Homogenization techniques and micromechanics: a survey and perspectives[J]. Applied Mechanics Reviews, 2010, 63 (3): 30803.

[95] HILL R. A self-consistent mechanics of composite materials[J]. Journal of the Mechanics and Physics of Solids, 1965, 13 (4): 213-222.

[96] ESHELBY J D. The determination of the elastic field of an ellipsoidal inclusion, and related problems[J]. Proceedings of the Royal Society of London Series A Mathematical and Physical Sciences, 1957, 241 (1226): 376-396.

[97] MORI T, TANAKA K. Average stress in matrix and average elastic energy of materials with misfitting inclusions[J]. Acta Metallurgica, 1973, 21 (5): 571-574.

[98] CHRISTENSEN R M, LO K H. Solutions for effective shear properties in three phase sphere and cylinder models[J]. Journal of the Mechanics and Physics of Solids, 1979, 27 (4): 315-330.

[99] CHRISTENSEN R M. A critical evaluation for a class of micro-mechanics models [J]. Journal of the Mechanics and Physics of Solids, 1990, 38 (3): 379-404.

[100] SUQUET P. Effective properties of nonlinear composites[M]. Vienna: Springer Vienna, 1997.

[101] CASTANEDA P P. The effective mechanical properties of nonlinear isotropic composites[J]. Journal of the Mechanics and Physics of Solids, 1991, 39 (1): 45-71.

[102] BURYACHENKO V A. The overall elastoplastic behavior of multiphase materials with isotropic components[J]. Acta Mechanica, 1996, 119 (1): 93-117.

[103] QIU Y P, WENG G J. A theory of plasticity for porous materials and particle-reinforced composites[J]. J Appl Mech, 1992, 59(2): 261-268.

[104] TSZENG T C. Micromechanics of partially aligned short-fiber composites with reference to deformation processing[J]. Composites Science and Technology, 1994, 51 (1): 75-84.

[105] DOGHRI I, OUAAR A. Homogenization of two-phase elasto-plastic composite materials and structures: Study of tangent operators, cyclic plasticity and numerical algorithms[J]. International Journal of Solids and Structures, 2003, 40 (7): 1681-1712.

[106] DOGHRI I, FRIEBEL C. Effective elasto-plastic properties of inclusion-reinforced composites: Study of shape, orientation and cyclic response[J]. Mechanics of Materials, 2005, 37 (1): 45-68.

[107] WU L, ADAM L, DOGHRI I, et al. An incremental-secant mean-field homogenization method with second statistical moments for elasto-visco-plastic composite materials[J]. Mechanics of Materials, 2017, 114: 180-200.

[108] CALLEJA VAZQUEZ J M, WU L, NGUYEN V D, et al. An incremental-secant mean-field homogenization model enhanced with a non-associated pressure-dependent plasticity model[J]. International Journal for Numerical Methods in Engineering, 2022, 123(19):4616-4654.

[109] PIERARD O, DOGHRI I. An enhanced affine formulation and the corresponding numerical algorithms for the mean-field homogenization of elasto-viscoplastic composites[J]. International Journal of Plasticity, 2006, 22 (1): 131-157.

[110] DOGHRI I, ADAM L, BILGER N. Mean-field homogenization of elasto-viscoplastic composites based on a general incrementally affine linearization method[J]. International Journal of Plasticity, 2010, 26 (2): 219-238.

[111] GUO S J, KANG G Z, ZHANG J. A cyclic visco-plastic constitutive model for time-dependent ratchetting of particle-reinforced metal matrix composites[J]. International Journal of Plasticity, 2013, 40: 101-125.

[112] MAREAU C, BERBENNI S. An affine formulation for the self-consistent modeling of elasto-viscoplastic heterogeneous materials based on the translated field method [J]. International Journal of Plasticity, 2015, 64: 134-150.

[113] KIM Y, JUNG J, LEE S, et al. Adaptive affine homogenization method for visco-hyperelastic composites with imperfect interface[J]. Applied Mathematical Modelling, 2022, 107: 72-84.

[114] JUNG J, KIM Y, LEE S, et al. Improved incrementally affine homogenization method for viscoelastic-viscoplastic composites based on an adaptive scheme[J]. Composite Structures, 2022, 297: 115982.

[115] PIERARD O, LLORCA J, SEGURADO J, et al. Micromechanics of particle-reinforced elasto-viscoplastic composites: finite element simulations versus affine homogenization[J]. International Journal of Plasticity, 2007, 23 (6): 1041 - 1060.

[116] PIERARD O, GONZALEZ C, SEGURADO J, et al. Micromechanics of elasto-plastic materials reinforced with ellipsoidal inclusions[J]. International Journal of Solids and Structures, 2007, 44 (21): 6945 - 6962.

[117] KRUCH S, CHABOCHE J L. Multi-scale analysis in elasto-viscoplasticity coupled with damage[J]. International Journal of Plasticity, 2011, 27 (12): 2026 - 2039.

[118] 于敬宇，李玉龙，周宏霞，等. 颗粒尺寸对颗粒增强型金属基复合材料动态特性的影响[J]. 复合材料学报，2005，22 (5): 31 - 38.

[119] OGIERMAN W. Hybrid Mori-Tanaka/finite element method in homogenization of composite materials with various reinforcement shape and orientation [J]. International Journal for Multiscale Computational Engineering, 2019, 17 (3): 281 - 295.

[120] PINDERA M J, BANSAL Y. On the micromechanics-based simulation of metal matrix composite response[J]. Journal of Engineering Materials and Technology, 2007, 129 (3): 468 - 482.

[121] PALEY M, ABOUDI J. Micromechanical analysis of composites by the generalized cells model[J]. Mechanics of Materials, 1992, 14 (2): 127 - 139.

[122] PINDERA M J, BEDNARCYK B A. An efficient implementation of the generalized method of cells for unidirectional, multi-phased composites with complex microstructures[J]. Composites Part B, 1999, 30 (1): 87 - 105.

[123] ABOUDI J, PINDERA M J, ARNOLD S M. Higher-order theory for functionally graded materials[J]. Composites Part B, 1999, 30 (8): 777 - 832.

[124] ABOUDI J, PINDERA M J, ARNOLD S M. Higher-order theory for periodic multiphase materials with inelastic phases[J]. International Journal of Plasticity, 2003, 19 (6): 805 - 847.

[125] BANSAL Y, PINDERA M J. A second look at the higher-order theory for periodic multiphase materials[J]. Journal of Applied Mechanics, 2005, 72 (2): 177 - 195.

[126] BANSAL Y, PINDERA M J. Finite-volume direct averaging micromechanics of heterogeneous materials with elastic-plastic phases[J]. International Journal of Plasticity, 2006, 22 (5): 775 - 825.

[127] GATTU M, KHATAM H, DRAGO A S, et al. Parametric finite-volume micromechanics of uniaxial continuously-reinforced periodic materials with elastic phases [J]. Journal of Engineering Materials and Technology, 2008, 130 (3): 31015.

[128] KHATAM H, PINDERA M J. Parametric finite-volume micromechanics of periodic materials with elastoplastic phases[J]. International Journal of Plasticity, 2009, 25 (7): 1386 - 1411.

[129] CAVALCANTE M A, PINDERA M J, KHATAM H. Finite-volume micromechanics of periodic materials: past, present and future[J]. Composites Part B, 2012, 43 (6): 2521 - 2543.

[130] TU W Q, PINDERA M J. Cohesive zone-based damage evolution in periodic materials via finite-volume homogenization[J]. Journal of Applied Mechanics, 2014, 81 (10): 101005.

[131] CHEN Q, WANG G, PINDERA M J. Homogenization and localization of nanoporous composites:A critical review and new developments[J]. Composites Part B, 2018, 155: 329 - 368.

[132] CHEN Q, WANG G N. Homogenized and localized responses of coated magnetostrictive porous materials and structures[J]. Composite Structures, 2018, 187: 102 - 115.

[133] CHEN Q, ZHU J C, TU W Q, et al. A tangent finite-volume direct averaging micromechanics framework for elastoplastic porous materials: Theory and validation[J]. International Journal of Plasticity, 2021, 139: 102968.

[134] CAI H, YE J J, SHI J W, et al. A new two-step modeling strategy for random micro-fiber reinforced composites with consideration of primary pores [J]. Composites Science and Technology, 2022, 218: 109122.

[135] RAJU K, TAY T E, TAN V B C. A review of the FE^2 method for composites[J]. Multiscale and Multidisciplinary Modeling, Experiments and Design, 2021, 4(1): 1 - 24.

[136] SHENG N, BOYCE M C, PARKS D M, et al. Multiscale micromechanical modeling of polymer/clay nanocomposites and the effective clay particle [J]. Polymer, 2004, 45 (2): 487 - 506.

[137] NAGHDABAD R, GHANBARI J. Hierarchical multiscale modeling of nanotube-reinforced polymer composites [J]. International Journal for Multiscale Computational Engineering, 2009, 7 (5): 395 - 408.

[138] BUCHANAN D L, GOSSE J H, WOLLSCHLAGER J A, et al. Micromechanical enhancement of the macroscopic strain state for advanced composite materials[J]. Composites Science and Technology, 2009, 69 (11/12): 1974 - 1978.

[139] BOUCHART V, BRIEU M, BHATNAGAR N, et al. A multiscale approach of nonlinear composites under finite deformation: Experimental characterization and numerical modeling[J]. International Journal of Solids and Structures, 2010, 47 (13): 1737 - 1750.

[140] YANG B J, SHIN H, LEE H K, et al. A combined molecular dynamics/ micromechanics/finite element approach for multiscale constitutive modeling of

nanocomposites with interface effects[J]. Applied Physics Letters, 2013, 103 (24): 241903.

[141] HE C, GE J, ZHANG B, et al. A hierarchical multiscale model for the elastic-plastic damage behavior of 3D braided composites at high temperature [J]. Composites Science and Technology, 2020, 196: 108230.

[142] SAKATA S, ASHIDA F. Hierarchical stochastic homogenization analysis of a particle reinforced composite material considering non-uniform distribution of microscopic random quantities[J]. Computational Mechanics, 2011, 48 (5): 529 - 540.

[143] VALAVALA P K, CLANCY T C, ODEGARD G M, et al. Multiscale modeling of polymer materials using a statistics-based micromechanics approach[J]. Acta Materialia, 2009, 57 (2): 525 - 532.

[144] GHOSH S, LEE K, MOORTHY S. Multiple scale analysis of heterogeneous elastic structures using homogenization theory and voronoi cell finite element method[J]. International Journal of Solids and Structures, 1995, 32 (1): 27 - 62.

[145] GHOSH S, LEE K, RAGHAVAN P. A multi-level computational model for multi-scale damage analysis in composite and porous materials[J]. International Journal of Solids and Structures, 2001, 38 (14): 2335 - 2385.

[146] FISH J, YU Q, SHEK K. Computational damage mechanics for composite materials based on mathematical homogenization [J]. International Journal for Numerical Methods in Engineering, 1999, 45 (11): 1657 - 1679.

[147] SOUZA F V, ALLEN D H, KIM Y R. Multiscale model for predicting damage evolution in composites due to impact loading [J]. Composites Science and Technology, 2008, 68 (13): 2624 - 2634.

[148] SMILAUER V, HOOVER C G, BAANT Z P, et al. Multiscale simulation of fracture of braided composites via repetitive unit cells[J]. Engineering Fracture Mechanics, 2011, 78 (6): 901 - 918.

[149] DAGHIA F, LADEVZE P. A micro-meso computational strategy for the prediction of the damage and failure of laminates[J]. Composite Structures, 2012, 94 (12): 3644 - 3653.

[150] SHOJAEI A, LI G, FISH J, et al. Multi-scale constitutive modeling of ceramic matrix composites by continuum damage mechanics[J]. International Journal of Solids and Structures, 2014, 51 (23/24): 4068 - 4081.

[151] MONTESANO J, SINGH C V. A synergistic damage mechanics based multiscale model for composite laminates subjected to multiaxial strains[J]. Mechanics of Materials, 2015, 83: 72 - 89.

[152] TORO S, SANCHEZ P J, BLANCO P J, et al. Multiscale formulation for material failure accounting for cohesive cracks at the macro and micro scales[J]. International Journal of Plasticity, 2016, 76: 75 - 110.

[153] MASSARWA E, ABOUDI J, HAJ-ALI R. A multiscale modeling for failure predictions of fiber reinforced composite laminates[J]. Composites Part B, 2019, 175: 107166.

[154] ZHUANG L Q, TALREJA R, VARNA J. Transverse crack formation in unidirectional composites by linking of fibre/matrix debond cracks[J]. Composites Part A, 2018, 107: 294－303.

[155] BABAEI R, FARROKHABADI A. Predicting the debonding formation and induced matrix cracking evolution in open-hole composite laminates using a semi-consequence micro-macro model[J]. Composite Structures, 2019, 210: 274－293.

[156] YE J J, CHU C C, CAI H, et al. A multi-scale model for studying failure mechanisms of composite wind turbine blades[J]. Composite Structures, 2019, 212: 220－229.

[157] DVORAK G J. Transformation field analysis of inelastic composite materials[J]. Proceedings of the Royal Society of London Series A: Mathematical and Physical Sciences, 1992, 437 (1900): 311－327.

[158] FRITZEN F, BOHLKE T. Three-dimensional finite element implementation of the nonuniform transformation field analysis [J]. International Journal for Numerical Methods in Engineering, 2010, 84 (7): 803－829.

[159] SPAHN J, ANDRÄ H, KABEL M, et al. A multiscale approach for modeling progressive damage of composite materials using fast Fourier transforms [J]. Computer Methods in Applied Mechanics and Engineering, 2014, 268: 871－883.

[160] KROKOS V, BUI X V, BORDAS S, et al. A Bayesian multiscale CNN framework to predict local stress fields in structures with microscale features [J]. Computational Mechanics, 2022, 69 (3): 733－766.

[161] WU L, NOELS L. Recurrent Neural Networks (RNNs) with dimensionality reduction and break down in computational mechanics: application to multi-scale localization step[J]. Computer Methods in Applied Mechanics and Engineering, 2022, 390: 114476.

[162] LI X, GUAN Z D, LI Z S, et al. A new stress-based multi-scale failure criterion of composites and its validation in open hole tension tests[J]. Chinese Journal of Aeronautics, 2014, 27 (6): 1430－1441.

[163] LI W N, CAI H N, LI C, et al. Progressive failure of laminated composites with a hole under compressive loading based on micro-mechanics [J]. Advanced Composite Materials, 2014, 23 (5/6): 477－490.

[164] LIU Z L, BESSA M A, LIU W K. Self-consistent clustering analysis: an efficient multi-scale scheme for inelastic heterogeneous materials[J]. Computer Methods in Applied Mechanics and Engineering, 2016, 306: 319－341.

[165] LIAO B B, TAN H C, ZHOU J W, et al. Multi-scale modelling of dynamic

progressive failure in composite laminates subjected to low velocity impact[J]. Thin-Walled Structures, 2018, 131: 695 - 707.

[166] HE C W, GE J R, GAO J Y, et al. From microscale to mesoscale: The non-linear behavior prediction of 3D braided composites based on the SCA2 concurrent multiscale simulation [J]. Composites Science and Technology, 2021, 213: 108947.

[167] JIA L, YU L, ZHANG K, et al. Combined modelling and experimental studies of failure in thick laminates under out-of-plane shear[J]. Composites Part B, 2016, 105: 8 - 22.

[168] VERLET L. On the theory of classical fluids-IV[J]. Physica, 1965, 31(6): 959 - 966.

[169] HOCKNEY R W. The potential calculation and some applications[J]. Methods Computat Phys, 1970, 20:135.

[170] SWOPEW C, ANDERSEN H C, BERENS P H, et al. A computer simulation method for the calculation of equilibrium constants for the formation of physical clusters of molecules: Application to small water clusters[J]. Journal of Chemical Physics, 1982, 76 (1): 637 - 649.

[171] BERENDSEN H J C, POSTMA J P M, VAN GUNSTEREN W F, et al. Molecular dynamics with coupling to an external bath[J]. The Journal of Chemical Physics, 1984, 81(8): 3684 - 3690.

[172] HOOVER W G. Canonical dynamics: Equilibrium phase-space distributions[J]. Physical review A, 1985, 31 (3): 1695 - 1697.

[173] DAW M S, BASKES M I. Embedded-atom method: Derivation and application to impurities, surfaces, and other defects in metals[J]. Physical Review B, 1984, 29 (12): 6443 - 6453.

[174] PLIMPTON S. Fast parallel algorithms for short-range molecular dynamics[J]. Journal of Computational Physics, 1995, 117 (1): 1 - 19.

[175] HIREL P. Atomsk: A tool for manipulating and converting atomic data files[J]. Computer Physics Communications, 2015, 197: 212 - 219.

[176] STUKOWSKI A. Visualization and analysis of atomistic simulation data with OVITO-the Open Visualization Tool[J]. Modelling and Simulation in Materials Science and Engineering, 2010, 18 (1): 15012.

[177] ZHAO S T, ZHANG R P, YU Q, et al. Cryoforged nanotwinned titanium with ultrahigh strength and ductility[J]. Science, 2021, 373 (6561): 1363 - 1368.

[178] CHOI S W, WON J W, LEE S, et al. Deformation twinning activity and twin structure development of pure titanium at cryogenic temperature[J]. Materials Science and Engineering A, 2018, 738: 75 - 80.

[179] WON J W, LEE J H, JEONG J S, et al. High strength and ductility of pure titanium via twin-structure control using cryogenic deformation[J]. Scripta Materialia,

2020，178：94－98.

[180] ACKLAND G J. Theoretical study of titanium surfaces and defects with a new many-body potential[J].Philosophical Magazine Part A,1992,66 (6):917－932.

[181] SERRA A，BACON D J. A new model for {1012} twin growth in hcp metals[J]. Philosophical Magazine A，1996，73 (2)：333－343.

[182] CHANG L，ZHOU C Y，WEN L L，et al. Molecular dynamics study of strain rate effects on tensile behavior of single crystal titanium nanowire [J]. Computational Materials Science，2017，128：348－358.

[183] LI D，WAN W，ZHU L，et al. Experimental and DFT characterization of interphase boundaries in titanium and the implications for ω-assisted α phase precipitation[J]. Acta Materialia，2018，151:406－415.

[184] KITTEL C，HELLWARTH R W. Introduction to solid state physics[J]. Physics Today，1957，10 (6)：43－44.

[185] HENNIG R G，LENOSKY T J，TRINKLE D R，et al. Classical potential describes martensitic phase transformations between the α，β，and ω titanium phases[J]. Physical Review B，2008，78 (5)：54121.

[186] ZHANG J Z，ZHAO Y S，HIXSON R S，et al. Thermal equations of state for titanium obtained by high pressure：temperature diffraction studies[J]. Physical Review B，2008，78 (5)：54119.

[187] CHEN Y B，XUE Z，ZHANG S L，et al. First principles calculations of the influence of nitrogen content on the mechanical properties of α-Ti[J]. Materials Chemistry and Physics，2020，248：122891.

[188] LEYENS C，PETERS M. Titanium and titanium alloys：fundamentals and applications[M]. Weinheim：Wiley-VCH，2006.

[189] YUAN F P，WU X L. Size effects of primary/secondary twins on the atomistic deformation mechanisms in hierarchically nanotwinned metals [J]. Journal of Applied Physics，2013，113 (20)：203516.

[190] DU J P，WANG Y J，LO Y C，et al. Mechanism transition and strong temperature dependence of dislocation nucleation from grain boundaries：An accelerated molecular dynamics study[J]. Physical Review B，2016，94 (10)：104110.

[191] ABDEL KARIM M，OHNO N. Kinematic hardening model suitable for ratchetting with steady-state[J]. International Journal of Plasticity，2000，16 (3/4)：225－240.

[192] KOBAYASHI M，OHNO N. Implementation of cyclic plasticity models based on a general form of kinematic hardening[J]. International Journal for Numerical Methods in Engineering，2002，53 (9)：2217－2238.

[193] OHNO N，WANG J D. Kinematic hardening rules with critical state of dynamic recovery，part I：Formulation and basic features for ratchetting behavior[J].

International Journal of Plasticity, 1993, 9 (3): 375 - 390.

[194] GAO Q, KANG G Z, YANG X J. Uniaxial ratcheting of SS304 stainless steel at high temperatures: Visco-plastic constitutive model[J]. Theoretical and Applied Fracture Mechanics, 2003, 40 (1): 105 - 111.

[195] KANG G Z, GAO Q, YANG X J. A visco-plastic constitutive model incorporated with cyclic hardening for uniaxial/multiaxial ratcheting of SS304 stainless steel at room temperature[J]. Mechanics of Materials, 2002, 34 (9): 521 - 531.

[196] KAN Q H, KANG G Z, ZHANG J. Uniaxial time-dependent ratchetting: Visco-plastic model and finite element application [J]. Theoretical and Applied Fracture Mechanics, 2007, 47 (2): 133 - 144.

[197] SALEEB A F, ARNOLD S M. Specific hardening function definition and characterization of a multimechanism generalized potential-based viscoelastoplasticity model[J]. International Journal of Plasticity, 2004, 20 (12): 2111 - 2142.

[198] LISSENDEN C J, DORAISWAMY D, ARNOLD S M. Experimental investigation of cyclic and time-dependent deformation of titanium alloy at elevated temperature[J]. International Journal of Plasticity, 2007, 23 (1): 1 - 24.

[199] ZHENG D, GHONEM H. High temperature/high frequency fatigue crack growth in titanium metal matrix composites[M]. [S.I.]: ASTM International, 1996.

[200] ABOUDI J, ARNOLD S M, BEDNARCYK B A. Micromechanics of composite materials: a generalized multiscale analysis approach[M]. Oxford: Elsevier, 2012.

[201] FOULK J W, ALLEN D H, HELMS K L E. A model for predicting the damage and environmental degradation dependent life of SCS-6/Timetal® 21S [0] 4 metal matrix composite[J]. Mechanics of Materials, 1998, 29 (1): 53 - 68.

[202] ZIENKIEWICZ O C, TAYLOR R L, ZHU J Z. The finite element method: its basis and fundamentals[M]. 6th ed Oxford: Elsevier, 2005.

[203] OMAIREY S L, DUNNING P D, SRIRAMULA S. Development of an ABAQUS plugin tool for periodic RVE homogenisation[J]. Engineering with Computers, 2019, 35 (2): 567 - 577.

[204] XIA Z H, ZHANG Y F, ELLYIN F. A unified periodical boundary conditions for representative volume elements of composites and applications[J]. International Journal of Solids and Structures, 2003, 40 (8): 1907 - 1921.

[205] KIM Y M, LEE B J. Modified embedded-atom method interatomic potentials for the Ti-C and Ti-N binary systems[J]. Acta Materialia, 2008, 56 (14): 3481 - 3489.

[206] AKTULGA H M, FOGARTY J C, PANDIT S A, et al. Parallel reactive molecular dynamics: Numerical methods and algorithmic techniques[J]. Parallel Computing, 2012, 38: 245 - 259.

[207] FENG C, PENG X H, FU T, et al. Molecular dynamics simulation of nano-indentation on Ti-V multilayered thin films[J]. Physica E: Low-dimensional

Systems and Nanostructures, 2017, 87: 213 - 219.

[208] FU T, PENG X H, ZHAO Y B, et al. Molecular dynamics simulation of TiN (001) thin films under indentation[J]. Ceramics International, 2015, 41 (10): 14078 - 14086.

[209] ETESAMI S A, LARADJI M, ASADI E. Reliability of molecular dynamics interatomic potentials for modeling of titanium in additive manufacturing processes[J]. Computational Materials Science, 2020, 184: 109883.

[210] SANGIOVANNI D G, EDSTROM D, HULTMAN L, et al. Ti adatom diffusion on TiN (001): Ab initio and classical molecular dynamics simulations[J]. Surface Science, 2014, 627: 34 - 41.

[211] LI J. AtomEye: An efficient atomistic configuration viewer[J]. Modelling and Simulation in Materials Science and Engineering, 2003, 11 (2): 173.

[212] ROE K L, SIEGMUND T. An irreversible cohesive zone model for interface fatigue crack growth simulation[J]. Engineering Fracture Mechanics, 2003, 70 (2): 209 - 232.

[213] BYKZTRK O, BUEHLER M J, LAU D, et al. Structural solution using molecular dynamics: fundamentals and a case study of epoxy-silica interface[J]. International Journal of Solids and Structures, 2011, 48 (14/15): 2131 - 2140.

[214] YANG Z. Interface fracture criterion based on molecular dynamics simulation[J]. Applied Mechanics and Materials, 2011, 142: 184 - 187.

[215] WARRIER S G, RANGASWAMY P, BOURKE M A M, et al. Assessment of the fiber/matrix interface bond strength in SiC/Ti-6Al-4V composites [J]. Materials Science and Engineering: A, 1999, 259 (2): 220 - 227.

[216] PREUSS M, RAUCHS G, WITHERS P J, et al. Interfacial shear strength of Ti/SiC fibre composites measured by synchrotron strain measurement[J]. Composites Part A, 2002, 33 (10): 1381 - 1385.

[217] AGHDAM M M, MORSALI S R. Effects of manufacturing parameters on residual stresses in SiC/Ti composites by an elastic: viscoplastic micromechanical model[J]. Computational Materials Science, 2014, 91: 62 - 67.

[218] SUN C T, CHEN J L, SHA G T, et al. Mechanical characterization of SCS-6/Ti-6-4 metal matrix composite[J]. Journal of Composite Materials, 1990, 24 (10): 1029 - 1059.

[219] TAMIN M N, GHONEM H. Fatigue damage mechanisms of bridging fibers in titanium metal matrix composites [J]. Journal of Engineering Materials and Technology, 2000, 122 (4): 370 - 375.

[220] JOHNSON W S, LAGACE P A, MASTERS J E, et al. Micromechanical modeling of fiber/matrix interface effects in transversely loaded SiC/Ti-6-4 metal matrix composites[J]. Composites Technology and Research, 1991, 13(1): 3 - 13.

[221] SAKARYA A. Multidisciplinary design of an unmanned aerial vehicle wing[D]. Türkiye:Middle East Technical University, 2011.

[222] MCINNES L, HEALY J, SAUL N, et al. UMAP: Uniform Manifold Approximation and Projection[J]. Journal of Open Source Software, 2018, 3(29): 861.

[223] BORATTO L, CARTA S. The rating prediction task in a group recommender system that automatically detects groups: architectures, algorithms, and performance evaluation[J]. Journal of Intelligent Information Systems, 2015, 45 (2): 221 - 245.

[224] DEISENROTH M P, FAISAL A A, ONG C S. Mathematics for machine learning [M]. Cambridge: Cambridge University Press, 2020.

[225] YANG D H, WEI V, JIN Z R, et al. A UMAP-based clustering method for multi-scale damage analysis of laminates[J]. Applied Mathematical Modelling, 2022, 111: 78 - 93.

[226] HEIDARI R M, SAYEDAIN M. Finite element modeling strategies for 2D and 3D delamination propagation in composite DCB specimens using VCCT, CZM and XFEM approaches [J]. Theoretical and Applied Fracture Mechanics, 2019, 103: 102246.

[227] MOS N, DOLBOW J, BELYTSCHKO T. A finite element method for crack growth without remeshing[J]. International Journal for Numerical Methods in Engineering, 1999, 46 (1): 131 - 150.

[228] WANG M, ZHANG P W, FEI Q G, et al. Modified micro-mechanics based multiscale model for progressive failure prediction of 2D twill woven composites [J]. Chinese Journal of Aeronautics, 2020, 33 (7): 2070 - 2087.

[229] GINER E, SUKUMAR N, TARANCÓN J E, et al. An Abaqus implementation of the extended finite element method[J]. Engineering Fracture Mechanics, 2009, 76(3): 347 - 368.

[230] WADDOUPS M E. Characterization of advanced composite materials for structural design[J]. Polymer Engineering & Science, 1975, 15(3): 160 - 166.

[231] HAHN H T, TSAI S W. Nonlinear elastic behavior of unidirectional composite laminae[J]. Journal of Composite Materials, 1973, 7 (1): 102 - 118.

附　　录

在式(6-29)和式(6-30)中，$\boldsymbol{\Phi}_{out}^{(q)}$，$\boldsymbol{\Theta}_{out}^{(q)}$，$\boldsymbol{\Phi}_{in}^{(q)}$，$\boldsymbol{\Theta}_{in}^{(q)}$ 矩阵分别为

$$\boldsymbol{\Phi}_{out}^{(q)} = [\Phi_{out11}^{(q)}]$$

$$\boldsymbol{\Theta}_{out}^{(q)} = [\Theta_{out11}^{(q)} \quad \Theta_{out12}^{(q)}]$$

$$\boldsymbol{\Phi}_{in}^{(q)} = \begin{bmatrix} \Phi_{in11}^{(q)} & \Phi_{in12}^{(q)} \\ \Phi_{in21}^{(q)} & \Phi_{in22}^{(q)} \end{bmatrix}$$

$$\boldsymbol{\Theta}_{in}^{(q)} = \begin{bmatrix} \Theta_{in11}^{(q)} & \Theta_{in12}^{(q)} & \Theta_{in13}^{(q)} & \Theta_{in14}^{(q)} \\ \Theta_{in21}^{(q)} & \Theta_{in22}^{(q)} & \Theta_{in23}^{(q)} & \Theta_{in24}^{(q)} \end{bmatrix}$$

矩阵中元素的具体表达式为

$$\Phi_{out11}^{(q)} = C_{66}^{(q)}\{[\hat{J}_{22}^{(q)}]^2 + [\hat{J}_{23}^{(q)}]^2\} + C_{55}^{(q)}\{[\hat{J}_{32}^{(q)}]^2 + [\hat{J}_{33}^{(q)}]^2\}$$

$$\Theta_{out11}^{(q)} = \{C_{66}^{(q)}\ [\hat{J}_{22}^{(q)}]^2 + C_{55}^{(q)}\ [\hat{J}_{32}^{(q)}]^2\}/2$$

$$\Theta_{out12}^{(q)} = \{C_{66}^{(q)}\ [\hat{J}_{23}^{(q)}]^2 + C_{55}^{(q)}\ [\hat{J}_{33}^{(q)}]^2\}/2$$

$$\Phi_{in11}^{(q)} = C_{22}^{(q)}\{[\hat{J}_{22}^{(q)}]^2 + [\hat{J}_{23}^{(q)}]^2\} + C_{44}^{(q)}\{[\hat{J}_{32}^{(q)}]^2 + [\hat{J}_{33}^{(q)}]^2\}$$

$$\Phi_{in12}^{(q)} = [C_{23}^{(q)} + C_{44}^{(q)}]\ [\hat{J}_{22}^{(q)}\hat{J}_{32}^{(q)} + \hat{J}_{23}^{(q)}\hat{J}_{33}^{(q)}]$$

$$\Phi_{in21}^{(q)} = [C_{32}^{(q)} + C_{44}^{(q)}]\ [\hat{J}_{22}^{(q)}\hat{J}_{32}^{(q)} + \hat{J}_{23}^{(q)}\hat{J}_{33}^{(q)}]$$

$$\Phi_{in22}^{(q)} = C_{33}^{(q)}\{[\hat{J}_{32}^{(q)}]^2 + [\hat{J}_{33}^{(q)}]^2\} + C_{44}^{(q)}\{[\hat{J}_{22}^{(q)}]^2 + [\hat{J}_{23}^{(q)}]^2\}$$

$$\Theta_{in11}^{(q)} = \{C_{22}^{(q)}\ [\hat{J}_{22}^{(q)}]^2 + C_{44}^{(q)}\ [\hat{J}_{32}^{(q)}]^2\}/2$$

$$\Theta_{in12}^{(q)} = \{C_{22}^{(q)}\ [\hat{J}_{23}^{(q)}]^2 + C_{44}^{(q)}\ [\hat{J}_{33}^{(q)}]^2\}/2$$

$$\Theta_{in13}^{(q)} = \{\hat{J}_{22}^{(q)}\hat{J}_{32}^{(q)}\ [C_{23}^{(q)} + C_{44}^{(q)}]\}/2$$

$$\Theta_{in14}^{(q)} = \{\hat{J}_{23}^{(q)}\hat{J}_{33}^{(q)}\ [C_{23}^{(q)} + C_{44}^{(q)}]\}/2$$

$$\Theta_{in21}^{(q)} = \{\hat{J}_{22}^{(q)}\hat{J}_{32}^{(q)}\ [C_{32}^{(q)} + C_{44}^{(q)}]\}/2$$

$$\Theta_{in22}^{(q)} = \{\hat{J}_{23}^{(q)}\hat{J}_{33}^{(q)}\ [C_{32}^{(q)} + C_{44}^{(q)}]\}/2$$

$$\Theta_{in23}^{(q)} = \{C_{33}^{(q)}\ [\hat{J}_{32}^{(q)}]^2 + C_{44}^{(q)}\ [\hat{J}_{22}^{(q)}]^2\}/2$$

$$\Theta_{in24}^{(q)} = \{C_{33}^{(q)}\ [\hat{J}_{33}^{(q)}]^2 + C_{44}^{(q)}\ [\hat{J}_{23}^{(q)}]^2\}/2$$

在面外加载情况下,式(6-31)中矩阵 $\overline{\boldsymbol{B}}^{(q)}$ 的表达式可写为 $\overline{\boldsymbol{B}}^{(q)}=\boldsymbol{P}_{\text{out}}-\boldsymbol{N}_{\text{out}}\boldsymbol{\Phi}_{\text{out}}^{-1(q)}\boldsymbol{\Theta}_{\text{out}}^{(q)}\boldsymbol{M}_{\text{out}}$。其中,

$$\boldsymbol{P}_{\text{out}}=\frac{1}{2}\begin{bmatrix}0 & 1 & -1 & 0 & 0 & 1 & 1 & 0\\ 0 & -1 & 1 & 0 & 0 & 1 & 1 & 0\end{bmatrix}^{\text{T}}$$

$$\boldsymbol{N}_{\text{out}}=[0\quad 0\quad 1\quad 1]^{\text{T}}$$

$$\boldsymbol{M}_{\text{out}}=\begin{bmatrix}0 & 1 & 0 & 1\\ 1 & 0 & 1 & 0\end{bmatrix}$$

在面外加载情况下,式(6-31)中矩阵 $\overline{\boldsymbol{B}}^{(q)}$ 的表达式可写为 $\overline{\boldsymbol{B}}^{(q)}=\boldsymbol{P}_{\text{in}}-\boldsymbol{N}_{\text{in}}\boldsymbol{\Phi}_{\text{in}}^{-1(q)}\boldsymbol{\Theta}_{\text{in}}^{(q)}\boldsymbol{M}_{\text{in}}$。为方便表达,定义如下四个向量:

$$\boldsymbol{v}_1=[1\ 0\ 0\ 0],\quad \boldsymbol{v}_2=[0\ 1\ 0\ 0],\quad \boldsymbol{v}_3=[0\ 0\ 1\ 0],\quad \boldsymbol{v}_4=[0\ 0\ 0\ 1]$$

$\boldsymbol{P}_{\text{in}}$,$\boldsymbol{N}_{\text{in}}$,$\boldsymbol{M}_{\text{in}}$ 的表达式可分别写为

$$\boldsymbol{P}_{\text{in}}=\frac{1}{2}\begin{bmatrix}\boldsymbol{v}_3 & -\boldsymbol{v}_1 & \boldsymbol{v}_3 & \boldsymbol{v}_1 & \boldsymbol{v}_4 & -\boldsymbol{v}_2 & \boldsymbol{v}_4 & \boldsymbol{v}_2\\ -\boldsymbol{v}_3 & \boldsymbol{v}_1 & \boldsymbol{v}_3 & \boldsymbol{v}_1 & -\boldsymbol{v}_4 & \boldsymbol{v}_2 & \boldsymbol{v}_4 & \boldsymbol{v}_2\end{bmatrix}^{\text{T}}$$

$$\boldsymbol{N}_{\text{in}}=\begin{bmatrix}\boldsymbol{v}_3^{\text{T}}+\boldsymbol{v}_4^{\text{T}} & \boldsymbol{0}\\ \boldsymbol{0} & \boldsymbol{v}_3^{\text{T}}+\boldsymbol{v}_4^{\text{T}}\end{bmatrix}$$

$$\boldsymbol{M}_{\text{in}}=\begin{bmatrix}\boldsymbol{v}_3 & \boldsymbol{v}_1 & \boldsymbol{v}_4 & \boldsymbol{v}_2\\ \boldsymbol{v}_3 & \boldsymbol{v}_1 & \boldsymbol{v}_4 & \boldsymbol{v}_2\end{bmatrix}^{\text{T}}$$

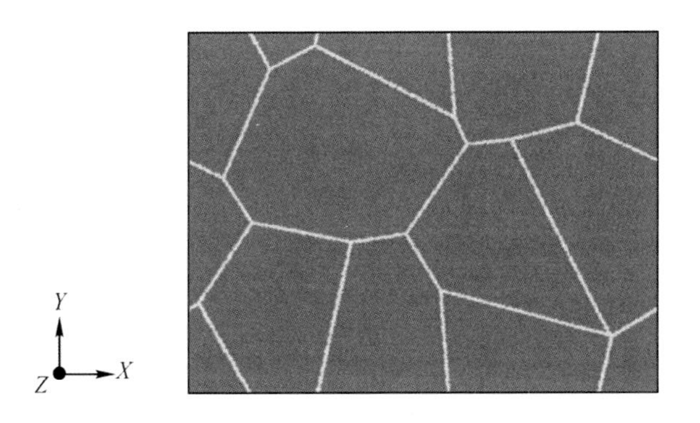

图2-3 纳米多晶钛原子结构模型

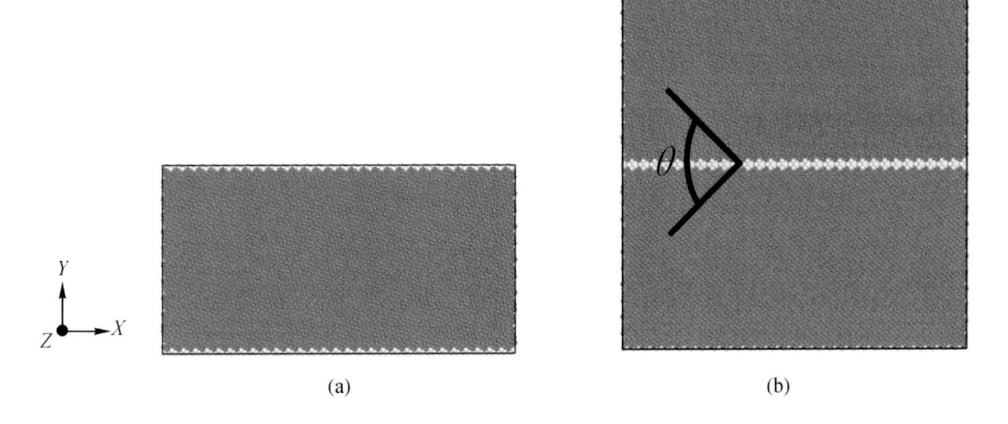

图2-4 孪晶片层组织原子结构模型

(a)元胞模型原子结构；(b) 孪晶片层模型原子结构

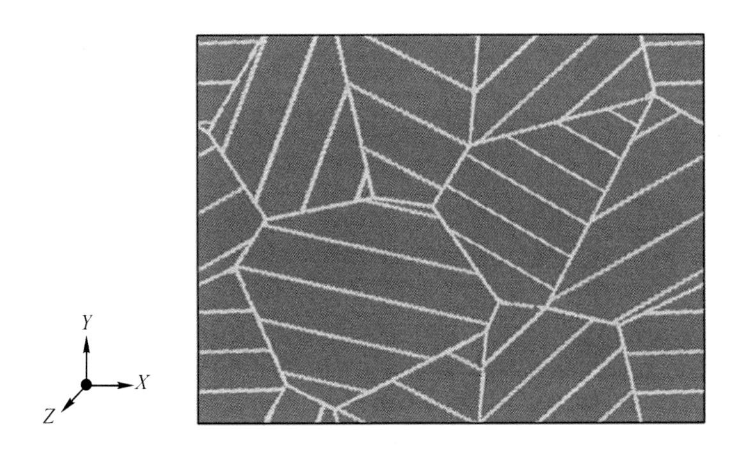

图2-5 纳米孪晶钛原子结构模型

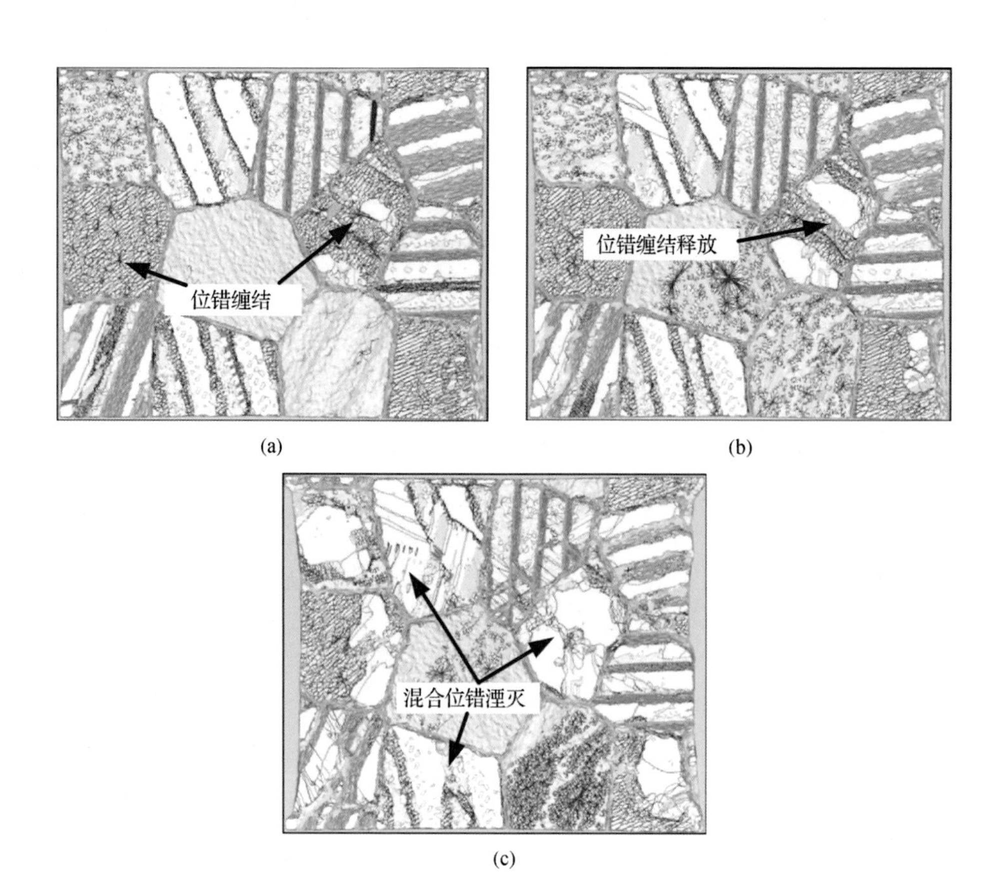

(a) (b) (c)

图3-7 不同应变时纳米孪晶钛模型内位错结构分布

(a)应变为2.0%；(b) 应变为3.8%；(c) 应变为7.0%

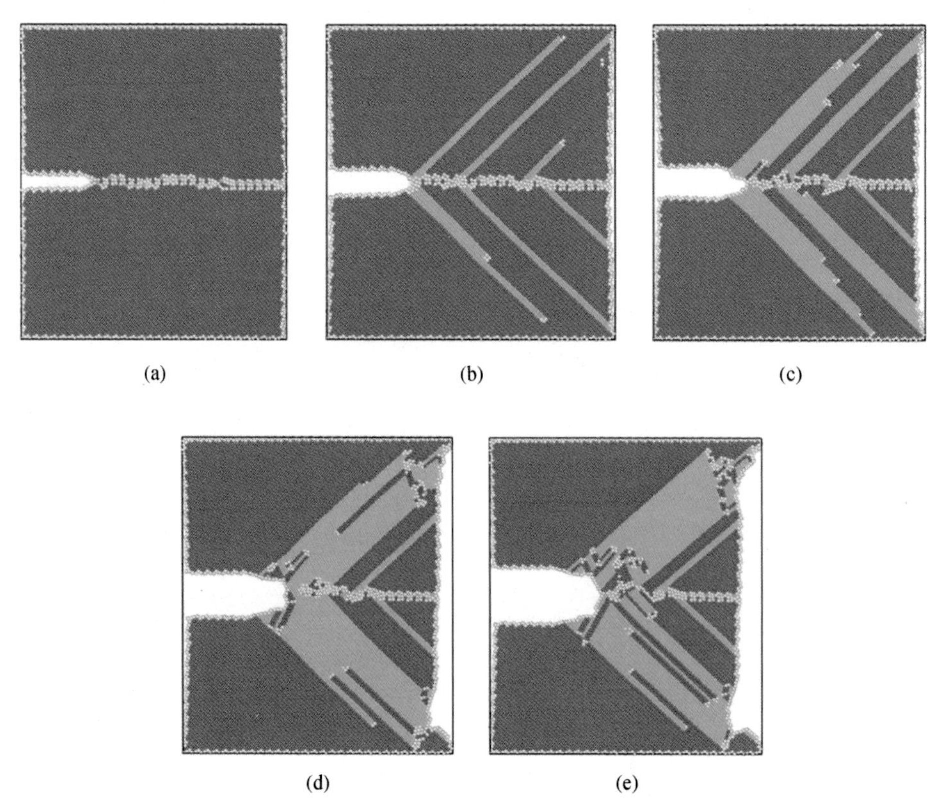

(a) (b) (c) (d) (e)

图4-5 温度为300 K时$\{10\bar{1}2\}$双晶钛裂纹扩展期间原子构型的演变

(a)应变为0.3%；(b) 应变为4.7%；(c) 应变为7.7%；(d) 应变为12.3%；(e) 应变为16.9%

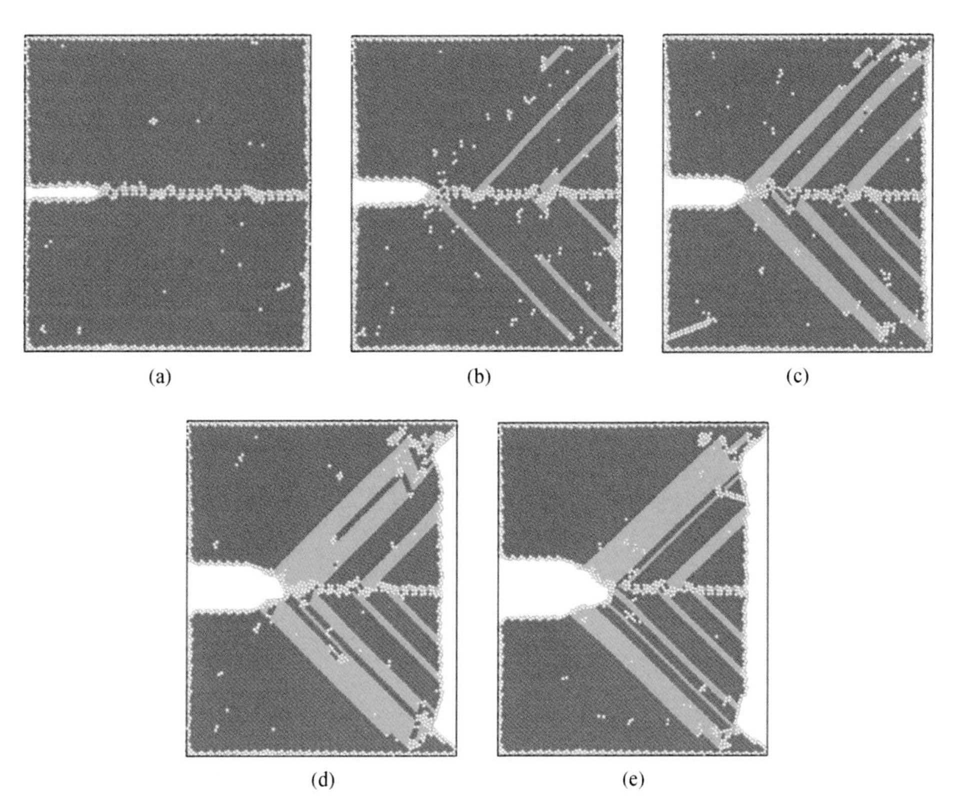

图4-6 温度为600 K时{10$\bar{1}$2}双晶钛裂纹扩展期间原子构型的演变

(a)应变为0.3%；(b) 应变为5.0%；(c) 应变为7.6%；(d) 应变为12.2%；(e) 应变为16.8%

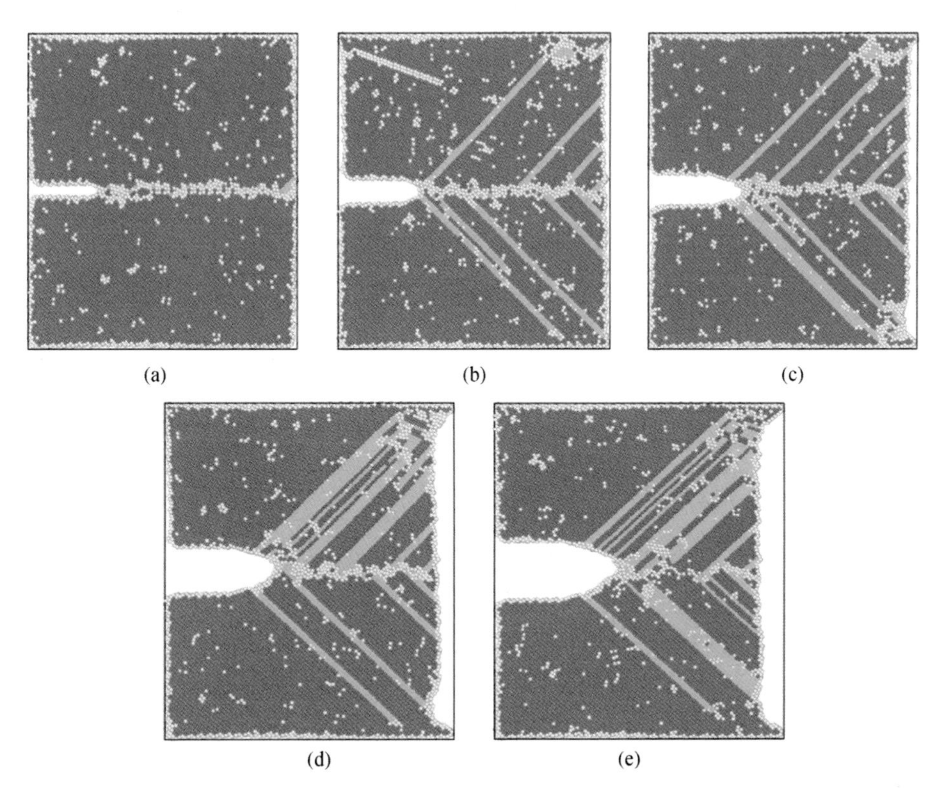

图4-7 温度为800 K时{10$\bar{1}$2}双晶钛裂纹扩展期间原子构型的演变

(a)应变为0.3%；(b) 应变为5.6%；(c) 应变为8.0%；(d) 应变为9.3%；(e) 应变为15.6%

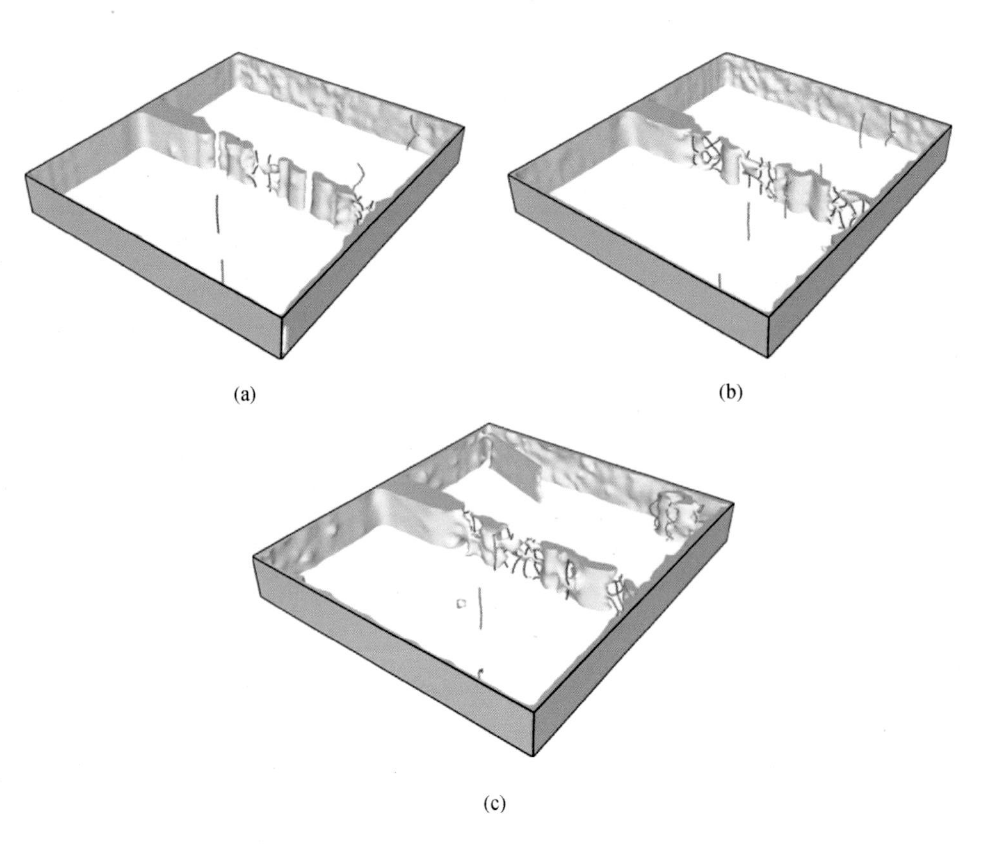

图4-9 不同温度下$\{10\bar{1}2\}$双晶钛模型位于屈服点时的位错分布
(a) 300 K；(b) 600 K；(c) 800 K

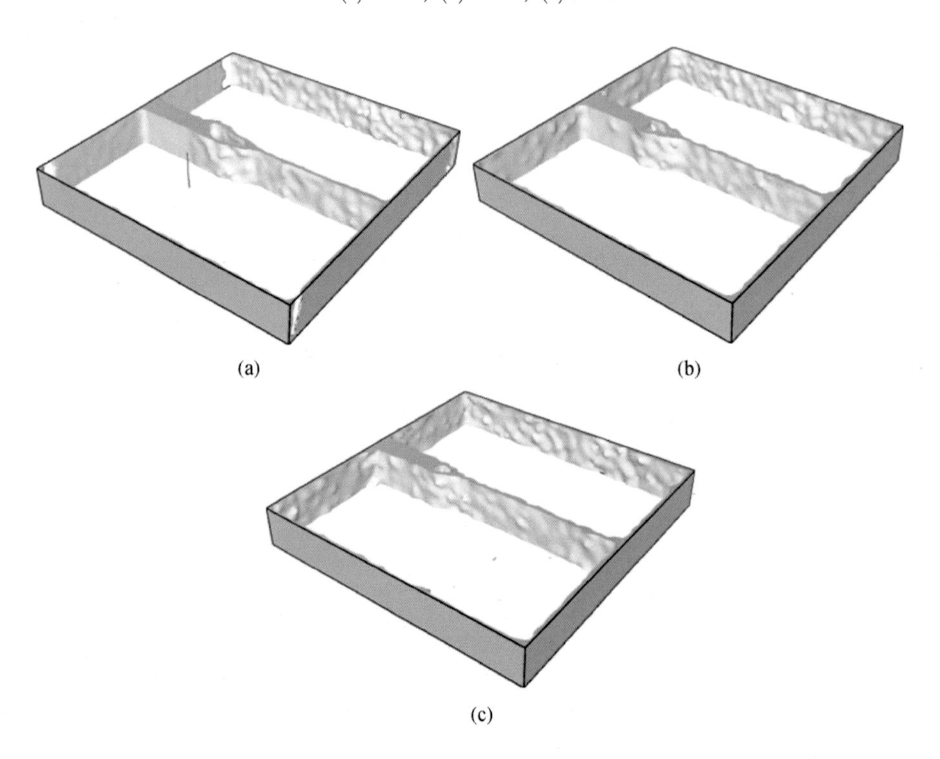

图4-18 不同温度下$\{11\bar{2}2\}$双晶钛模型位于屈服点时的位错分布
(a) 300 K；(b) 600 K；(c) 800 K

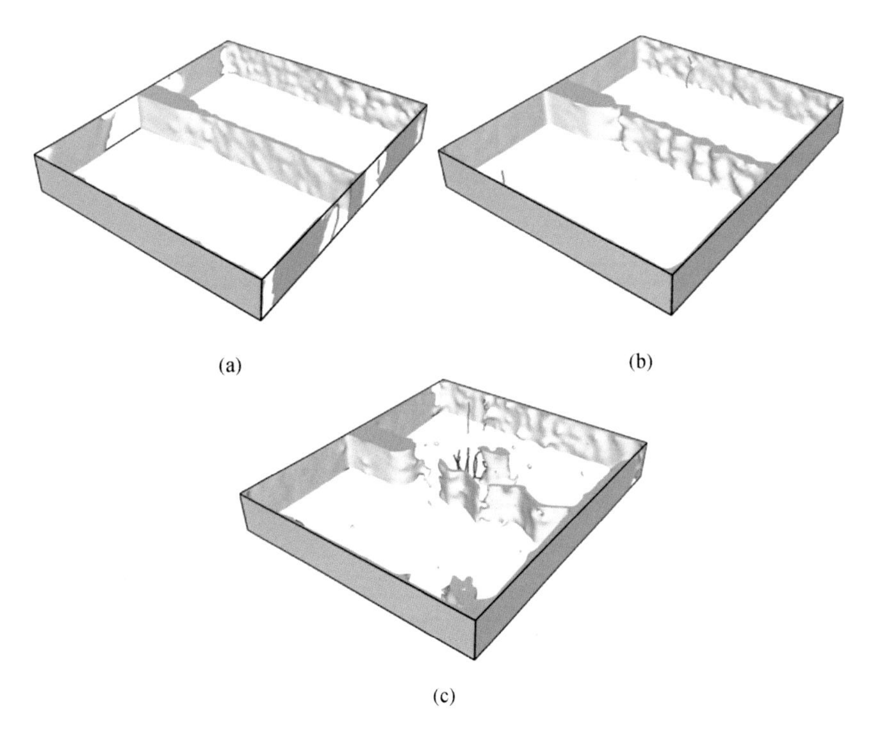

(a) (b) (c)

图4-27 不同温度下$\{01\bar{1}0\}$双晶钛模型位于屈服点时的位错分布

(a) 300 K；(b) 600 K；(c) 800 K

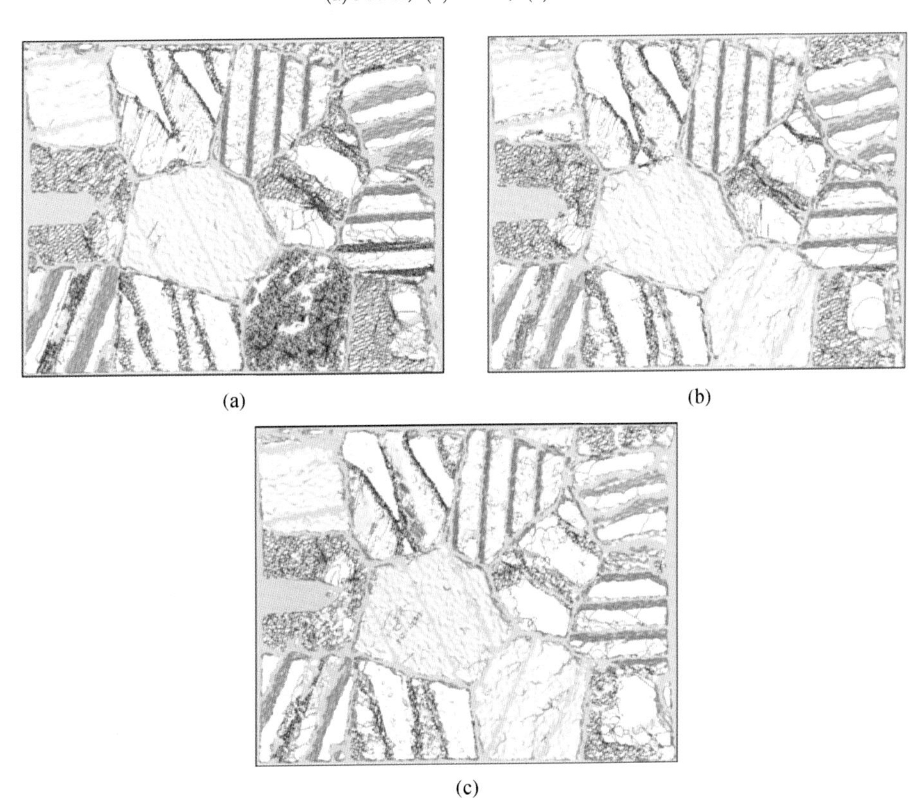

(a) (b) (c)

图5-16 不同温度下纳米孪晶钛晶体表面裂纹扩展位于屈服点时位错结构分布

(a) 300 K；(b) 600 K；(c) 800 K

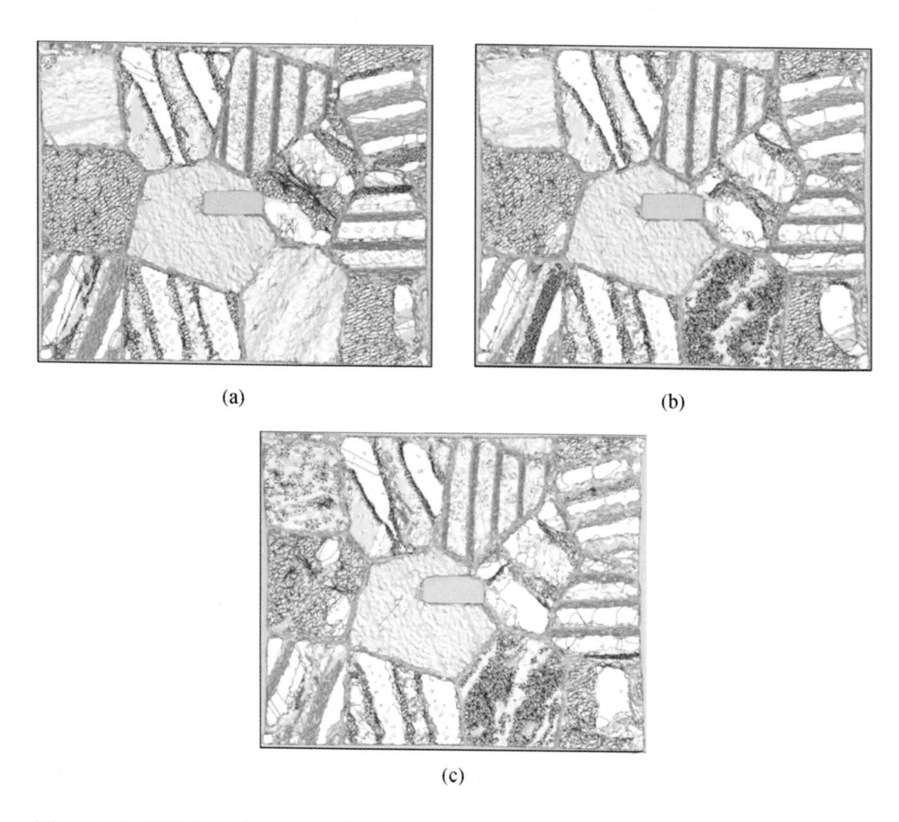

图5-23 不同温度时纳米孪晶钛晶体内部裂纹扩展位于屈服点时的位错结构分布

(a) 300 K；(b) 600 K；(c) 800 K

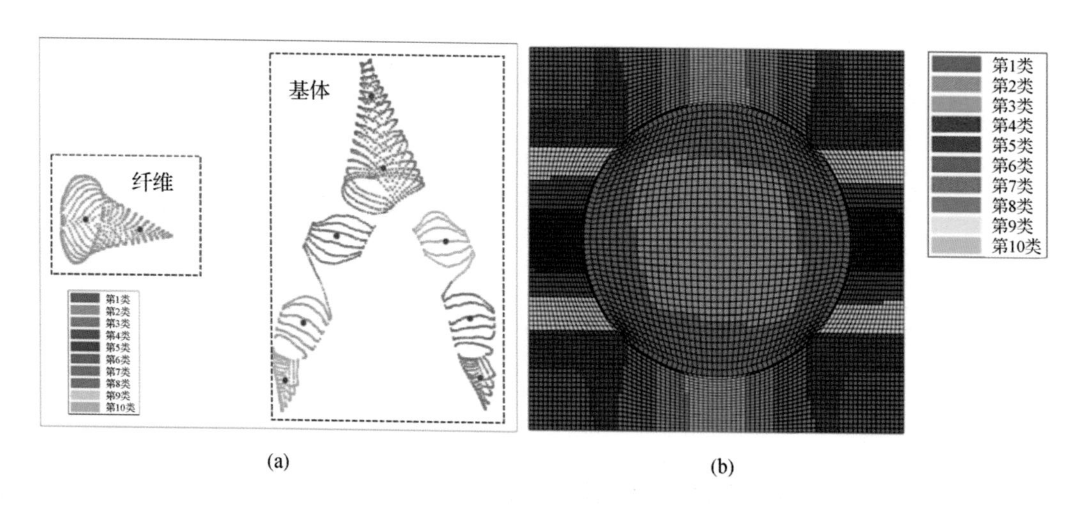

图9-5 单胞模型的聚类结果

(a)聚类散点图；(b)通过散点图投影的聚类单胞模型

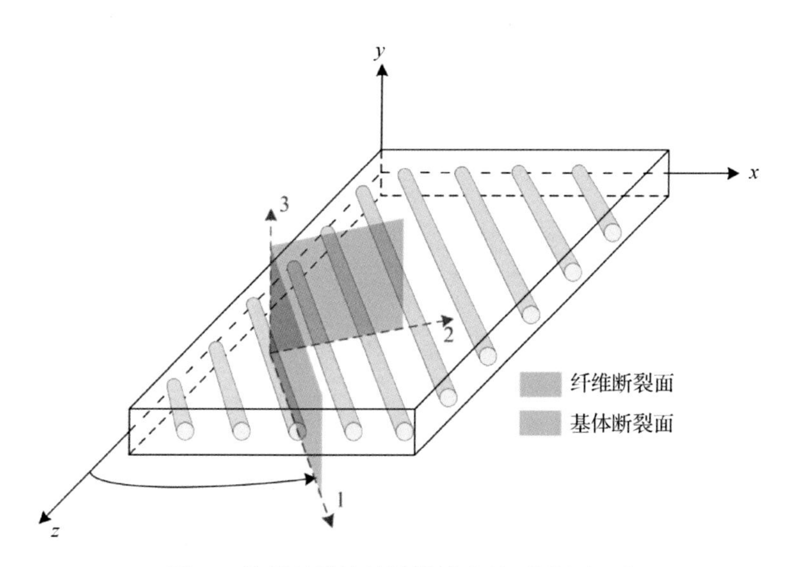

图9-6 单层板裂纹扩展模拟中的不同坐标系